造价员速学手册丛书

电气工程造价员速学手册

曹美云　主编

知识产权出版社

内容提要

本书根据《全国统一安装工程预算定额》第二册《电气设备安装工程》GYD—202—2000、《建设工程工程量清单计价规范》GB 50500—2008 编写，共六章，分别为电气工程造价基础知识、电气工程施工图的识读、电气工程定额计价理论、电气工程清单计价理论、电气工程工程量计算以及电气工程造价工作的编制与审查。

本书可供广大电气工程造价人员使用，也可供从事电气工程工程量清单编制的造价工程师、监理工程师、项目经理及相关业务人员参考使用。

图书在版编目（CIP）数据

电气工程造价员速学手册/曹美云主编. —北京：知识产权出版社，2011.2
（造价员速学手册丛书）
ISBN 978-7-5130-0361-2

Ⅰ.①电… Ⅱ.①曹… Ⅲ.①电气设备-建筑安装工程-工程造价-手册
Ⅳ.①TU723.3-62

中国版本图书馆 CIP 数据核字（2011）第 003605 号

责任编辑：陆彩云 **责任出版**：卢运霞
执行编辑：石陇辉 **装帧设计**：段维东

造价员速学手册丛书
电气工程造价员速学手册
曹美云 主编

出版发行：知识产权出版社

社　　址：北京市海淀区马甸南村 1 号	邮　　编：100088
网　　址：http://www.ipph.cn	邮　　箱：bjb@cnipr.com
发行电话：010-82000860 转 8101/8102	传　　真：010-82005070/82000893
责编电话：010-82000860 转 8110	责编邮箱：lcy@cnipr.com
印　　刷：知识产权出版社电子制印中心	经　　销：新华书店及相关销售网点
开　　本：720mm×960mm　1/16	印　　张：21
版　　次：2011 年 5 月第 1 版	印　　次：2011 年 5 月第 1 次印刷
字　　数：400 千字	定　　价：35.00 元

印　　数：1～3000 册

ISBN 978-7-5130-0361-2/TU · 012（3281）

《电气工程造价员速学手册》
编 写 人 员

主　编　曹美云

编　委（按姓氏笔画排序）

丁艳虎　王文娟　王新华　刘洪羽　孙　娜

李　靖　李亚男　张　鸿　张光权　陈景润

周明松　夏　琳　黄　鑫　曾文华　霍　丹

前　言

随着我国经济建设的飞速发展，城乡建设发生了巨大变化。现代化的工业厂房、宾馆酒店、大型影院、智能化住宅小区等高层建筑和建筑群体大量涌现，带来了电气工程造价、施工与设计方面的新问题。为解决电气工程造价任务越来越重的实际应用难题，我们组织一批电气工程造价方面的专家、学者，编写了本书。

电气工程造价具有涉及知识面宽、实践性强、适用性广的特点，具有与建筑行业、工程招投标、工程预结算和安装施工紧密结合的性质，是企业发包或承包工程，实现科学化管理，提高经济效益和劳动生产力的重要保证。本书根据《全国统一安装工程预算定额》第二册《电气设备安装工程》GYD—202—2000、《建设工程工程量清单计价规范》GB 50500—2008 编写，共六章，分别为电气工程造价基础知识、电气工程施工图的识读、电气工程定额计价理论、电气工程清单计价理论、电气工程工程量计算以及电气工程造价工作文件的编制与审查。通过本书的学习，读者能够在实际工作中灵活运用电气工程造价理论，在实践中掌握电气工程造价知识。在此，我们衷心地希望本书能够成为电气工程造价工作人员在实际工作中的最佳帮手。

由于编者水平有限，书中不免有疏漏之处，恳请广大读者热心指点，以便进一步修改和完善。

编者

目　录

第一章　电气工程造价基础知识

第一节　工程造价的分类

要点

工程造价是指进行一个工程项目的建造所需要花费的全部费用，即从工程项目确定建设意向直至建成、竣工验收为止的整个建设期间所支出的总费用，这是保证工程项目建造正常进行的必要资金，是建设项目投资中的重要组成部分。

电气工程造价按使用用途分类可分为：标底价格、投标价格、中标价格、直接发包价格和合同价格。

解释

◆标底价格

标底价格是招标人的期望价格，不是交易价格。招标人以此作为衡量投标人投标价格的一个尺度，也是招标人的一种控制投资的手段。

招标人设置标底价有两个目的：一是在坚持最低价中标时，标底价可作为招标人自己掌握的招标底数，起参考作用，而不作为评标的依据；二是为避免因标价太低而损害质量，使靠近标底的报价评为最高分，高于或低于标底的报价均递减评分，则标底价可作为评标的依据，使招标人的期望价成为价格控制的手段之一。在招标文件中要说明设置标底的目的。

编制标底价可由招标人自行操作，也可由招标人委托招标代理机构操作，由招标人作出决策。

◆投标价格

投标人为了得到工程施工承包的资格，依照招标人在招标文件中的要求进行估价，然后根据投标策略确定投标价格，以争取中标并通过工程实施取得经济效益。因此，投标报价是卖方的要价，一旦中标，这个价格就是合同谈判和签订合同确定工程价格的基础。

如果设有标底，投标报价时要研究招标文件中标底在评标过程中的使用方法：

1）以靠近标底者得分最高，这时报价就无须追求最低报价。

2）标底价只作为招标人的期望，仍要求低价中标，这时，投标人就要努力采取措施，既使得标价最具竞争力（最低价），又使报价不低于成本。由于“既能中标，又能获利”是投标报价的原则，故投标人必须有雄厚的技术和管理实力做后盾，编制出有竞争力、能赢利的投标报价。

◆中标价格

《招标投标法》第 40 条规定：“评标委员会应当按照招标文件确定的评标标准和方法，对投标文件进行评审和比较；设有标底的，应当参考标底。”所以评标的依据是招标文件和标底（设有标底时）。

《招标投标法》第 41 条规定，中标人的投标应符合下列两个条件之一：一是“能最大限度地满足招标文件中规定的各项综合评价标准”；二是“能够满足招标文件的实质性要求，并且经评审的投标价格最低，但是投标价低于成本的除外”。其中，第二项条件主要说的是投标报价。

◆直接发包价格

直接发包价格是由发包人与指定的承包人直接接触，通过谈判达成协议签订施工合同，而不需要像招标承包定价方式那样，通过竞争定价。直接发包方式计价只适用于不宜进行招标的工程，例如军事工程、保密技术工程、专利技术工程及发包人认为不宜招标而又不违反《招标投标法》第 3 条（招标范围）规定的其他工程。

直接发包方式计价首先提出协商价格意见的可能是发包人或其委托的中介机构，也可能是承包人提出价格意见交发包人或其委托的中介组织进行审核。无论由哪一方提出协商价格意见，都要通过谈判协商，签订承包合同，确定合同价。

直接发包价格是以审定的施工图预算为基础，由发包人与承包人商定增减价的方式定价。

◆合同价格

《建设工程施工发包与承包计价管理办法》（以下简称《办法》）第 12 条规定：“合同价可采用以下方式：（一）固定价。合同总价或者单价在合同约定的风险范围内不可调整。（二）可调价。合同总价或者单价在合同实施期内，根据合同约定的办法调整。（三）成本加酬金。”《办法》第 13 条规定：“发承包双方在确定合同价时，应当考虑市场环境和生产要素价格变化对合同价的影响。”

1. 固定合同价

固定合同价是指合同中确定的工程合同价在实施期间不因价格变化而调整。固定合同价可分为固定合同总价和固定合同单价两种。

1）固定合同总价。它是指承包整个工程的合同价款总额已经确定，在工程实施中不再因物价上涨而变化。所以，固定合同总价应考虑价格风险因素，也须在合同中明确规定合同总价包括的范围。这类合同价可以使发包人对工程总开支做到心中有数，在施工过程中更有效地控制资金的使用。但对承包人来说，要承担较大的风险，例如物价波动、气候条件恶劣、地质地基条件及其他意外困难等，因此合同价款一般会高些。

2）固定合同单价。它是指合同中确定的各项单价在工程实施期间不因价格变化而调整，而在每月（或每阶段）工程结算时，根据实际完成的工程量结算，在工程全部完成时以竣工图的工程量最终结算工程总价款。

2. 可调合同价

1）可调总价。合同中确定的工程合同总价在实施期间可随价格变化而调整。发包人和承包人在商订合同时，以招标文件的要求及当时的物价计算出合同总价。如果在执行合同期间，由于通货膨胀引起成本增加达到某一限度时，合同总价则作相应调整。可调合同价使发包人承担了通货膨胀的风险，承包人则承担其他风险，适合于工期较长（例如1年以上）的项目。

2）可调单价。一般是在工程招标文件中规定合同单价可调。在合同中签订的单价，根据合同约定的条款，如在工程实施过程中物价发生变化等，可作调整。有的工程在招标或签约时，因某些不确定性因素而在合同中暂定某些分部分项工程的单价，在工程结算时，再根据实际情况和合同约定对合同单价进行调整，确定实际结算单价。

可调价格的调整方法包括以下几种：

① 按主材计算价差。发包人在招标文件中列出需要调整价差的主要材料表及其基期价格（一般采用当时当地工程造价管理机构公布的信息价或结算价），工程竣工结算时按竣工当时当地工程造价管理机构公布的材料信息价或结算价与招标文件中列出的基期价比较计算材料差价。

② 主料按抽料法计算价差，其他材料按系数计算价差。主要材料按施工图预算计算的用量和竣工当月当地工程造价管理机构公布的材料结算价或信息价与基价对比计算差价。其他材料按当地工程造价管理机构公布的竣工调价系数计算方法计算差价。

③ 按工程造价管理机构公布的竣工调价系数及调价计算方法计算差价。

此外，还有调值公式法和实际价格结算法，这里不再详细介绍。

采用的方法应按工程价格管理机构的规定，经双方协商后在合同的专用条款中约定。

3. 成本加酬金确定的合同价

合同中确定的工程合同价，其工程成本部分按现行计价依据计算，酬金部分则按工程成本乘以通过竞争确定的费率计算，将两者相加，确定出合同价。具体形式如下：

1）成本加固定百分比酬金确定的合同价。这种合同价是发包人对承包人支付的人工、材料、施工机械使用费、措施费和施工管理费等按实际直接成本全部据实补偿，同时按照实际直接成本的固定百分比付给承包人一笔酬金，作为承包方的利润。

2）成本加固定酬金确定的合同价。工程成本实报实销，但酬金是事先商定的一个固定数目。这种承包方式虽然不能鼓励承包商对成本的严格控制；但从尽快取得酬金出发，承包商将会注重缩短工期。为了鼓励承包单位更好地完成工作，也有在固定酬金之外，再根据工程质量、工期和降低成本情况另加奖金的。在这种情况下，奖金所占比例的上限可大于固定酬金，以充分发挥奖励的积极作用。

3）成本加浮动酬金确定的合同价。这种承包方式要事先商定工程成本和酬金的预期水平。如果实际成本恰好等于预期水平，工程造价就是成本加固定酬金；如果实际成本低于预期水平，则增加酬金；如果实际成本高于预期水平，则减少酬金。

采用这种承包方式，通常规定，当实际成本超支而减少酬金时，以原定的固定酬金数额为减少的最高限度。也就是在最坏的情况下，承包人将得不到任何酬金，但不必承担赔偿超支的责任。

理论上，这种承包方式既对承发包双方都没有太多风险，又能促使承包商注重降低成本和缩短工期；但在实践中准确地估算预期成本比较困难，所以要求当事双方具有丰富的经验并掌握充分的信息。

4）目标成本加奖罚确定的合同价。在仅有初步设计和工程说明书即迫切要求开工的情况下，可根据粗略估算的工程量和适当的单价表编制概算，作为目标成本；随着详细设计逐步具体化，工程量和目标成本可加以调整，另外规定一个百分数作为酬金；最后结算时，如果实际成本高于目标成本并超过事先商定的界限（如5%），则减少酬金，如果实际成本低于目标成本（也有一个幅度界限），则多付酬金。

此外，还可另加工期奖罚。

这种承包方式可以促使承包商注重降低成本和缩短工期，而且目标成本是随设计的进展而加以调整才确定下来的，故建设单位和承包商双方都不会承担多大风险。当然也要求承包商和建设单位的代表都须具有比较丰富的经验和掌握充分的信息。

相关知识

◆工程造价的费用组成

工程造价主要由工程费用和工程其他费用组成。

1. 工程费用

工程费用包括建筑工程费用、安装工程费用和设备及工器具购置费用。

1）建筑工程费用。建筑工程费用是指工程项目设计范围内的建设场地平整、竖向布置土石方工程费；各类房屋建筑及其附属的室内供水、供热、卫生、电气、燃气、通风空调、弱电等设备及管线安装工程费；各类设备基础、地沟、水池、冷却塔、烟囱烟道、水塔、栈桥、管架、挡土墙、厂区道路、绿化等工程费；铁路专用线、厂外道路、码头等工程费。

2）安装工程费用。安装工程费用是指主要生产、辅助生产、公用等单项工程中需要安装的工艺、电气、自动控制、运输、供热、制冷等设备、装置安装工程费；各种工艺、管道安装及衬里、防腐、保温等工程费；供电、通信、自控等线缆的安装工程费。

3）设备及工器具购置费用。设备、工器具购置费用是指建设项目设计范围内的需要安装及不需要安装的设备、仪器、仪表等及其必要的备品备件购置费；为保证投产初期正常生产所必需的仪器仪表、工卡量具、模具、器具及生产家具等的购置费。在生产性建设项目中，设备工器具费用可称为“积极投资”，它占项目投资费用比重的提高，标志着技术的进步和资本有机构成的提高。

2. 工程其他费用

工程建设其他费用是指未纳入以上工程费用的、由项目投资支付的、为保证工程建设顺利完成和交付使用后能够正常发挥效用所必须开支的费用。它包括建设单位管理费、土地使用费、研究试验费、勘察设计费、建设单位临时设施费、工程监理费、工程保险费、生产准备费、引进技术和进口设备其他费用、工程承包费、联合试运转费、办公和生活家具购置费等。

第二节　工程造价的构成

要点

工程造价的构成主要划分为设备及工、器具购置费用，建筑安装工程费用，工程建设其他费用，预备费，建设期贷款利息，固定资产投资方向调节税等几项。具体构成内容如图 1-1 所示。

- 建设项目总投资
  - 固定资产投资——工程造价
    - 设备及工、器具购置费用
      - 设备购置费
        - 设备原价
        - 设备运杂费
      - 工、器具及生产家具购置费
    - 建筑安装工程费用
      - 直接费
      - 间接费
      - 利润
      - 税金
    - 工程建设其他费用
      - 土地使用费
      - 与项目建设有关的其他费用
      - 与未来企业生产经营有关的其他费用
    - 预备费
      - 基本预备费
      - 涨价预备费
    - 建设期贷款利息
    - 固定资产投资方向调节税
  - 流动资产投资——流动资金

图 1-1　工程造价的构成

解释

◆设备及工、器具购置费

1. 设备购置费的构成及计算

设备购置费是为建设项目购置或自制的达到固定资产标准的各种国产或进口设备、工具、器具的购置费用。计算公式如下：

$$设备购置费=设备原价+设备运杂费 \tag{1-1}$$

设备原价是国产设备或进口设备的原价；设备运杂费是除设备原价以外的关于设备采购、运输、途中包装及仓库保管等方面总的支出费用。

(1) 国产设备原价的构成及计算

国产设备原价是设备制造厂的交货价或订货合同价。它通常依据生产厂或供应商的询价、报价、合同价确定，或采用一定的方法计算确定。国产设备原价由国产标准设备原价和国产非标准设备原价构成。

1) 国产标准设备原价。国产标准设备是按照主管部门颁布的标准图纸及技术要求，由我国设备生产厂批量生产的、符合国家质量检测标准的设备。国产标准设备原价包括带有备件的原价和不带备件的原价。在计算时，通常采用带有备件的原价。国产标准设备具有完善的设备交易市场，所以可通过查询相关交易市场价格或向设备生产厂家询价得到其原价。

2) 国产非标准设备原价。国产非标准设备是国家尚无定型标准，各设备生产厂不能在工艺过程中采用批量生产，只能按订货要求并依据具体的设计图纸制造的设备。非标准设备因为单件生产、无定型标准，所以无法获取市场交易价格，只能按其成本构成或者相关技术参数估算其价格。非标准设备原价有多种不同的计算方法，例如成本计算估价法、系列设备插入估价法、分部组合估价法和定额估价法等。这些方法应使非标准设备计价接近实际出厂价，并且计算方法要求简单方便。成本计算估价法是估算非标准设备原价比较常用的一种方法。按成本计算估价法，非标准设备的原价的构成如下：

① 材料费。其计算公式如下：

$$材料费=材料净重\times(1+加工损耗系数)\times每吨材料综合价 \tag{1-2}$$

② 加工费。加工费包括生产工人工资与工资附加费、燃料动力费、设备折旧费和车间经费等。其计算公式如下：

$$加工费=设备总重量(t)\times设备每吨加工费 \tag{1-3}$$

③ 辅助材料费（简称辅材费）。辅助材料费包括焊条、焊丝、氧气、氩气、氮气、油漆和电石等费用。其计算公式如下：

$$辅助材料费=设备总重量\times辅助材料费指标 \tag{1-4}$$

④ 专用工具费。按①～③项之和乘以一定百分比计算。

⑤ 废品损失费。按①～④项之和乘以一定百分比计算。

⑥ 外购配套件费。按设备设计图纸所列的外购配套件的名称、型号、规格、数量和重量，依据相应的价格加运杂费计算。

⑦ 包装费。按①～⑥项之和乘以一定百分比计算。

⑧ 利润。按①～⑤项加第⑦项之和乘以一定利润率计算。

⑨ 税金。主要指增值税，计算公式为：

$$增值税=当期销项税额-进项税额 \tag{1-5}$$

$$当期销项税额=销售额\times适用增值税率(\%) \tag{1-6}$$

销售额为①～⑧项之和。

⑩ 非标准设备设计费。依据国家规定的设计费收费标准计算。

综上所述，单台非标准设备原价可用下面的公式表达：

$$\begin{aligned}单台非标准设备原价=\{&[(材料费+加工费+辅助材料费)\times(1+专用工具费率)\times\\&(1+废品损失费率)+外购配套件费]\times(1+包装费率)-\\&外购配套件费\}\times(1+利润率)+销项税额+\\&非标准设备设计费+外购配套件费\end{aligned} \tag{1-7}$$

（2）进口设备原价的构成及计算

进口设备的原价是指进口设备的抵岸价，由进口设备到岸价（CIF）和进口从属费构成。进口设备的到岸价，即抵达买方边境港口或者边境车站的价格。在国际贸易中，交易双方所使用的交货类别不同，则交易价格的构成内容也有所不同。进口从属费用包括银行财务费、外贸手续费、进口关税、消费税和进口环节增值税等，进口车辆还需缴纳车辆购置税。

1）进口设备到岸价的构成及计算。

进口设备到岸价（CIF）＝离岸价格（FOB）＋国际运费＋运输保险费

＝成本加运费（CFR）＋运输保险费　(1-8)

① 离岸价格。它是装运港船上交货价（FOB）。设备货价分为原币货价和人民币货价，原币货价一律折算成美元表示，人民币货价按原币货价乘以外汇市场美元兑换人民币汇率中间价来确定。进口设备货价按有关生产厂商询价、报价、订货合同价计算。

② 国际运费。国际运费是从装运港（站）到达我国目的港（站）的运费。我国进口设备大部分采用海洋运输，小部分采用铁路运输，个别采用航空运输。进口设备国际运费计算公式如下：

国际运费（海、陆、空）＝原币货价（FOB）×运费率（%）　(1-9)

国际运费（海、陆、空）＝单位运价×运量　(1-10)

其中，运费率或单位运价按照有关部门或进出口公司的规定执行。

③ 运输保险费。对外贸易货物运输保险是由保险人（保险公司）与被保险人（出口人或进口人）订立保险契约，在被保险人交付一定的保险费后，保险人根据保险契约的规定对货物在运输过程中发生的承保责任范围内的损失给予经济上的补偿。它属于财产保险，计算公式如下：

$$运输保险费=\frac{原币货价(FOB)+国外运费}{1-保险费率(\%)}\times 保险费率(\%) \quad (1\text{-}11)$$

其中，保险费率按照保险公司规定的进口货物保险费率计算。

2）进口从属费的构成及计算。

进口从属费＝银行财务费＋外贸手续费＋关税＋消费税＋进口环节增值税＋车辆购置税　(1-12)

① 银行财务费。银行财务费是在国际贸易结算中，中国银行为进出口商提供金融结算服务所收取的费用，可按下式计算：

银行财务费＝离岸价格（FOB）×人民币外汇汇率×银行财务费率　(1-13)

② 外贸手续费。外贸手续费指按对外经济贸易部规定的外贸手续费率计取的费用，外贸手续费率一般取1.5%。计算公式如下：

外贸手续费＝到岸价格（CIF）×人民币外汇汇率×外贸手续费率　(1-14)

③ 关税。关税是由海关对进出国境或关境的货物和物品征收的一种税。计算公式如下：

关税＝到岸价格（CIF）×人民币外汇汇率×进口关税税率　(1-15)

到岸价格作为关税的计征基数时，又称关税完税价格。进口关税税率分为优惠和普通两种。优惠税率适用于和我国签订关税互惠条款的贸易条约或协定的国家的进口设备；普通税率适用于未和我国签订关税互惠条款的贸易条约或协定的国家的进口设备。进口关税税率按照我国海关总署发布的进口关税税率计算。

④ 消费税。消费税仅对部分进口设备（例如轿车、摩托车等）征收，计算公式如下：

$$应纳消费税税额=\frac{到岸价格(CIF)\times人民币外汇汇率+关税}{1-消费税税率(\%)}\times消费税税率(\%) \tag{1-16}$$

其中，消费税税率根据规定的税率计算。

⑤ 进口环节增值税。进口环节增值税是对从事进口贸易的单位和个人，在进口商品报关进口后征收的税种。我国增值税条例规定，进口应税产品均按组成计税价格和增值税税率直接计算应纳税额。即：

$$进口环节增值税额=组成计税价格\times增值税税率(\%) \tag{1-17}$$

$$组成计税价格=关税完税价格+关税+消费税 \tag{1-18}$$

增值税税率依据规定的税率计算。

⑥ 车辆购置税。进口车辆需缴进口车辆购置税。其公式如下：

$$进口车辆购置税=(关税完税价格+关税+消费税)\times车辆购置税率(\%) \tag{1-19}$$

(3) 设备运杂费的构成及计算

1) 设备运杂费的构成。

① 运费和装卸费。国产设备由设备制造厂交货地点起至工地仓库（或施工组织设计指定的需要安装设备的堆放地点）止所发生的运费和装卸费；进口设备则由我国到岸港口或边境车站起至工地仓库（或施工组织设计指定的需安装设备的堆放地点）止所发生的运费和装卸费。

② 包装费。为运输而进行的包装支出的各种费用，不包含在设备原价中。

③ 设备供销部门的手续费。按有关部门规定的统一费率计算。

④ 采购与仓库保管费。采购与仓库保管费是采购、验收、保管和收发设备所发生的各种费用，包括设备采购人员、保管人员和管理人员的工资、工资附加费、办公费、差旅交通费，设备供应部门办公和仓库所占固定资产使用费、工具用具使用费、劳动保护费、检验试验费等。这些费用可按照主管部门规定的采购与仓库保管费费率计算。

2) 设备运杂费的计算。计算公式如下：

$$设备运杂费=设备原价\times设备运杂费率(\%) \tag{1-20}$$

其中，设备运杂费率按照各部门及省、市有关规定计取。

2. 工具、器具及生产家具购置费的构成及计算

工具、器具及生产家具购置费是新建或扩建项目初步设计规定的，保证初期正常生产必须购置的没有达到固定资产标准的设备、仪器、工卡模具、器具、生产家具和备品备件等的购置费用。通常以设备购置费为计算基数，按照部门或行业规定的工具、器具及生产家具费率计算。计算公式为：

$$\text{工具、器具及生产家具购置费}=\text{设备购置费}\times\text{定额费率} \tag{1-21}$$

◆**建筑安装工程费**

我国建筑安装工程费用项目组成如图 1-2 所示。

1. 直接费

建筑安装工程直接费由直接工程费和措施费组成。

- 建筑安装工程费
  - 直接费
    - 直接工程费
    - 措施费
  - 间接费
    - 规费
    - 企业管理费
  - 利润
  - 税金

图 1-2 建筑安装工程费用组成

(1) 直接工程费

直接工程费是施工过程中耗费的直接构成工程实体的各项费用，包括人工费、材料费和施工机械使用费。

1) 人工费。人工费是直接从事建筑安装工程施工作业的生产工人开支的各项费用。构成人工费的基本要素包括人工工日消耗量和人工日工资单价。

人工费的基本计算公式如下：

$$\text{人工费}=\sum(\text{工日消耗量}\times\text{日工资单价}) \tag{1-22}$$

① 人工工日消耗量是在正常施工生产条件下，建筑安装产品（分部分项工程或结构构件）必须消耗的某种技术等级的人工工日数量。它由分项工程所综合的各个工序施工劳动定额包括的基本用工和其他用工两部分构成。

② 相应等级的日工资单价包括生产工人基本工资、工资性补贴、生产工人辅助工资、职工福利费及生产工人劳动保护费。

2) 材料费。材料费是施工过程中耗费的构成工程实体的原材料、辅助材料、构配件、零件、半成品的费用。构成材料费的基本要素包括材料消耗量、材料基价和检验试验费。

材料费的基本计算公式如下：

$$\text{材料费}=\sum(\text{材料消耗量}\times\text{材料基价})+\text{检验试验费} \tag{1-23}$$

① 材料消耗量。材料消耗量是在合理和节约使用材料的条件下，生产单位假定建筑安装产品（分部分项工程或结构构件）必须消耗的一定品种规格的原材料、辅助材料、构配件、零件、半成品等的数量标准。它包括材料净用量和材料不可避免的损耗量。

② 材料基价。材料基价是材料在购买、运输、保管过程中形成的价格，其内容包括材料原价（或供应价格）、材料运杂费、运输损耗费、采购及保管费等。

③ 检验试验费。检验试验费是对建筑材料、构件和建筑安装物进行一般鉴定、检查所发生的费用，包括自设试验室进行试验所耗用的材料和化学药品等费用。不包括新结构、新材料的试验费和建设单位对具有出厂合格证明的材料进行检验，对构件做破坏性试验及其他特殊要求检验试验的费用。

3）施工机械使用费。施工机械使用费是施工机械作业所发生的机械使用费以及机械安拆费和场外运费。构成施工机械使用费的基本要素是施工机械台班消耗量和机械台班单价。

施工机械使用费的基本计算公式如下：

$$施工机械使用费=\sum(施工机械台班消耗量\times机械台班单价) \tag{1-24}$$

① 施工机械台班消耗量。它是在正常施工条件下，生产单位假定建筑安装产品(分部分项工程或结构构件)必须消耗的某类某种型号施工机械的台班数量。

② 机械台班单价。它的内容包括台班折旧费、台班大修理费、台班经常修理费、台班安拆费及场外运输费、台班人工费、台班燃料动力费、台班养路费及车船使用税。

(2) 措施费

措施费是实际施工中必须发生的施工准备和施工过程中技术、生活、安全、环境保护等方面的非工程实体项目的费用。非实体性项目是指其费用的发生和金额的大小与使用时间、施工方法或者两个以上工序相关，并且不形成最终的实体工程，例如大型机械设备进出场及安拆、文明施工和安全防护、临时设施等。措施项目费通常可以归纳为以下几项：

1）安全、文明施工费。安全、文明施工费是安全防护、文明施工措施费用的简称，具体指按照国家现行的建筑施工安全、施工现场环境与卫生标准和有关规定，购置和更新施工安全防护用具及设施、改善安全生产条件和作业环境所需要的费用。

建筑工程安全、文明施工费是由《建筑安装工程费用项目组成》中措施费所含的环境保护费、文明施工费、安全施工费和临时设施费组成的。

① 环境保护费。环境保护费的计算方法如下：

$$环境保护费=直接工程费\times环境保护费费率(\%) \tag{1-25}$$

$$环境保护费费率(\%)=\frac{本项费用年度平均支出}{全年建安产值\times直接工程费占总造价比例(\%)} \tag{1-26}$$

② 文明施工费。文明施工费的计算方法如下：

$$文明施工费=直接工程费\times文明施工费费率(\%) \tag{1-27}$$

$$文明施工费费率(\%)=\frac{本项费用年度平均支出}{全年建安产值\times直接工程费占总造价比例(\%)} \tag{1-28}$$

③ 安全施工费。安全施工费的计算方法如下：

$$安全施工费=直接工程费\times安全施工费费率(\%) \tag{1-29}$$

$$安全施工费费率(\%)=\frac{本项费用年度平均支出}{全年建安产值\times直接工程费占总造价比例(\%)} \tag{1-30}$$

④ 临时设施费。临时设施费包括周转使用临建费、一次性使用临建费及其他临时设施费。其计算公式如下：

$$临时设施费=(周转使用临建费+一次性使用临建费)\times[1+其他临时设施所占比例(\%)] \tag{1-31}$$

$$周转使用临建费=\sum\left[\frac{临建面积\times每平方米造价}{使用年限\times365\times利用率(\%)}\times工期(天)\right]+一次性拆除费 \tag{1-32}$$

$$一次性使用临建费=\sum\{临建面积\times每平方米造价\times[1-残值率(\%)]\}+一次性拆除费 \tag{1-33}$$

其他临时设施在临时设施费中所占比例，可由各地区造价管理部门依据典型施工企业的成本资料经分析后综合测定。

2）夜间施工增加费。夜间施工增加费是指因夜间施工所发生的夜班补助费、夜间施工降效、夜间施工照明设备摊销及照明用电等费用。计算方法如下：

$$夜间施工增加费=\left(1-\frac{合同工期}{定额工期}\right)\times\frac{直接工程费中的人工费合计}{平均日工资单价}\times每工日夜间施工费开支 \tag{1-34}$$

3）二次搬运费。二次搬运费是因施工场地狭小等特殊情况而发生的二次搬运费用。计算方法如下：

$$二次搬运费=直接工程费\times二次搬运费费率(\%) \tag{1-35}$$

$$二次搬运费费率=\frac{年平均二次搬运费开支额}{全年建安产值\times直接工程费占总造价比例(\%)} \tag{1-36}$$

4）冬雨期施工增加费。冬雨期施工费是在冬季、雨期施工期间，为了确保工程质量，采取保温、防雨措施所增加的材料费、人工费和设施费用，以及因工效和机械作业效率降低所增加的费用。其计算方法如下：

$$冬雨期施工增加费=直接工程费\times冬雨期施工增加费费率(\%) \tag{1-37}$$

$$冬雨期施工增加费费率(\%)=\frac{年平均冬雨期施工增加费开支额}{全年建安产值\times直接工程费占总造价的比例(\%)} \tag{1-38}$$

5）大型机械设备进出场及安拆费。大型机械设备进出场及安拆费是机械整体或分体自停放场地运至施工现场或由一个施工地点运至另一个施工地点，所发生的机械进出场运输和转移费用，以及机械在施工现场进行安装、拆卸所需的人工费、材料费、机械费、试运转费和安装所需的辅助设施的费用。其计算方法如下：

$$大型机械进出场及安拆费=\frac{一次进出场及安拆费\times 年平均安拆次数}{年工作台数} \tag{1-39}$$

6）施工排水费。施工排水费是指为了确保工程在正常条件下施工，采用各种排水措施所发生的各种费用。计算方法如下：

$$施工排水费=(\sum 排水机械台班费)\times 排水周期+排水使用材料费、人工费 \tag{1-40}$$

7）施工降水费。施工降水费是指为了确保工程在正常条件下施工，采用各种降水措施所发生的各种费用。计算方法如下：

$$施工降水费=(\sum 降水机械台班费)\times 降水周期+降水使用材料费、人工费 \tag{1-41}$$

8）地上地下设施、建筑物的临时保护设施费。地上地下设施、建筑物的临时保护设施费是指为了保护施工现场的一些成品免受其他施工工序的破坏，而在施工现场搭设一些临时保护设施所发生的费用。

这两项费用一般都以直接工程费为取费依据，根据工程所在地工程造价管理机构测定的相应费率计算支出。

9）已完工程及设备保护费。已完工程及设备保护费是指竣工验收前，对已完工程及设备进行保护所需费用。计算方法如下：

$$已完工程及设备保护费=成品保护所需机械费+材料费+人工费 \tag{1-42}$$

10）专业措施项目

① 混凝土、钢筋混凝土模板及支架费。混凝土、钢筋混凝土模板及支架费是指混凝土施工过程中需要的各种钢模板、木模板、支架等的支、拆、运输费用及模板、支架的摊销（或租赁）费用。

模板及支架分为自有和租赁两种，采取不同的计算方法。

a. 自有模板及支架费的计算。

$$模板及支架费=模板摊销量\times 模板价格+支、拆、运输费 \tag{1-43}$$

$$模板摊销量=一次使用量\times(1+施工损耗)\times\left[\frac{1+(周转次数-1)\times 补损率}{周转次数}-\frac{(1-补损率)\times 50\%}{周转次数}\right] \tag{1-44}$$

b. 租赁模板及支架费的计算。

$$租赁费=模板使用量\times使用日期\times租赁价格+支、拆、运输费 \tag{1-45}$$

② 脚手架费。脚手架费是指施工需要的各种脚手架搭、拆、运输费用及脚手架的摊销(或租赁)费用。脚手架同样分为自有和租赁两种,采取不同的计算方法。

a. 自有脚手架费的计算。

$$脚手架搭拆费=脚手架摊销量\times脚手架价格+搭、拆、运输费 \tag{1-46}$$

$$脚手架摊销量=\frac{单位一次使用量\times(1-残值率)}{耐用期/一次使用量} \tag{1-47}$$

b. 租赁脚手架费的计算。

$$租赁费=脚手架每日租金\times搭设周期+搭、拆、运输费 \tag{1-48}$$

2. 间接费

间接费是指虽不是直接由施工工艺过程所引起,但却与工程的总体条件有关的,建筑安装企业为组织施工和进行经营管理,以及间接为建筑安装生产服务的各项费用。

(1) 间接费的组成

建筑安装工程间接费由规费和企业管理费组成。

1) 规费。规费是政府和有关权力部门规定必须缴纳的费用。主要包括以下内容:

① 工程排污费:是指施工现场按规定缴纳的用于工程排污所需的费用。

② 社会保障费:包括养老保险费、失业保险费和医疗保险费。

③ 住房公积金:是指企业按规定标准为职工缴纳的住房公积金。

④ 危险作业意外伤害保险:是指按照建筑法规定,企业为从事危险作业的建筑安装施工人员支付的意外伤害保险费。

2) 企业管理费。企业管理费是建筑安装企业组织施工生产和经营管理所需费用,包括:

① 管理人员工资:是指管理人员的基本工资、工资性补贴、职工福利费和劳动保护费等。

② 办公费:是指企业管理办公用的文具、纸张、账表、印刷、邮电、书报、会议、水电、烧水和集体取暖(包括现场临时宿舍取暖)用煤等费用。

③ 差旅交通费:是指职工因公出差、调动工作的差旅费、住勤补助费,市内交通费和误餐补助费,职工探亲路费,劳动力招募费,职工离退休、退职一次性路费,工伤人员就医路费,工地转移费以及管理部门使用的交通工具的油料费、燃料费、养路费及牌照费。

④ 固定资产使用费:是指管理和试验部门及附属生产单位使用的属于固定

资产的房屋、设备仪器等的折旧、大修、维修或租赁费。

⑤ 工具、用具使用费：是指企业管理过程中使用的不属于固定资产的生产工具、器具、家具、交通工具和检验、试验、测绘、消防用具等的购置、维修和摊销费。

⑥ 劳动保险费：是指由企业支付离退休职工的异地安家补助费、职工退职金、6个月以上的病假人员工资、职工死亡丧葬补助费、抚恤费、按规定支付给离休干部的各项经费。

⑦ 工会经费：是指企业按职工工资总额计提的工会经费。

⑧ 职工教育经费：是指企业为职工学习先进技术和提高文化水平，按职工工资总额计提的费用。

⑨ 财产保险费：是指施工管理用财产、车辆保险费用。

⑩ 财务费：是指企业为筹集资金而发生的各种费用。

⑪ 税金：是指企业按规定缴纳的房产税、车船使用税、土地使用税和印花税等。

⑫ 其他：包括技术转让费、技术开发费、业务招待费、绿化费、广告费、公证费、法律顾问费、审计费和咨询费等。

(2) 间接费的计算方法

$$\text{间接费}=\text{取费基数}\times\text{间接费费率} \tag{1-49}$$

间接费的取费基数有三种，分别是：以直接费为计算基础，以人工费和机械费合计为计算基础，以及以人工费为计算基础。

$$\text{间接费费率}(\%)=\text{规费费率}(\%)+\text{企业管理费费率}(\%) \tag{1-50}$$

在不同的取费基数下，规费费率和企业管理费费率计算方法也不相同。

1) 以直接费为计算基础。

① 规费费率，计算公式如下：

$$\text{规费费率}(\%)=\frac{(\sum\text{规费缴纳标准})\times\text{每万元发承包价计算基数}}{\text{每万元发承包价中的人工费含量}}\times\text{人工费占直接费比例}(\%) \tag{1-51}$$

② 企业管理费费率，计算公式如下：

$$\text{企业管理费费率}(\%)=\frac{\text{生产工人年平均管理费}}{\text{年有效施工天数}\times\text{人工单价}}\times\text{人工费占直接费比例}(\%) \tag{1-52}$$

2) 以人工费和机械费合计为计算基础。

① 规费费率，计算公式如下：

$$\text{规费费率}(\%)=\frac{(\sum\text{规费缴纳标准})\times\text{每万元发承包价计算基数}}{\text{每万元发承包价中的人工费含量和机械费含量}}\times 100\% \tag{1-53}$$

② 企业管理费费率，计算公式如下：

$$企业管理费费率(\%)=\frac{生产工人年平均管理费}{年有效施工天数\times(人工单价+每一工日机械使用费)}\times100\% \quad (1\text{-}54)$$

3）以人工费为计算基础。

① 规费费率，计算公式如下：

$$规费费率(\%)=\frac{(\sum 规费缴纳标准)\times 每万元发承包价计算基数}{每万元发承包价中的人工费含量}\times100\% \quad (1\text{-}55)$$

② 企业管理费费率，计算公式如下：

$$企业管理费费率(\%)=\frac{生产工人年平均管理费}{年有效施工天数\times人工单价}\times100\% \quad (1\text{-}56)$$

3. 利润及税金

(1) 利润

利润是施工企业完成所承包工程获得的赢利。它的计算因计算基础的不同而不同。

1）以直接费为计算基础，计算公式如下：

$$利润=(直接费+间接费)\times相应利润率(\%) \quad (1\text{-}57)$$

2）以人工费和机械费为计算基础，计算公式如下：

$$利润=直接费中的人工费和机械费合计\times相应利润率(\%) \quad (1\text{-}58)$$

3）以人工费为计算基础，计算公式如下：

$$利润=直接费中的人工费合计\times相应利润率(\%) \quad (1\text{-}59)$$

建筑产品的市场定价，应依据市场的竞争情况适当确定利润水平。取定的利润水平过高可能会导致丧失一定的市场机会，取定的利润水平过低又会面临很大的市场风险。利润率的选定体现了企业的定价政策，利润率的确定是否合理也反映了企业的市场成熟度。

(2) 税金

税金是指按国家税法规定的应计入建筑安装工程费用的营业税、城市维护建设税及教育费附加。

1）营业税。营业税是按计税营业额乘以营业税税率确定。其中，建筑安装企业营业税税率为3%。计算公式为：

$$应纳营业税=计税营业额\times3\% \quad (1\text{-}60)$$

计税营业额是含税营业额，指从事建筑、安装、修缮、装饰及其他工程作业收取的全部收入，包括建筑、修缮、装饰工程所用原材料及其他物资和动力的价款。

当安装设备的价值作为安装工程产值时，亦包括所安装设备的价款。但建筑安装工程总承包方将工程分包或转包给他人的，其营业额中不包括付给分包或转包方的价款。营业税的纳税地点为应税劳务的发生地。

2）城市维护建设税。城市维护建设税是为筹集城市维护和建设资金，稳定和扩大城市、乡镇维护建设的资金来源，而对有经营收入的单位和个人征收的一种税。

城市维护建设税是按应纳营业税额乘以适用税率确定，计算公式为：

$$应纳税额=应纳营业税额\times适用税率(\%) \tag{1-61}$$

城市维护建设税的纳税地点在市区，其适用税率为营业税的7%；所在地为县镇，其适用税率为营业税的5%；所在地为农村，其适用税率为营业税的1%。城市维护建设税的纳税地点与营业税纳税地点相同。

3）教育费附加。教育费附加是按应纳营业税额乘以3%确定，计算公式为：

$$应纳税额=应纳营业税额\times3\% \tag{1-62}$$

建筑安装企业的教育费附加要与其营业税同时缴纳。即使办有职工子弟学校的建筑安装企业，也应当先缴纳教育费附加，教育部门可依据企业的办学情况，酌情以补助的形式返还给办学单位。

4）税金的综合计算。在工程造价的计算过程中，三种税金通常一并计算。由于营业税的计税依据是含税营业额，城市维护建设税及教育费附加的计税依据是应纳营业税额，而在计算税金时，通常已知条件是税前造价，即直接费、间接费、利润之和。所以，税金的计算通常需要将税前造价先转化为含税营业额，再按相应的公式计算缴纳税金。营业额的计算公式为：

$$营业额=\frac{直接费+间接费+利润}{1-营业税率-营业税率\times城市维护建设税率-营业税率\times教育费附加率} \tag{1-63}$$

为了简化计算，可以直接将三种税合并为一个综合税率，按下式计算应纳税额：

$$应纳税额=(直接费+间接费+利润)\times综合税率(\%) \tag{1-64}$$

综合税率的计算因企业所在地的不同而不同。

① 纳税地点在市区的企业综合税率的计算：

$$税率(\%)=\frac{1}{1-3\%-(3\%\times7\%)-(3\%\times3\%)}-1 \tag{1-65}$$

② 纳税地点在县城、镇的企业综合税率的计算：

$$税率(\%)=\frac{1}{1-3\%-(3\%\times5\%)-(3\%\times3\%)}-1 \tag{1-66}$$

③ 纳税地点不在市区、县城、镇的企业综合税率的计算：

$$税率(\%)=\frac{1}{1-3\%-(3\%\times1\%)-(3\%\times3\%)}-1 \quad (1\text{-}67)$$

◆工程建设其他费用

工程建设其他费用是指从工程筹建起到工程竣工验收交付使用的整个建设期间，除建筑安装工程费用和设备及工器具购置费以外，为保证工程建设顺利完成和交付使用后能够正常发挥效用而发生的各项费用。

工程建设其他费用，按其内容大体可分为固定资产其他费用、无形资产费用和其他资产费用三类。

1. 固定资产其他费用

固定资产其他费用是固定资产费用的一部分。固定资产费用是指项目投产时将直接形成固定资产的建设投资，包括工程费用以及在工程建设其他费用中按规定将形成固定资产的费用，后者被称为固定资产其他费用。

(1) 建设管理费

建设管理费是建设单位从项目筹建开始直至工程竣工验收合格或交付使用所发生的项目建设管理费用。

1) 建设管理费的内容。

① 建设单位管理费：是指建设单位发生的管理性质的开支。它包括工作人员工资、工资性补贴、施工现场津贴、职工福利费、住房基金、基本养老保险费、基本医疗保险费、失业保险费、工伤保险费、办公费以及差旅交通费等。

② 工程监理费：是指建设单位委托工程监理单位实施工程监理的费用。此项费用按有关规定计算。依法必须实行监理的建设工程施工阶段的监理收费实行政府指导价；其他建设工程施工阶段的监理收费和其他阶段的监理与相关服务收费实行市场调节价。

2) 建设单位管理费的计算。建设单位管理费按照工程费用之和(包括设备工器具购置费和建筑安装工程费用)乘以建设单位管理费费率计算。

$$建设单位管理费=工程费用\times建设单位管理费费率 \quad (1\text{-}68)$$

(2) 建设用地费

任何一个建设项目均固定在一定地点与地面相连接，必须占用一定量的土地，因此必然会发生为获得建设用地而支付的费用，即土地使用费。它是指通过划拨方式取得土地使用权而支付的土地征用及迁移补偿费，或者通过土地使用权出让方式取得土地使用权而支付的土地使用权出让金。

1) 土地征用及迁移补偿费。土地征用及迁移补偿费是建设项目通过划拨方式取得无限期的土地使用权，依照《中华人民共和国土地管理法》等规定所支付的费用。其总和一般不得超过被征土地年产值的 30 倍，土地年产值则按该地被征用前 3 年的平均产量和国家规定的价格计算。

2）土地使用权出让金。土地使用权出让金是指建设项目通过土地使用权出让方式，取得有限期的土地使用权，依照《中华人民共和国城镇国有土地使用权出让和转让暂行条例》规定支付的土地使用权出让金。

（3）可行性研究费

可行性研究费是在建设项目前期工作中，编制和评估项目建议书（或预可行性研究报告）、可行性研究报告所需的费用。此项费用应依据前期研究委托合同，或参照有关规定计算。

（4）研究试验费

研究试验费是为建设项目提供和验证设计参数、数据、资料等所进行的必要的试验费用，以及设计规定在施工中必须进行试验、验证所需的费用。包括自行或者委托其他部门研究试验所需人工费、材料费、试验设备和仪器使用费等。该项费用按照设计单位依据本工程项目的需要提出的研究试验内容和要求计算。

（5）勘察设计费

勘察设计费是委托勘察设计单位进行工程水文地质勘察、工程设计所发生的各项费用。它包括工程勘察费、初步设计费（基础设计费）、施工图设计费（详细设计费）和设计模型制作费。此项费用应按有关规定计算。

（6）环境影响评价费

环境影响评价费是指按照《中华人民共和国环境保护法》《中华人民共和国环境影响评价法》等规定，为全面、详细评价本建设项目对环境可能产生的污染或造成的重大影响所需的费用。它包括编制环境影响报告书（含大纲）、环境影响报告表以及对环境影响报告书（含大纲）和环境影响报告表进行评估等所需的费用。此项费用可参照有关规定计算。

（7）场地准备及临时设施费

1）场地准备及临时设施费的内容。

① 建设项目场地准备费是建设项目为达到工程开工条件进行的场地平整对建设场地余留的有碍于施工建设的设施进行拆除清理的费用。

② 建设单位临时设施费是指为满足施工建设需要而供到场地界区的、未列入工程费用的临时水、电、路、气、通信等其他工程费用和建设单位的现场临时建（构）筑物的搭设、维修、拆除、摊销或建设期间租赁费用，以及施工期间专用公路或桥梁的加固、养护、维修等费用。

2）场地准备及临时设施费的计算。

① 场地准备和临时设施应尽量与永久性工程统一考虑。建设场地的大型土石方工程应进入工程费用中的总图运输费用中。

② 新建项目的场地准备和临时设施费应依据实际工程量估算，或按工程费用的比例计算。改扩建项目通常只计拆除清理费。

$$场地准备和临时设施费=工程费用\times费率+拆除清理费 \quad (1\text{-}69)$$

③ 发生拆除清理费时可按新建同类工程造价或主材费、设备费的比例计算。凡可回收材料的拆除工程采用以料抵工方式冲抵拆除清理费。

④ 该项费用不包括已列入建筑安装工程费用中的施工单位临时设施费用。

(8) 引进技术和引进设备其他费

1) 引进项目图纸资料翻译复制费、备品备件测绘费,可根据引进项目的具体情况计列或按引进货价(FOB)的比例估列;引进项目发生备品备件测绘费时按具体情况估列。

2) 出国人员费用,包括买方人员出国设计联络、出国考察、联合设计、培训等所发生的旅费、生活费等。根据合同或协议规定的出国人次、期限以及相应的费用标准计算。生活费按照财政部、外交部规定的现行标准计算,旅费按中国民航公布的票价计算。

3) 来华人员费用,包括卖方来华工程技术人员的现场办公费用、往返现场交通费用、接待费用等。根据引进合同或协议有关条款及来华技术人员派遣计划进行计算。来华人员接待费用可按每人次费用指标计算。引进合同价款中已包括的费用内容不得重复计算。

4) 银行担保及承诺费是引进项目由国内外金融机构出面承担风险和责任担保所发生的费用,以及支付贷款机构的承诺费用。应按担保或承诺协议计取。投资估算和概算编制时可以担保金额或承诺金额为基数乘以费率计算。

(9) 工程保险费

工程保险费是建设项目在建设期间根据需要对建筑工程、安装工程、机器设备和人身安全进行投保而发生的保险费用。它包括建筑安装工程一切险、引进设备财产保险和人身意外伤害险等。

根据不同的工程类别,分别以其建筑、安装工程费乘以建筑、安装工程保险费率计算。民用建筑(例如住宅楼、综合性大楼、商场、旅馆、医院、学校)占建筑工程费的2‰~4‰;其他建筑(例如工业厂房、仓库、道路、码头、水坝、隧道、桥梁、管道等)占建筑工程费的3‰~6‰;安装工程(例如农业、工业、机械、电子、电器、纺织、矿山、石油、化学及钢铁工业、钢结构桥梁等)占建筑工程费的3‰~6‰。

(10) 联合试运转费

联合试运转费是指新建项目或新增加生产能力的工程,在交付生产前按照批准的设计文件所规定的工程质量标准和技术要求,进行整个生产线或装置的负荷联合试运转或局部联动试车所发生的费用净支出。试运转支出包括试运转所需原材料、燃料及动力消耗、低值易耗品、其他物料消耗、工具用具使用费、机械使用费、保险金、施工单位参加试运转人员工资,以及专家指导费等;试运转收入包括试运转期间的产品销售收入和其他收入。

(11) 特殊设备安全监督检验费

特殊设备安全监督检验费是指在施工现场组装的锅炉及压力容器、压力管道、消防设备、燃气设备、电梯等特殊设备和设施,由安全监察部门按照有关安全监察条例和实施细则以及设计技术要求进行安全检验,应由建设项目支付的、向安全监察部门缴纳的费用。该项费用按照建设项目所在省(自治区、直辖市)安全监察部门的规定标准计算。没有具体规定的,在编制投资估算和概算时可按受检设备现场安装费的比例估算。

(12) 市政公用设施费

市政公用设施费是指使用市政公用设施的建设项目,按照项目所在地省一级人民政府有关规定建设或缴纳的市政公用设施建设配套费用,以及绿化工程补偿费用。该项费用按工程所在地人民政府规定标准计列。

2. 无形资产费用

无形资产费用是直接形成无形资产的建设投资,主要是指专利及专有技术使用费。具体包括如下内容:

1) 国外设计和技术资料费,引进有效专利、专有技术使用费和技术保密费。

2) 国内有效专利、专有技术使用费。

3) 商标权、商誉和特许经营权费用等。

3. 其他资产费用

其他资产费用是指建设投资中除形成固定资产和无形资产以外的部分,主要包括生产准备及开办费等。

(1) 生产准备及开办费的内容

生产准备及开办费是指建设项目为保证正常生产(或营业、使用)而发生的人员培训费、提前进厂费以及投产使用必备的生产办公、生活家具用具及工器具等购置费用。

(2) 生产准备及开办费的计算

1) 新建项目按设计定员为基数计算,改扩建项目按新增设计定员为基数计算:

$$生产准备费=设计定员\times生产准备费指标(元/人) \tag{1-70}$$

2) 可采用综合的生产准备费指标进行计算,也可以按费用内容的分类指标计算。

◆预备费和建设期贷款利息

1. 预备费

预备费包括基本预备费和涨价预备费。

(1) 基本预备费

1) 基本预备费。基本预备费是针对在项目实施过程中可能发生难以预料的支出,需要事先预留的费用,又称工程建设不可预见费。主要指设计变更及施工过程中可能增加工程量的费用。

2) 基本预备费的计算。

基本预备费=(工程费用+工程建设其他费用)×基本预备费费率 (1-71)

基本预备费费率的取值应执行国家及有关部门的规定。

(2) 涨价预备费

1) 涨价预备费。涨价预备费是指针对建设项目在建设期间内,由于材料、人工、设备等价格可能发生变化引起工程造价变化而事先预留的费用,又称价格变动不可预见费。

2) 涨价预备费的测算方法。涨价预备费通常根据国家规定的投资综合价格指数,以估算年份价格水平的投资额为基数,采用复利方法计算。计算公式为:

$$PF=\sum_{t=1}^{n} I_t\left[(1+f)^m(1+f)^{0.5}(1+f)^{t-1}-1\right] \tag{1-72}$$

式中 PF——涨价预备费;

n——建设期年份数;

I_t——建设期中第 t 年的投资计划额,包括工程费用、工程建设其他费用及基本预备费,即第 t 年的静态投资;

f——年均投资价格上涨率;

m——建设前期年限(从编制估算到开工建设,单位:年)。

2. 建设期贷款利息

建设期贷款利息包括向国内银行及其他非银行金融机构贷款、出口信贷、外国政府贷款、国际商业银行贷款以及在境内外发行的债券等在建设期间应计的借款利息。

若总贷款是分年均衡发放,建设期贷款利息的计算可按当年借款在年中支用考虑,即当年贷款按半年计息,上年贷款按全年计息。计算公式为:

$$q_j=\left(P_{j-1}+\frac{1}{2}A_j\right)\times i \tag{1-73}$$

式中 q_j——建设期第 j 年应计贷款利息;

P_{j-1}——建设期第$(j-1)$年末累计贷款本金与利息之和;

A_j——建设期第 j 年贷款金额;

i——年利率。

在国外贷款利息的计算中，还应包括国外贷款银行根据贷款协议向贷款方以年利率的方式收取的手续费、管理费、承诺费，以及国内代理机构经国家主管部门批准的以年利率的方式向贷款单位收取的转贷费、担保费、管理费等。

◆固定资产投资方向调节税

为了贯彻国家产业政策，控制投资规模，引导投资方向，调整投资结构，加强重点建设，促进国民经济持续、稳定、协调发展，国家将根据国民经济的运行趋势和全社会固定资产投资的状况，对进行固定资产投资的单位和个人开征或暂缓征收固定资产投资方向的调节税。该税征收对象不包括中外合资经营企业、中外合作经营企业和外资企业。

投资方向调节税根据国家产业政策和项目经济规模实行差别税率，税率为0、5%、10%、15%、30%五个档次，各固定资产投资项目按其单位工程分别确定适用的税率。计税依据为固定资产投资项目实际完成的投资额，其中更新改造项目为建筑工程实际完成的投资额。投资方向调节税按固定资产投资项目的单位工程年度计划投资额预缴。年度终了后，按年度实际投资结算，多退少补。项目竣工后按全部实际投资进行清算，多退少补。

为贯彻国家宏观调控政策、扩大内需、鼓励投资，根据国务院的决定，对《中华人民共和国固定资产投资方向调节税暂行条例》规定的纳税义务人，其固定资产投资应税项目自2000年1月1日起新发生的投资额，暂停征收固定资产投资方向调节税，但该税种并未取消。

相关知识

◆国际工程项目建筑安装工程费用的构成

国际工程项目建筑安装工程费用的构成如图1-3所示。

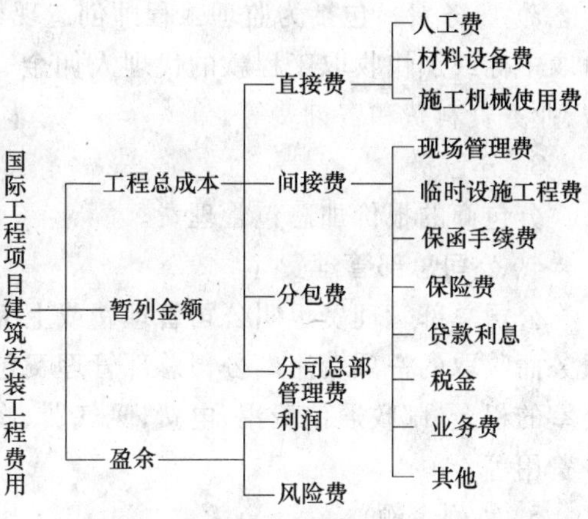

图1-3　国际工程项目建筑安装工程费用构成

1. 直接费

直接费是指直接用于工程的人工费、材料设备费和施工机械使用费。

1）人工费。指直接从事施工以及附属辅助性生产的工人工资，包括国内工人和外籍工人工资，但不包括管理人员和后勤服务人员工资。

2）材料设备费。指用于永久工程的所有建筑材料和设备的费用。材料设备采购的途径不同，其费用构成也不同，但均应包括材料设备的购买价格以及从采购地到达工程现场过程中所发生的运输费和保管费等其他费用。

3）施工机械使用费。指用于施工的各类机械、装备的使用费，包括机械的基本折旧、安装拆卸费、维修费、机械保险费、燃料动力费以及驾驶操作人工费等。

2. 间接费

国际工程的间接费项目较多，但并无统一的规定，经常遇到的费用项目主要包括以下内容：

1）现场管理费。指除了直接用于各分部分项工程施工所需的人工、材料设备和施工机械等开支之外的，为工程现场管理所需要的各项开支项目。一般包括管理人员和后勤服务人员工资、办公费、差旅交通费、医疗费、劳动保护费、固定资产折旧费、工具用具使用费、检验试验费和其他费用。

2）临时设施工程费。临时设施工程费用包括生活用房、生产用房和室外工程等临时房屋的建设费（或房租），水、电、暖、卫及通信设施费等。

3）保函手续费。国际工程招投标及实施过程中涉及投标保函、履约保函、预付款保函和维修保函。银行为承包商出具以上保函时，都要收取一定的手续费。

4）保险费。国际工程中的保险项目一般有工程保险、第三者责任保险、机动车辆保险、人身意外保险、材料设备运输保险、施工机械保险等，其中后三项保险的费用已分别计入直接费中的人工、材料设备和机械使用费。

5）贷款利息。承包商本身资金不足时，要用银行贷款组织施工，需向银行支付利息。

6）税金。承包商应按工程所在国税收制度交纳的税额。

7）业务费。包括为监理工程师创造现场工作和生活条件而开支的费用，为争取中标或加快收取工程款的代理人佣金、法律顾问费、广告宣传费、考察联络费、业务资料费和咨询费等。

3. 分包费

分包商的报价加总包管理费。

4. 公司总部管理费

公司总部管理费也叫公司管理费或上级管理费。它是公司为承包工程提供服务而收取的一项费用。公司总部管理费包括总部人员工资、行政管理费用、办公室的租金、邮政通信费用、电费、暖气费、修理费、车辆使用费、办公用品费和财务费用等。

5. 暂列金额

暂列金额是指包括在合同中，供工程任何部分的施工，或提供货物、材料、设备、服务，或提供不可预料事件费用的一项金额。暂列金额是业主方的备用金。

这是由业主的咨询工程师事先确定并填入招标文件中的金额。

6. 盈余

盈余包括利润和风险费。利润对于业主来说是允许的利润，对投标者而言则是计划利润。风险费也称不可预见费，或称意外费。承包商承受来自气候、通货膨胀、合同条件、币值波动等的风险，为防范风险所需要的各项费用以及补偿费用计入标价中。

第三节　工程造价的特点及职能

要点

本节主要介绍工程造价的特点及职能，读者应对此部分内容有所了解。

解释

◆工程造价的特点

1. 大额性

普通工程项目的造价可达数百万、数千万、数亿、十几亿元人民币，特大型工程项目的造价可达百亿、千亿元人民币，因此说工程造价具有大额性的特点，并关系到有关方面的重大经济利益，同时也会对宏观经济产生重大的影响。

2. 个别性、差异性

由于任何一项工程都有特定的用途、功能和规模，因此对每一项工程的结构、造型、空间分割、设备配置和内外装饰都有具体的要求，从而使工程内容和实物形态都具有个别性和差异性。产品的差异性决定了工程造价的个别性差异。同时，每项工程所处地区和地段都不相同，又使这一特点得到了强化。

3. 动态性

任何一项工程从决策到竣工交付使用，都有一个较长的建设期间，在此期间由于许多不可控因素的影响，如工程变更、设备材料价格、工资标准以及费率、利率、汇率等会发生变化。这些变化必然会影响到造价的变动。所以，工程造价在整个建设期中处于不确定状态，只有到竣工决算后，工程的实际造价才能被最终确定。

4. 层次性

工程的层次性决定造价的层次性。一个建设项目通常含有多个能够独立发挥设计效能的单项工程（例如教学楼、住宅楼、博物馆等）。一个单项工程又是由能够各自发挥专业效能的多个单位工程（例如建筑工程、装饰装修工程等）组成。因此，工程造价分为三个层次：建设项目总造价、单项工程造价和单位工程造价。

如果专业分工更细，单位工程的组成部分——分部分项工程也可以成为交换对象，例如大型土方工程、基础工程、砌筑工程等，这样工程造价的层次增加了分部工程和分项工程而成为五个层次。即使从造价的计算和工程管理的角度看，工程造价的层次性也是非常突出的。

5. 兼容性

工程造价的兼容性主要表现在它具有两种含义和工程造价构成因素的广泛性和复杂性。在工程造价中，首先，成本因素非常复杂；其次，建设工程用地支出的费用、项目可行性研究和规划设计费用、与政府一定时期政策（尤其是产业政策和税收政策）相关的费用占有相当的份额；再次，盈利的构成也较为复杂，资金成本较高。

◆工程造价的职能

工程造价除具有一般商品价格职能外，还具有以下特殊的职能。

1. 预测职能

由于工程造价的大额性和多变性，投资者和承包商都要对拟建工程进行预先测算。投资者预先测算工程造价不仅作为项目决策依据，还是筹集资金、控制造价的依据。承包商对工程造价的测算，既为投标决策提供依据，也为投标报价和成本管理提供依据。

2. 控制职能

工程造价的控制职能表现在两方面：一方面是它对投资的控制，即在投资的各个阶段，根据对造价的多次性预估，进行全过程、多层次的控制；另一方面，是对以承包商为代表的商品和劳务供应企业的成本控制。在价格一定的条件下，企业实际成本开支决定企业的盈利水平。成本越高，盈利越低。成本高于价格，就会危及企业的生存。所以，企业要以工程造价来控制成本，利用工程造价提供的信息资料作为控制成本的依据。

3. 评价职能

工程造价是评价总投资和分项投资合理性和投资效益的主要依据之一。评价土地价格、建筑安装产品和设备价格的合理性时，就必须利用工程造价资料；在评价建设项目偿贷能力、获利能力和宏观效益时，也要依据工程造价。工程造价还是评价建筑安装企业管理水平和经营成果的重要依据。

4. 调节职能

工程建设不仅直接关系经济增长，还直接关系国家重要资源分配和资金流向，对国计民生均会产生重大影响。所以，国家对建设规模、结构进行宏观调节是在任何条件下都不可缺少的，对政府投资项目进行直接调控和管理也是必需的。这些都要通过工程造价来对工程建设中的物质消耗水平、建设规模和投资方向等进行调节。

相关知识

◆工程造价、建设项目投资费用和建筑产品价格之间的关系

1. 建设项目投资费用

建设项目投资费用也称为建设项目总投资费用(或投资),它包括固定资金(建设投资)和流动资金两部分,是保证项目建设和生产经营活动正常进行的必要资金。依照国际上通用的划分规则和我国的财务会计制度,投资主要由以下几个方面构成。

(1) 固定投资

固定投资是指形成企业固定资产、无形资产和其他资产的投资。

固定投资中形成固定资产的支出称固定资产投资。固定资产是指使用期限超过1年的房屋、建筑物、机器、机械、运输工具以及与生产经营有关的设备、器具和工具等。这些资产在建造或购置过程中发生的全部费用都构成固定资产投资。投资者若用现有的固定资产作为投入,按照评估确认或者合同、协议约定的价值作为其投资;若为融资租入,按照租赁协议或者合同确定的价款加运输费、保险费和安装调试费等计算其投资。

企业因购建固定资产而缴纳的固定资产投资方向调节税和耕地占用税,也是固定投资的组成部分。

(2) 无形资产投资

无形资产投资是指专利权、商标权、著作权、土地使用权、非专利技术和商誉等的投入。

(3) 流动投资

流动资金是指为维持生产而占用的全部周转资金。它是流动资产与流动负债的差额。流动资产包括各种必要的现金、存款、应收及预付款项和存货;流动负债主要是指应付账款。这里所说的流动资产是指为维持一定规模生产所需要的最低的周转资金和存货;这里的流动负债只含正常生产情况下平均的应付账款,不包括短期借款。通常把资产负债表中的流动资产称为流动资产总额,它除了上述的最低需要的流动资产外,还包括生产经营活动中新产生的盈余资金。同样,将流动负债称流动负债总额,它除应付账款外,还包括短期借款,当然也包括为解决流动资金投入所需要的短期借款。

建设项目的投资总数首先是按现行的价格估计的,不包括涨价因素。由于建设周期很长,涨价的情况是必然的。考虑了涨价因素,实际的投资肯定会有所增加。另外,投资需要的资金中一般会有很大一部分是依靠借款来解决,从借钱开始到项目建成,还要发生借钱的利息、承诺费和担保费等,因此,实际上要筹措的资金比工程上花的资金要多。

2. 建筑产品价格

建筑产品是指房屋、构筑物的建造和设备安装，它是建筑业的物质生产成果，是建筑业提供给社会的产品。建筑产品同其他工业产品一样具有价值和使用价值，并且是为他人使用而生产的，具有商品的性质。

建筑产品价格是建筑产品价值的货币表现，是在建筑产品生产中社会必要劳动时间的货币名称。在建筑市场上，建筑产品价格是建筑工程招标投标的定标价格，也表现为建筑工程的承包价格和结算价格。

建筑产品价格包括生产成本、利润和税金三个部分，其中生产成本又可分为直接成本和间接成本。建筑产品价格除具有一般商品价格的特性外，还具有许多自己的特点，这是由建筑产品的技术经济特点，例如产品的一次性、体型大、生产周期长、价值高以及交易在先而生产在后等因素所决定的。

3. 工程造价、建设项目投资费用和建筑产品价格之间的关系

一般来说，建设项目投资费用包含工程造价，工程造价包含建筑产品价格。

由于建设项目投资费用的主要部分是由建筑安装工程费用、设备工器具购置费用以及工程建设其他费用所构成，通常仅就工程项目的建设及建设期而言，人们习惯上将建设项目投资费用与工程造价等同，将投资控制与工程造价控制等同。

建筑产品价格构成是建筑产品价格各组成要素的有机组合形式。通常，建筑产品价格构成与建设项目总投资中建筑安装工程费用构成二者相同，后者是从投资耗费角度进行的表述，前者则反映商品价值的内涵，是对后者从价格学角度的归纳。

第四节　工程造价的计价特征

要点

工程造价的计价特征包括：计价的单件性、计价的多次性、计价的组合性、计价方法的多样性、计价依据的复杂性。

解释

◆计价的单件性

建设工程在生产上的单件性决定了在造价计算上的单件性，它不能像一般工业产品那样，可以按品种、规格成批地生产，统一定价，只能按照单件计价。国家或地区有关部门不能按各个工程逐件控制价格，只能就工程造价中各项费用项目的划分、工程造价构成的一般程序、概预算的编制方法、各种概预算定额和费用标准等作出统一性的规定，来作宏观性的价格控制。

◆计价的多次性

建设工程的生产过程是一个要经过可行性研究、设计、施工和竣工验收等多个阶段，周期较长的生产消费过程。为了适应工程建设各方建立合理的经济关系，方便进行工程项目管理，适应工程造价控制与管理的要求，需要对建设工程进行多次计价。

在编制项目建议书、进行可行性研究阶段，通常可按规定的投资估算指标、类似工程的造价资料和现行的设备材料价格，结合工程实际情况进行投资估算。投资估算是可行性研究报告的重要组成部分，是判断项目可行性和进行项目决策的重要依据。经批准的投资估算是工程造价的目标限额，是以后编制概预算的基础。

在初步设计阶段，总承包设计单位要根据初步设计的总体布置、工程项目、各单项工程的主要结构和设备清单，采用有关概算定额或概算指标等编制建设项目的总概算。它包括从筹建到竣工验收的全部建设费用。设计概算是初步设计文件的重要组成部分。经批准的设计总概算是确定建设项目总造价、编制固定资产投资计划、签订建设项目承包总合同和贷款总合同的依据，也是控制建设项目贷款和施工图预算以及考核设计经济合理性的依据。

工程开工之前，要由设计单位依据施工图设计确定的工程量，套用有关预算定额单价、间接费取费率和利润率以及税率等编制施工图预算。施工图预算是施工图设计文件的重要组成部分。施工图预算经审核批准后，可以作为签订工程承包合同、实行工程造价包干和办理工程价款结算的依据。实行招标的工程，施工图预算是确定标底的基础。

在签订建设项目总承包合同、设备材料采购合同时，要在对设备材料价格发展趋势进行分析和预测的基础上，通过招标投标，由发包方和承包方共同确定一致同意的合同价作为双方结算的基础。在合同实施阶段，对于影响工程造价的设备、材料价差及设计变更等，应按合同规定的调整范围及调价方法对合同价进行必要的修正，确定结算价。

工程项目竣工交付使用时，建设单位需编制竣工决算，反映工程建设项目的实际造价和建成交付使用的固定资产及流动资产的详细情况，作为财产交接、考核交付使用的财产成本，以及使用部门建立财产明细表和登记新增财产价值的依据。竣工决算在内容上包括完成一个建设工程实际花费的费用，即该建设工程的实际造价。

综上所述，从投资估算、设计概算、施工图预算到招标承包合同价，再到各项工程的结算价和最后在结算价基础上编制的竣工决算，整个计价过程是一个由粗到细、由浅到深，经过多次计价最后达到工程实际造价的过程，计价过程各环节之间相互衔接，前者制约后者，后者补充前者。

◆**计价的组合性**

一个建设项目的总造价是由各个单项工程造价组成，而各个单项工程造价又是由各个单位工程造价所组成的。各单位工程造价又是按分部工程、分项工程和相应定额、费用标准等进行计算得出的。可见，为确定一个建设项目的总造价，应首先计算各单位工程造价，再计算各单项工程造价，然后汇总成总造价。计价的过程充分体现了分部组合计价的特点。

◆**计价方法的多样性**

工程造价多次性计价有各不相同的计价依据，对造价的精确度要求也不相同，这就决定了计价方法的多样性。计算概、预算造价的方法有单价法和实物法等。计算投资估算的方法有设备系数法、生产能力指数估算法等。不同的方法利弊不同，适应条件也不同，计价时要根据具体情况加以选择。

◆**计价依据的复杂性**

由于影响造价的因素多，计价依据复杂，种类繁多。主要可分为以下七类：

1）计算设备和工程量的依据：项目建议书、可行性研究报告和设计文件等。

2）计算人工、材料、机械等实物消耗量的依据：投资估算指标、概算定额、预算定额等。

3）计算工程单价的价格依据：人工单价、材料价格、材料运杂费和机械台班费等。

4）计算设备单价的依据：设备原价、设备运杂费和进口设备关税等。

5）计算措施费、间接费和工程建设其他费用的依据，主要是相关的费用定额和指标。

6）政府规定的税、费。

7）物价指数和工程造价指数。

相关知识

◆**工程造价的作用**

1. 工程造价是项目决策的依据

建设工程投资大、生产和使用周期长等特点决定了项目决策的重要性。工程造价决定着项目的一次投资费用。项目决策中要考虑的主要问题包括投资者是否有足够的财务能力支付这项费用，是否认为值得支付这项费用。财务能力是一个独立的投资主体必须首先解决的问题。若建设工程的价格超过投资者的支付能力，会迫使他放弃拟建的项目；若项目投资的效果达不到预期目标，他也会自动放弃拟建的工程。所以，在项目决策阶段，建设工程造价就成了项目财务分析和经济评价的重要依据。

2. 工程造价是制订投资计划和控制投资的依据

工程造价在控制投资方面的作用非常明显。它是通过多次预估，最终通过竣工决算确定下来的。每一次预估的过程就是对造价的控制过程；而每一次估算对下一次估算的限定和约束，都是对造价严格的控制，具体讲，每一次估算均不能超过前一次估算的一定幅度。这种控制是在投资者财务能力限度内为取得既定的投资效益所必需的。工程造价对投资的控制还表现在利用制定各类定额、标准和参数，对工程造价的计算依据进行控制。在市场经济利益风险机制的作用下，造价对投资的控制作用成为投资的内部约束机制。

3. 工程造价是筹集建设资金的依据

投资体制的改革和市场经济的建立，要求项目的投资者必须有很强的筹资能力，以保证工程建设有充足的资金供应。工程造价基本决定了建设资金的需求量，进而为筹集资金提供了比较准确的依据。当建设资金来源于金融机构的贷款时，金融机构在对项目的偿贷能力进行评估的基础上，也需要依据工程造价来确定给予投资者的贷款数额。

4. 工程造价是评价投资效果的重要指标

工程造价是一个包含着多层次工程造价的体系。一个工程项目，它既是建设项目的总造价，又包含单项工程的造价和单位工程的造价，同时也包含单位生产能力的造价，或 $1m^2$ 建筑面积的造价等。这些使工程造价自身形成了一个指标体系。它能够为评价投资效果提供多种评价指标，并能够形成新的价格信息，为今后类似项目的投资提供参考。

5. 确定工程造价是合理利益分配和调节产业结构的手段

工程造价的高低往往涉及国民经济各部门和企业间的利益分配。在市场经济中，工程造价受供求关系的影响，并在围绕价值的波动中实现对建设规模、产业结构和利益分配的调节。加上政府正确的宏观调控和价格政策导向，工程造价可以对此充分发挥作用。

第五节　工程造价的计价依据

要点

工程造价的计价依据主要包括：工程量计算规则、建筑安装工程定额、建设工程价格信息以及工程造价相关法律法规等。

解释

◆工程量计算规则

1. 制定统一工程量计算规则的意义

1）有利于统一全国各地的工程量计算规则，打破了各自为政的局面，为该领域的交流提供了良好的条件。

2）有利于“量价分离”。固定价格不适用于市场经济，因为市场经济的价格是变动的。必须进行价格的动态计算，把价格的计算依据动态化，变成价格信息。因此，需要把价格从定额中分离出来：使时效性差的工程量、人工量、材料量、机械量的计算与时效性强的价格分离开来。统一的工程量计算规则的产生，既是量价分离的产物，又是促进量价分离的要素，更是建筑工程造价计价改革的关键一步。

3）有利于工料消耗定额的编制，为计算工程施工所需的人工、材料、机械台班消耗水平和市场经济中的工程计价提供依据。工料消耗定额的编制是建立在工程量计算规则统一化、科学化的基础之上的。工程量计算规则和工料消耗定额的出台，共同形成了量价分离后完整的“量”的体系。

4）有利于工程管理信息化。统一的计量规则，有利于统一计算口径，也有利于统一划项口径；而统一的划项口径又有利于统一信息编码，进而可实现统一的信息管理。

《建筑工程工程量清单计价规范》GB 50500—2008 也对工程量的计算规则进行了规定。作为编制工程量清单和利用工程量清单进行投标报价的依据。

2. 建筑面积计算规则

建筑面积也称为建筑展开面积，是指建筑物各层面积的总和。建筑面积包括使用面积、辅助面积和结构面积。

建筑面积的计算具体可参考《建筑工程建筑面积计算规范》（GB/T 50353—2005）的规定。

3. 建筑安装工程预算工程量计算规则

《全国统一安装工程预算工程量计算规则》包括以下内容：①机械设备安装工程；②电气设备安装工程；③热力设备安装工程；④炉窑砌筑工程；⑤静置设备与工艺金属结构制作安装工程；⑥工业管道工程；⑦消防及安全防范设备安装工程；⑧给排水、采暖、燃气工程；通风空调工程；⑨自动化控制仪表安装工程；⑩刷油、防腐蚀、绝热工程。

4. 工程量清单计价规范工程量计算规则

《建设工程工程量清单计价规范》GB 50500—2008 中的工程量计算规则共分为 6 部分，它们是：附录 A 建筑工程工程量清单项目及计算规则；附录 B 装饰装修工程工程量清单项目及计算规则；附录 C 安装工程工程量清单项目及计算规则；附录 D 市政工程工程量清单项目及计算规则；附录 E 园林绿化工程工程量清单项目及计算规则；附录 F 矿山工程工程量清单项目及计算规则。

◆建筑安装工程定额

建筑安装工程定额是指按国家有关产品标准、设计标准、施工质量验收标准（规范）等确定的施工过程中完成规定计量单位产品所消耗的人工、材料、机械等消耗量的标准，其作用如下：

1）建筑安装定额具有促进节约社会劳动和提高生产效率的作用。企业用定额计算工料消耗、劳动效率、施工工期并与实际水平对比，衡量自身的竞争能力，促使企业加强管理，合理分配和使用资源，以达到节约的目的。

2）建筑安装工程定额提供的信息，为建筑市场供需双方的交易活动和竞争创造条件。

3）建筑安装工程定额有助于完善建筑市场信息系统。定额本身是大量信息的集合，既是大量信息加工的结果，又向使用者提供信息。可以说，建筑安装工程造价是依据定额提供的信息进行的。

◆建设工程价格信息

1. 建筑安装工程单价信息和费用信息

在计划经济条件下，工程单价信息和费用是以定额形式确定的，定额具有指令性；在市场经济条件下，其不具有指令性，只具有参考性。对于发包人和承包人以及工程造价咨询单位来说，工程单价是十分重要的信息来源。单价也可从市场上调查得到，还可以利用政府或中介组织提供的信息。单价有以下几种：

1）人工单价。人工单价指一个建筑安装工人一个工作日在预算中应计入的全部人工费用，它反映了建筑安装工人的工资水平和一个工人在一个工作日中可以得到的报酬。

2）材料单价。材料单价是指材料由供应者仓库或提货地点到达工地仓库后的出库价格。

材料单价包括材料原价、供销部门手续费、包装费、运输费及采购保管费。

3）机械台班单价。机械台班单价是指一台施工机械，在正常运转条件下每工作一个台班应计入的全部费用。

机械台班单价包括折旧费、大修理费、经常修理费、安拆费及场外运输费、燃料动力费、人工费、运输机械养路费、车船使用税及保险费。

2. 建筑安装工程价格指数

建筑安装工程价格指数是反映一定时期由于价格变化对工程价格影响程度的指标，它是调整建筑安装工程价格差价的依据。建筑安装工程价格指数是报告期与基期价格的比值，可以反映价格变动趋势，用来进行估价和结算，估计价格变动对宏观经济的影响。

在社会主义市场经济中，设备、材料和人工费的变化对建筑安装工程价格的影响日益增大。在建筑市场供求和价格水平发生经常性波动的情况下，建筑安装工程价格及其各组成部分也处于不断变化之中，使不同时期的工程价格失去可比性，造成了造价控制的困难。编制建筑安装工程价格指数是解决造价动态控制的最佳途径。

1）建筑安装工程价格指数因分类标准的不同可分为以下不同的种类，具体如下：

① 按工程范围、类别和用途分类，可分为单项价格指数和综合价格指数。单项价格指数分别反映各类工程的人工、材料、施工机械及主要设备等报告期价格对基期价格的变化程度。综合价格指数综合反映各类项目或单项工程人工费、材料费、施工机械使用费和设备费等报告期价格对基期价格变化而影响造价的程度，反映造价总水平的变动趋势。

② 按工程价格资料期限长短分类，可分为时点价格指数、月指数、季指数和年指数。

③ 按不同基期分类，可分为定基指数和环比指数。前者指各期价格与其固定时期价格的比值，后者指各时期价格与前一期价格的比值。

2）建筑安装工程价格指数可以参照下列公式进行编制：

① 人工、机械台班、材料等要素价格指数的编制见下式：

$$\text{人工(机械、材料)价格指数}=\frac{\text{报告期预算价格}}{\text{基期预算价格}} \tag{1-74}$$

② 建筑安装工程价格指数的编制，见下式：

$$\begin{aligned}\text{建筑安装工程价格指数}=&\text{人工费指数}\times\text{基期人工费占建筑安装工程价格的比例}+\\&\sum(\text{单项材料价格指数}\times\text{基期该材料费占建筑安装工程价格比例})+\sum(\text{单项施工机械台班指数}\times\text{基期该机械费占建筑安装工程价格比例})+\sum(\text{其他直接费、间接费综合指数}\times\text{基期其他直接费、间接费占建筑安装工程价格比例})\end{aligned} \tag{1-75}$$

◆建筑工程施工发包与承包计价管理办法

2001 年 11 月 5 日建设部发布了第 107 号部令《建筑工程施工发包与承包计价管理办法》。它是我国现行建筑工程造价最权威的计价依据，现全文收录如下：

第一条　为了规范建筑工程施工发包与承包计价行为，维护建筑工程发包与承包双方的合法权益，促进建筑市场的健康发展，根据有关法律、法规，制定本办法。

第二条　在中华人民共和国境内的建筑工程施工发包与承包计价（以下简称工程发承包计价）管理，适用本办法。

本办法所称建筑工程是指房屋建筑和市政基础设施工程。

本办法所称房屋建筑工程，是指各类房屋建筑及其附属设施和与其配套的线路、管道、设备安装工程及室内外装饰装修工程。

本办法所称市政基础设施工程，是指城市道路、公共交通、供水、排水、燃气、热力、园林、环卫、污水处理、垃圾处理、防洪、地下公共设施及附属设施的土建、管道、设备安装工程。

工程发承包计价包括编制施工图预算、招标标底、投标报价、工程结算和签订合同价等活动。

第三条　建筑工程施工发包与承包价在政府宏观调控下，由市场竞争形成。

工程发承包计价应当遵循公平、合法和诚实信用的原则。

第四条　国务院建设行政主管部门负责全国工程发承包计价工作的管理。

县级以上地方人民政府建设行政主管部门负责本行政区域内工程发承包计价工作的管理。其具体工作可以委托工程造价管理机构负责。

第五条　施工图预算、招标标底和投标报价由成本（直接费、间接费）、利润和税金构成。其编制可以采用以下计价方法：

（一）工料单价法。分部分项工程量的单价为直接费。直接费以人工、材料、机械的消耗量及其相应价格确定。间接费、利润、税金按照有关规定另行计算。

（二）综合单价法。分部分项工程量的单价为全费用单价。全费用单价综合计算完成分部分项工程所发生的直接费、间接费、利润、税金。

第六条　招标标底编制的依据为：

（一）国务院和省、自治区、直辖市人民政府建设行政主管部门制定的工程造价计价办法以及其他有关规定；

（二）市场价格信息。

第七条　投标报价应当满足招标文件要求。

投标报价应当依据企业定额和市场价格信息，并按照国务院和省、自治区、直辖市人民政府建设行政主管部门发布的工程造价计价办法进行编制。

第八条　招标投标工程可以采用工程量清单方法编制招标标底和投标报价。

工程量清单应当依据招标文件、施工设计图纸、施工现场条件和国家制定的统一工程量计算规则、分部分项工程项目划分、计量单位等进行编制。

第九条　招标标底和工程量清单由具有编制招标文件能力的招标人或其委托的具有相应资质的工程造价咨询机构、招标代理机构编制。

投标报价由投标人或其委托的具有相应资质的工程造价咨询机构编制。

第十条　对是否低于成本报价的异议，评标委员会可以参照建设行政主管部门发布的计价办法和有关规定进行评审。

第十一条　招标人与中标人应当根据中标价订立合同。

不实行招标投标的工程，在承包方编制的施工图预算的基础上，由发承包双方协商订立合同。

第十二条　合同价可以采用以下方式：

（一）固定价。合同总价或者单价在合同约定的风险范围内不可调整。

（二）可调价。合同总价或者单价在合同实施期内，根据合同约定的办法调整。

（三）成本加酬金。

第十三条　发承包双方在确定合同价时，应当考虑市场环境和生产要素价格变化对合同价的影响。

第十四条　建筑工程的发承包双方应当根据建设行政主管部门的规定，结合工程款、建设工期和包工包料情况在合同中约定预付工程款的具体事宜。

第十五条　建筑工程发承包双方应当按照合同约定定期或者按照工程进度分段进行工程款结算。

第十六条　工程竣工验收合格，应当按照下列规定进行竣工结算：

（一）承包方应当在工程竣工验收合格后的约定期限内提交竣工结算文件。

（二）发包方应当在收到竣工结算文件后的约定期限内予以答复。逾期未答复的，竣工结算文件视为已被认可。

（三）发包方对竣工结算文件有异议的，应当在答复期内向承包方提出，并可以在提出之日起的约定期限内与承包方协商。

（四）发包方在协商期限内未与承包方协商或者经协商未能与承包方达成协议的，应当委托工程造价咨询单位进行竣工结算审核。

（五）发包方应当在协商期限界满后的约定期限内向承包方提出工程造价咨询单位出具的竣工结算审核意见。

发承包双方在合同中对上述事项的期限没有明确约定的，可认为其约定期限均为28日。

发承包双方对工程造价咨询单位出具的竣工结算审核意见仍有异议的，在接到该审核意见后一个月内可以向县级以上地方人民政府建设行政主管部门申请调解，调解不成的，可以依法申请仲裁或者向人民法院提起诉讼。

工程竣工结算文件经发包方与承包方确认即应当作为工程决算的依据。

第十七条　招标标底、投标报价、工程结算审核和工程造价鉴定文件应当由造价工程师签字，并加盖造价工程师执业专用章。

第十八条　县级以上地方人民政府建设行政主管部门应当加强对建筑工程发承包计价活动的监督检查。

第十九条　造价工程师在招标标底或者投标报价编制、工程结算审核和工程造价鉴定中，有意抬高、压低价格，情节严重的，由造价工程师注册管理机构注销其执业资格。

第二十条　工程造价咨询单位在建筑工程计价活动中有意抬高、压低价格或者提供虚假报告的，县级以上地方人民政府建设行政主管部门责令改正，并可处以一万元以上三万元以下的罚款；情节严重的，由发证机关注销工程造价咨询单位资质证书。

第二十一条　国家机关工作人员在建筑工程计价监督管理工作中，玩忽职守、徇私舞弊、滥用职权的，由有关机关给予行政处分；构成犯罪的，依法追究刑事责任。

第二十二条　建筑工程以外的工程施工发包与承包计价管理可以参照本办法执行。

第二十三条　本办法由国务院建设行政主管部门负责解释。

第二十四条　本办法自2001年12月1日起施行。

相关知识

◆电气工程造价的计价依据的主要作用

在社会主义市场经济条件下，电气工程造价计价依据不仅是电气工程计价的客观要求，也是规范建筑市场管理的客观需要。电气工程造价计价依据的主要作用表现在以下几个方面：

1）它是计算确定电气工程造价的重要依据。从投资估算、设计概算、施工图预算，到承包合同价、结算价、竣工决算，都离不开工程造价计价依据。

2）它是投资决策的重要依据。投资者根据工程造价计价依据预测投资额，进而对项目作出财务评价，提高投资决策的科学性。

3）它是工程投标和促进施工企业生产技术进步的工具。投标时根据政府主管部门和咨询机构公布的计价依据，得以了解社会平均的工程造价水平，再结合自身条件，作出合理的投标决策。由于工程造价计价依据较准确地反映了工料机消耗的社会平均水平，这对于企业贯彻按劳分配、提高设备利用率、降低电气工程成本都有重要作用。

4）它是政府对工程建设进行宏观调控的依据。在社会主义市场经济条件下，政府可以运用工程造价依据等，计算人力、物力、财力的需要量，恰当地调控投资规模。

第二章 电气工程施工图的识读

第一节 工程制图基本规定

要点

施工图就是安装施工时使用的工程蓝图，即安装工程施工图纸。任何一项电气工程，在施工前必须先绘制出施工图，经设计单位及有关部门审定盖章后才能进行施工。

绘制施工图时，由于每种图纸都有各自的特点、表达方式及各自规定的画法和习惯画法，因此，各种图纸都应共同遵守的规定和格式。本节主要介绍工程制图的基本规定，包括图纸幅面、标题栏与会签栏及图幅分区等。

解释

◆图纸幅面

1）图纸幅面及图框尺寸应符合表 2-1 的规定及图 2-1～图 2-3 的格式。

表 2-1 幅面及图框尺寸 单位：mm

尺寸代号 \ 幅面代号	A0	A1	A2	A3	A4
$b\times l$	841×1189	594×841	420×594	297×420	210×297
c	10			5	
a	25				

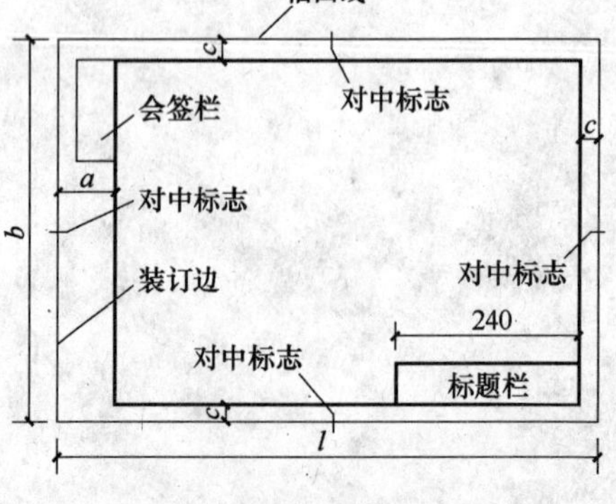

图 2-1 A0～A3 横式幅面

2）需要微缩复制的图纸，它的一个边上应附有一段准确米制尺度，四个边上均附有对中标志，米制尺度的总长应为 100mm，分格应为 10mm。对中标志应画在图纸各边长的中点处，线宽应为 0.35mm，伸入框内应为 5mm。

3）图纸的短边一般不应加长，长边可加长，但应符合表 2-2 的规定。

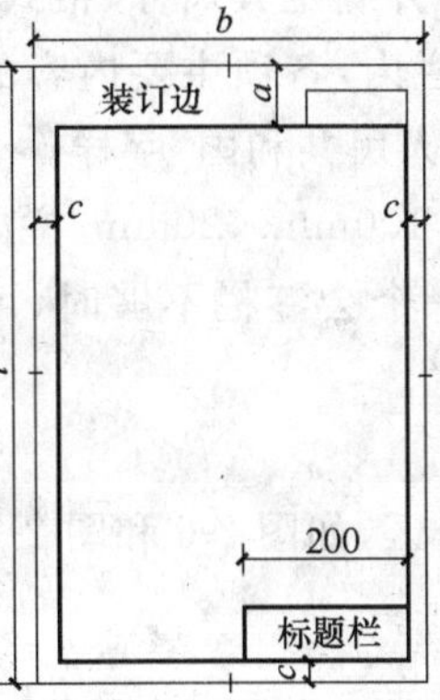

图 2-2　A0～A3 立式幅面

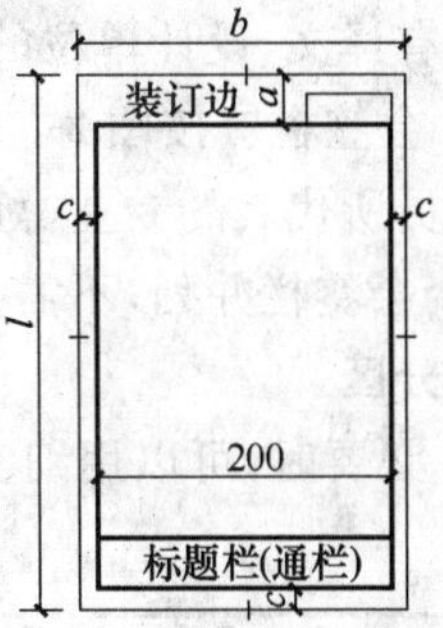

图 2-3　A4 立式幅面

表 2-2　图纸长边加长尺寸　　　　单位:mm

幅面尺寸	长边尺寸	长边加长后尺寸						
A0	1189	1486	1635	1783	1932	2080	2230	2378
A1	841	1051	1261	1471	1682	1892	2102	
A2	594	743	891	1041	1189	1338	1486	1635
		1783	1932	2080				
A3	420	630	841	1051	1261	1471	1682	1892

注:有特殊需要的图纸,可采用 $b\times l$ 为 841mm×891mm 与 1189mm×1261mm 的幅面。

4) 图纸以短边作为垂直边称为横式,以短边作为水平边称为立式。通常 A0～A3 图纸应横式使用;必要时,也可立式使用。

5) 一个工程设计中,每个专业所使用的图纸,一般不宜超过两种幅面,不含目录及表格所采用的 A4 幅面。

◆标题栏与会签栏

1) 图纸的标题栏、会签栏及装订边的位置,应分别符合图 2-4、图 2-5 的规定。

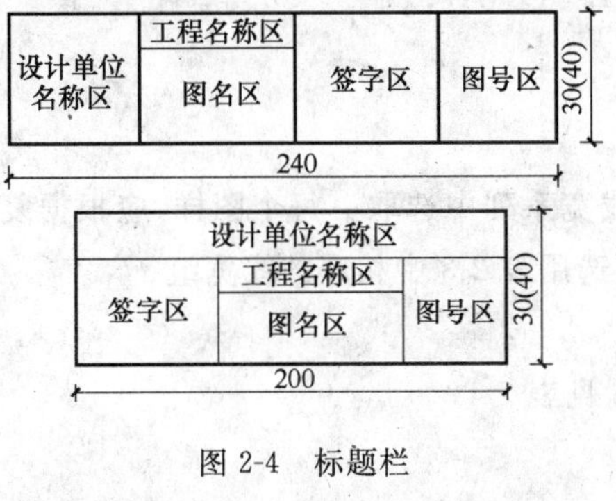

图 2-4　标题栏

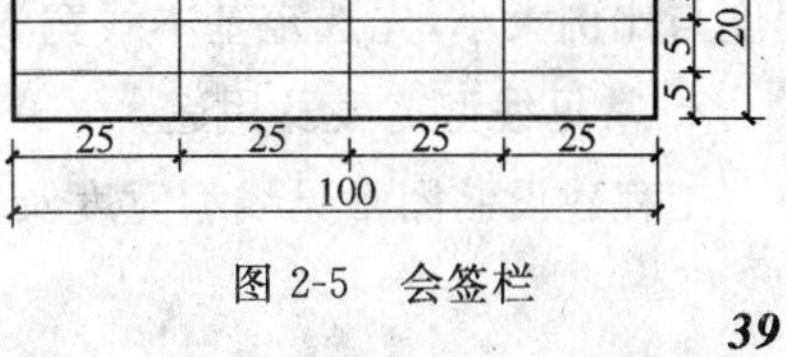

图 2-5　会签栏

2）标题栏应按图 2-4 所示，根据工程需要选择并确定其尺寸、格式和分区。签字区应包括实名列和签名列。涉外工程的标题栏内，各项主要内容的中文下方应附有译文，设计单位的上方或左方，应加“中华人民共和国”字样。

3）会签栏应按图 2-5 的格式绘制，其尺寸应为 100mm×20mm，栏内应填写会签人员所代表的专业、姓名、日期（年、月、日）；一个会签栏不够时，可另加一个，两个会签栏并列；不需会签的图纸可不设会签栏。

◆图幅分区

1）必要时，可以用细实线在图纸周边内画出分区，如图 2-6 和图 2-7 所示。

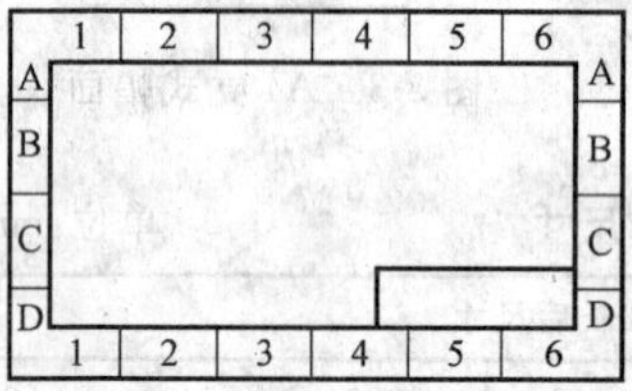

图 2-6　图幅分区示例一

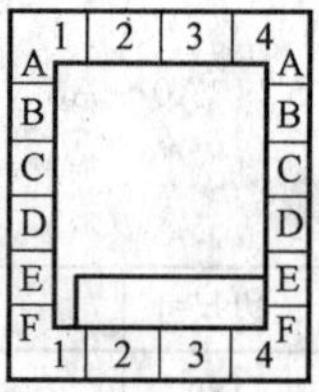

图 2-7　图幅分区示例二

2）图幅分区数目按图样的复杂程度确定，但必须取偶数。每一分区的长度应在 25～75mm 之间选择。

3）分区的编号，沿上下方向用大写拉丁字母从上到下顺序编写；沿水平方向用阿拉伯数字从左至右顺序编写。

当分区数超过拉丁字母的总数时，超过的各区可用双重字母依次编写，例如 AA、BB、CC 等。

拉丁字母和阿拉伯数字的位置应尽量靠近图框线。

4）在图样中标注分区代号时，分区代号由拉丁字母和阿拉伯数字组合而成，字母在前，数字在后，并排书写，例如 B3、C5 等。

当分区代号与图形名称同时标注时，则分区代号写在图形名称的后边，中间空出一个字母的宽度，例如：A 向　B3；E—E　A7；$\frac{\text{D 向}}{2:1}$　C5 等。

◆图线

1. 图线宽度选取

图线的宽度 b，宜从表 2-3 所示的线宽系列中选取。每个图样，应根据复杂程度与比例大小，先选定基本线宽 b，再选用表 2-3 中相应的线宽组。

2. 常见线型宽度及用途

工程建设制图常见线型宽度及用途见表 2-4。

表 2-3　线宽组　　　单位:mm

线宽比	线宽组					
b	2.0	1.4	1.0	0.7	0.5	0.35
0.5b	1.0	0.7	0.5	0.35	0.25	0.18
0.25b	0.5	0.35	0.25	0.18	—	—

注:1. 需要微缩的图纸,不宜采用 0.18mm 及更细的线宽。

2. 同一张图纸内,各不同线宽中的细线,可统一采用较细的线宽组的细线。

表 2-4　工程建设制图常见线型宽度及用途

名称		线型	线宽	一般用途
实线	粗		b	主要可见轮廓线
	中		0.5b	可见轮廓线
	细		0.25b	可见轮廓线、图例线
虚线	粗		b	见各有关专业制图标准
	中		0.5b	不可见轮廓线
	细		0.25b	不可见轮廓线、图例线
单点长画线	粗		b	见各有关专业制图标准
	中		0.5b	见各有关专业制图标准
	细		0.25b	中心线、对称线等
双点长画线	粗		b	见各有关专业制图标准
	中		0.5b	见各有关专业制图标准
	细		0.25b	假想轮廓线、成型前原始轮廓线
折断线			0.25b	断开界限
波浪线			0.25b	断开界限

3. 图框线、标题栏线

图纸的图框和标题栏线,可采用表 2-5 的线宽。

表 2-5　图框线、标题栏线的宽度

单位:mm

图幅代号	图框线	标题栏线	
		外框线	分格线
A0、A1	1.40	0.7	0.35
A2、A3、A4	1.0	0.7	0.35

4. 其他规定

1) 同一张图纸内,相同比例的各图样,应选用相同的线宽组。

2) 相互平行的图线,其间隙不宜小于其中的粗线宽度,且不宜小于 0.7mm。

3) 虚线、单点长画线或双点长画线的线段长度和间隔,宜各自相等。

4）单点长画线或双点长画线，若在较小图形中绘制有困难，可用实线代替。

5）单点长画线或双点长画线的两端，不应是点。点画线与点画线交接或点画线与其他图线交接时，应是线段交接。

6）虚线与虚线交接或虚线与其他图线交接时，应是线段交接。虚线为实线的延长线时，不得与实线连接。

7）图线不得与文字、数字或符号重叠、混淆，不可避免时，应首先保证文字等的清晰。

◆比例

1）图样的比例，应为图形与实物相对应的线性尺寸之比。比例的大小是指比值的大小，例如 1∶10 大于 1∶100。

2）比例的符号为"∶"，比例应以阿拉伯数字表示，例如 1∶1、1∶2、1∶50、1∶100等。

3）比例宜注写在图名的右侧，字的基准线应取平；比例的字高宜比图名的字高小一号或二号。

4）绘图所用的比例，应根据图样的用途与被绘对象的复杂程度，从表 2-6 中选用，并优先用表中常用比例。

表 2-6　绘图所用的比例

常用比例	1∶1、1∶2、1∶5、1∶10、1∶20、1∶50、1∶100、1∶150、1∶200、1∶500、1∶1000、1∶2000、1∶5000、1∶10000、1∶20000、1∶50000、1∶100000、1∶200000
可用比例	1∶3、1∶4、1∶6、1∶15、1∶25、1∶30、1∶40、1∶60、1∶80、1∶250、1∶300、1∶400、1∶600

5）一般情况下，一个图样应选用一种比例。根据专业制图需要，同一图样也可选用两种比例。

6）特殊情况下可自选比例，这时除应注出绘图比例外，还必须在适当位置绘制出相应的比例尺。

◆标高

1）标高符号应以直角等腰三角形表示，按图 2-8(a)所示形式用细实线绘制，若标注位置不够，也可按图 2-8(b)所示形式绘制。标高符号的具体画法如图 2-8(c)、(d)所示。

2）总平面图室外地坪标高符号，宜用涂黑的三角形表示，如图 2-9(a)所示，具体画法如图 2-9(b)所示。

3）标高符号的尖端应指至被注高度的位置。尖端一般应向下，也可向上。标高数字应注写在标高符号的左侧或右侧，如图 2-10 所示。

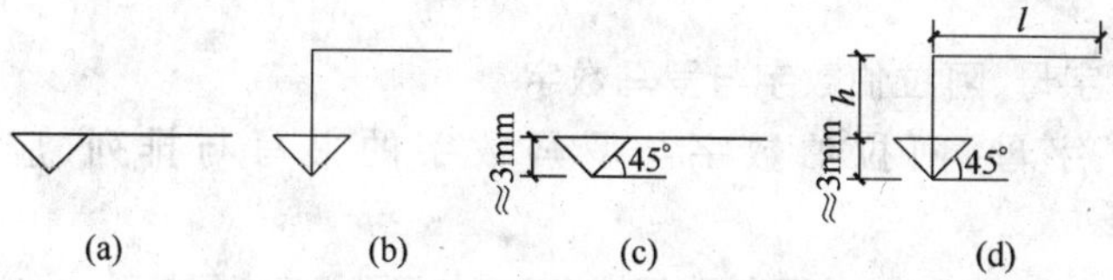

图 2-8　标高符号

l—取适当长度注写标高数字；*h*—根据需要取适当高度

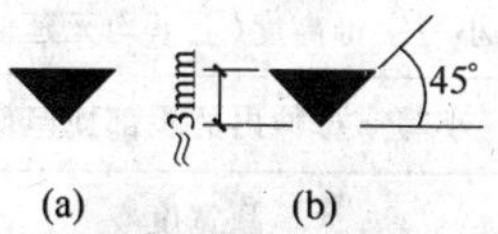

图 2-9　总平面图室外地坪标高符号

4）标高数字应以“m”为单位，注写到小数点以后第三位。在总平面图中，可注写到小数点以后第二位。

5）零点标高应注写成±0.000，正数标高不注“+”，负数标高应注“-”，例如2.000、-0.400。

6）在图样的同一位置需表示几个不同标高时，标高数字可按图 2-11 的形式注写。

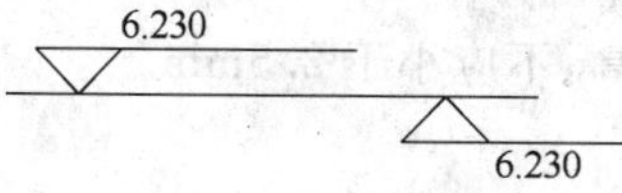

图 2-10　标高的指向

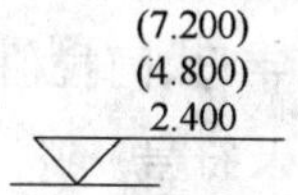

图 2-11　同一位置注写多个标高数字

◆字体

图纸上所需书写的文字、数字或符号等，均应笔画清晰、字体端正、排列整齐，标点符号应清楚正确。

1. 文字

1）文字的字高，应从表 2-7 中所列字高中选用。若需书写更大的字，其高度应按$\sqrt{2}$的比值递增。

2）图样及说明中的汉字，宜采用长仿宋体，宽度与高度的关系应符合表 2-7 的规定。大标题、图册封面、地形图等的汉字，也可书写成其他字体，但应易于辨认。

表 2-7　长仿宋体字高宽关系　　单位：mm

字高	20	14	10	7	5	3.5
字宽	14	10	7	5	3.5	2.5

3）汉字的简化字书写，必须符合国务院公布的《汉字简化方案》和相关规定。

2. 拉丁字母、阿拉伯数字与罗马数字

1）拉丁字母、阿拉伯数字与罗马数字的书写与排列，应符合表2-8的规定。

表2-8　拉丁字母、阿拉伯数字与罗马数字书写规则

书写格式	一般字体	窄字体
大写字母高度	h	h
小写字母高度（上下均无延伸）	$(7/10)h$	$(10/14)h$
小写字母伸出的头部或尾部	$(3/10)h$	$(4/14)h$
笔画宽度	$(1/10)h$	$(1/14)h$
字母间距	$(2/10)h$	$(2/14)h$
上下行基准线最小间距	$(15/10)h$	$(21/14)h$
词间距	$(6/10)h$	$(6/14)h$

2）拉丁字母、阿拉伯数字与罗马数字，若需写成斜体字，其斜度应是从字的底线逆时针向上倾斜75°。斜体字的高度与宽度应与相应的直体字相等。

3）拉丁字母、阿拉伯数字与罗马数字的字高，不应小于2.5mm。

3. 数字及符号

1）数量的数值注写，应采用正体阿拉伯数字。各种计量单位前面有量值的，均应采用国家颁布的单位符号注写。单位符号应采用正体字母。

2）分数、百分数和比例数的注写，应采用阿拉伯数字和数学符号，例如：三分之一、百分之三十和一比二十应分别写成1/3、30％和1∶20。

3）当注写的数字小于1时，必须写出个位的“0”，小数点应采用圆点，齐基准线书写，例如0.03。

◆**尺寸标注**

1. 尺寸界线、尺寸线及尺寸起止符号

1）图样上的尺寸，包括尺寸界线、尺寸线、尺寸起止符号和尺寸数字，如图2-12所示。

2）尺寸界线应用细实线绘制，通常与被注长度垂直，其一端应离开图样轮廓线不小于

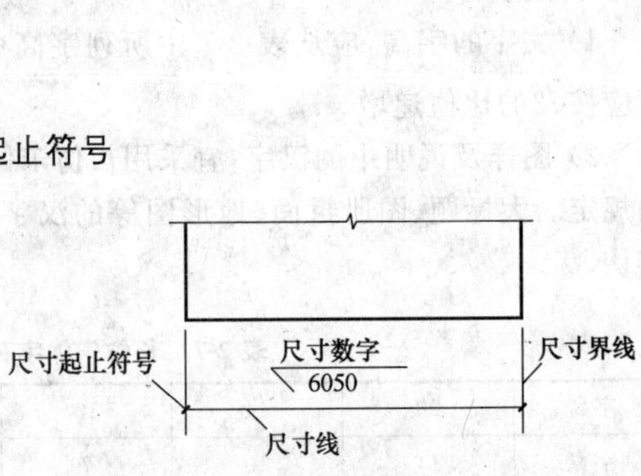

图2-12　尺寸的组成

2mm，另一端宜超出尺寸线 2～3mm，图样轮廓线可用作尺寸界线，如图 2-13 所示。

3）尺寸线应用细实线绘制，与被注长度平行。图样本身的任何图线均不得用作尺寸线。

4）尺寸起止符号一般用中粗斜短线绘制，其倾斜方向应与尺寸界线成顺时针 45°角，长度宜为 2～3mm。半径、直径、角度与弧长的尺寸起止符号，宜用箭头表示，如图 2-14 所示。

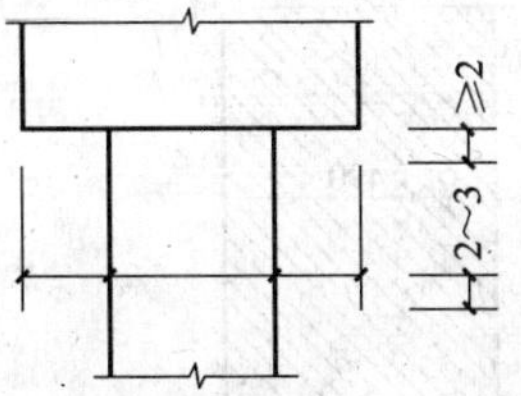

图 2-13　尺寸界线

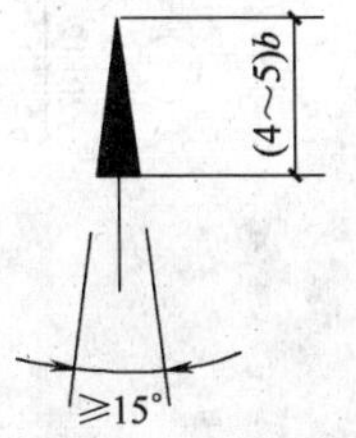

图 2-14　箭头尺寸起止符号

2. 尺寸数字

1）图样上的尺寸，应以尺寸数字为准，不得从图上直接量取。

2）图样上的尺寸单位，除标高及总平面以“m”为单位外，其他必须以“mm”为单位。

3）尺寸数字的方向，应按图 2-15(a)的规定注写。若尺寸数字在 30°斜线区内，应按图 2-15(b)的形式注写。

4）尺寸数字一般应依据其方向注写在靠近尺寸线的上方中部。若没有足够的注写位置，最外边的尺寸数字可注写在尺寸界线的外侧，中间相邻的尺寸数字可错开注写，如图 2-16 所示。

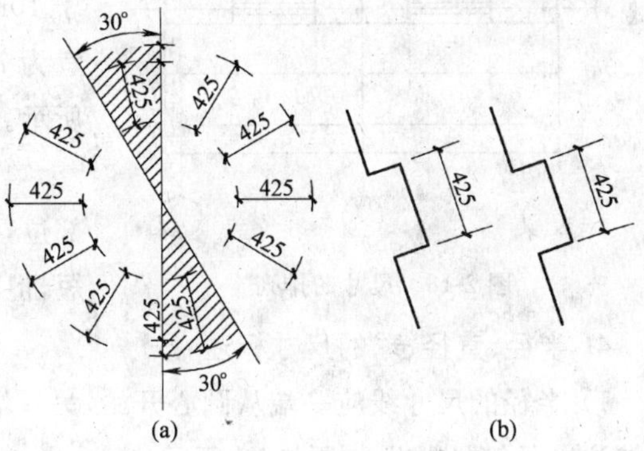

图 2-15　尺寸数字的注写方向

3. 尺寸的排列与布置

1）尺寸宜标注在图样轮廓以外，不宜与图线、文字及符号等相交，如图 2-17

所示。

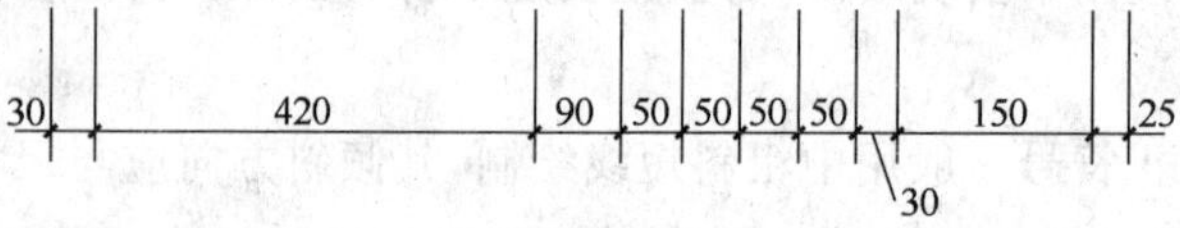

图 2-16　尺寸数字的注写位置

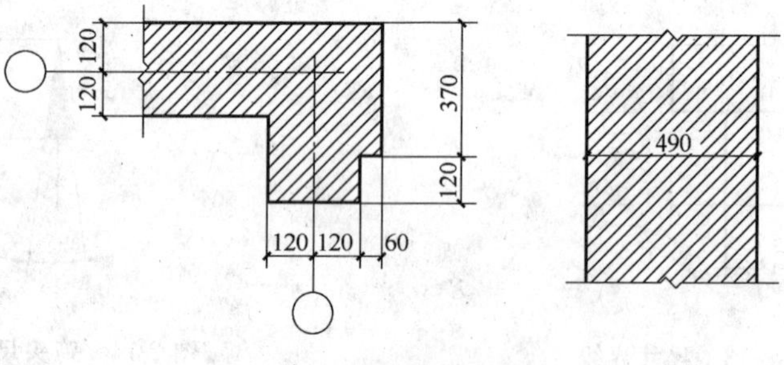

图 2-17　尺寸数字的注写

2）互相平行的尺寸线，应从被注写的图样轮廓线由近及远整齐排列，较小尺寸应离轮廓线较近，较大尺寸离轮廓线较远，如图 2-18 所示。

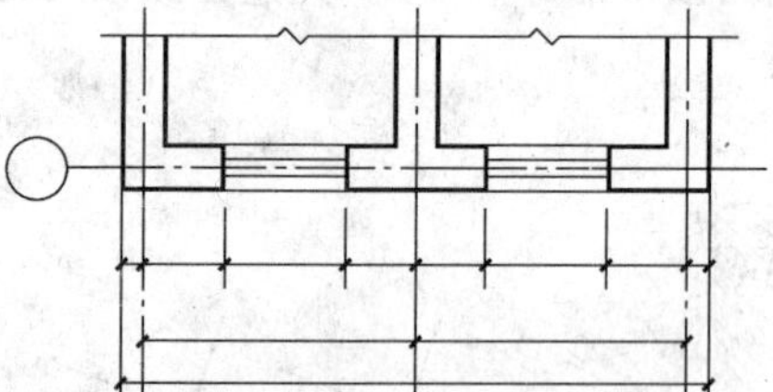

图 2-18　尺寸的排列

3）图样轮廓线以外的尺寸界线，距图样最外轮廓之间的距离，不宜小于 10mm。平行排列的尺寸线的间距，宜为 7～10mm，并保持一致，如图 2-17 所示。

4）总尺寸的尺寸界线应靠近所指部位，中间的分尺寸的尺寸界线可稍短，但其长度应相等，如图 2-18 所示。

4. 半径、直径、球的尺寸标注

1）半径的尺寸线应一端从圆心开始，另一端画箭头指向圆弧。半径数字前应加注半径符号“R”，如图 2-19 所示。

2）较小圆弧的半径，可按图 2-20 形式标注。

3）较大圆弧的半径，可按图 2-21 形式标注。

4）标注圆的直径尺寸时，直径数字前应加直径符号“ϕ”。在圆内标注的尺寸线应通过圆心，两端画箭头指至圆弧，如图 2-22 所示。

5）较小圆的直径尺寸，可标注在圆外，如图 2-23 所示。

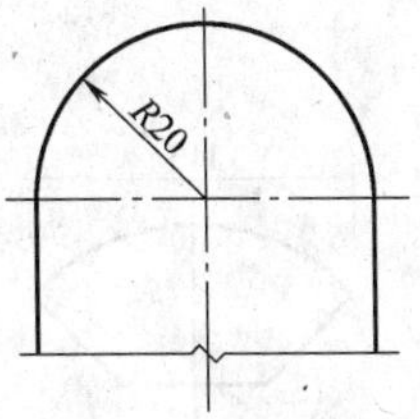

图 2-19　半径标注方法

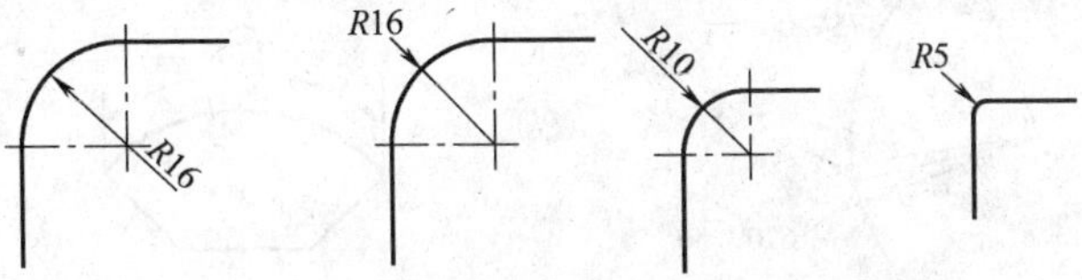

图 2-20　小圆弧半径的标注方法

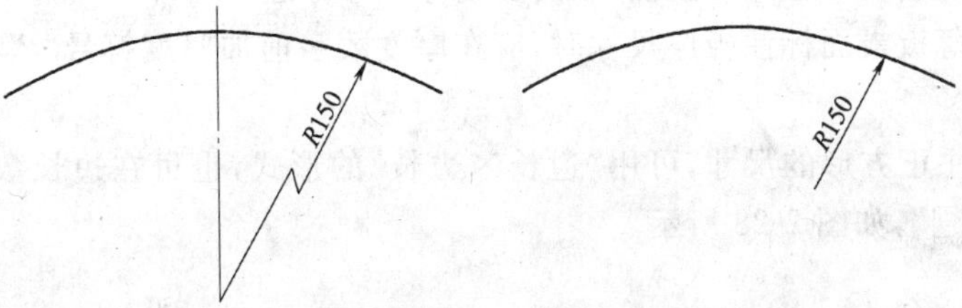

图 2-21　大圆弧半径的标注方法

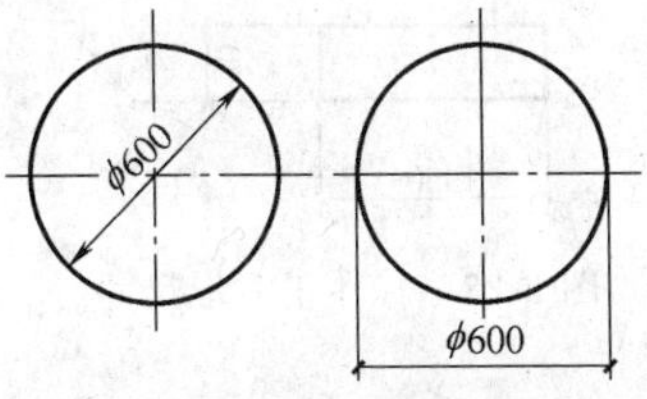

图 2-22　圆直径的标注方法

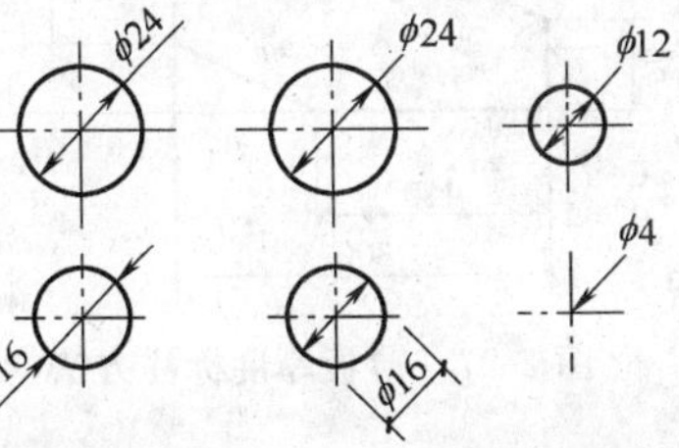

图 2-23　小圆直径的标注方法

6）标注球的半径尺寸时，应在尺寸前加注符号“*SR*”。标注球的直径尺寸时，应在尺寸数字前加注符号“*Sϕ*”。注写方法与圆弧半径和圆直径的尺寸标注方法相同。

5. 角度、弧度、弧长的标注

1）角度的尺寸线应以圆弧表示。该圆弧的圆心应是该角的顶点，角的两条边为尺寸界线。起止符号应以箭头表示，若没有足够位置画箭头，可用圆点代替，角度数字应按水平方向注写，如图 2-24 所示。

2）标注圆弧的弧长时，尺寸线应以与该圆弧同心的圆弧线表示，尺寸界线应垂直于该圆弧的弦，起止符号用箭头表示，弧长数字上方应加注圆弧符号“⌒”，如图 2-25 所示。

3）标注圆弧的弦长时，尺寸线应以平行于该弦的直线表示，尺寸界线应垂直于该弦，起止符号用中粗斜短线表示，如图 2-26 所示。

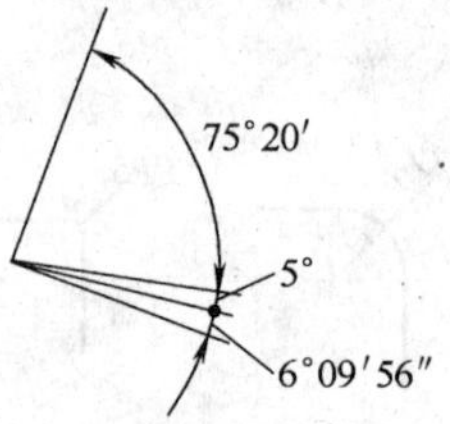

图 2-24　角度标注方法

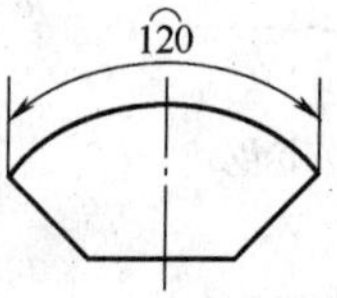

图 2-25　弧长标注方法

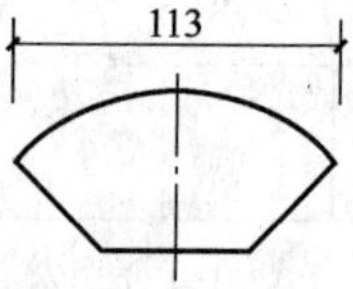

图 2-26　弦长标注方法

6. 薄板厚度、正方形、坡度、非圆曲线等尺寸标注

1）在薄板板面标注板厚尺寸时，应在厚度数字前加厚度符号“t”，如图 2-27 所示。

2）标注正方形的尺寸，可用“边长×边长”的形式，也可在边长数字前加正方形符号“□”，如图 2-28 所示。

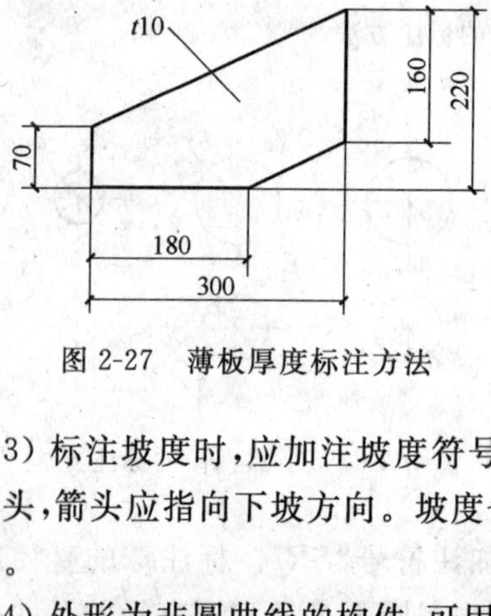

图 2-27　薄板厚度标注方法

图 2-28　标注正方形尺寸

3）标注坡度时，应加注坡度符号“←”，如图 2-29(a)、(b)所示，该符号为单面箭头，箭头应指向下坡方向。坡度也可用直角三角形形式标注，如图 2-29(c)所示。

4）外形为非圆曲线的构件，可用坐标形式标注尺寸，如图 2-30 所示。

5）复杂的图形，可用网格形式标注尺寸，如图 2-31 所示。

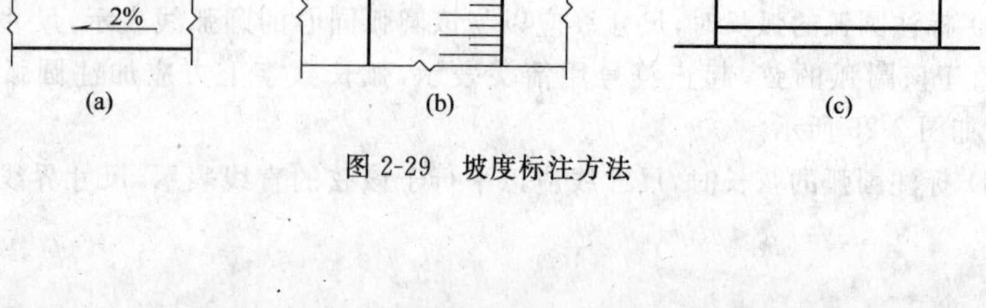

图 2-29　坡度标注方法

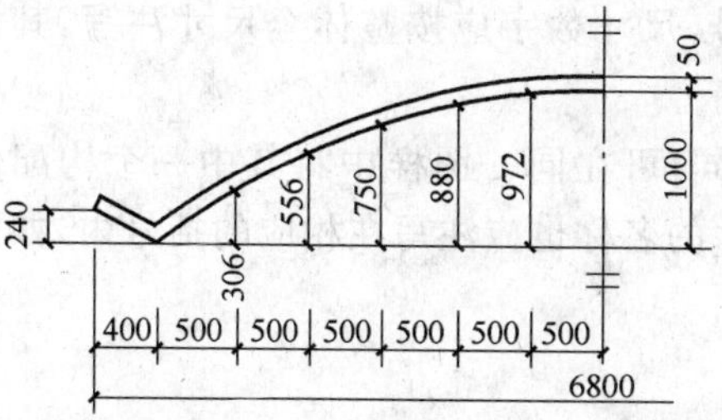

图 2-30　坐标法标注曲线尺寸

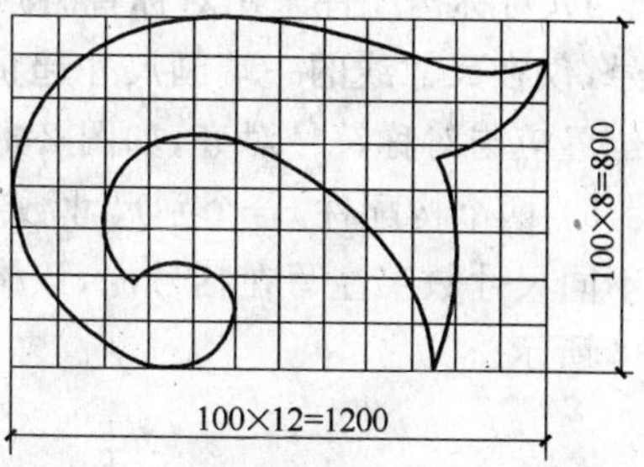

图 2-31　网格法标注曲线尺寸

7. 尺寸的简化标注

1）杆件或管线的长度，在单线图（例如桁架简图、钢筋简图、管线简图）上，可直接将尺寸数字沿杆件或管线的一侧注写，如图 2-32 所示。

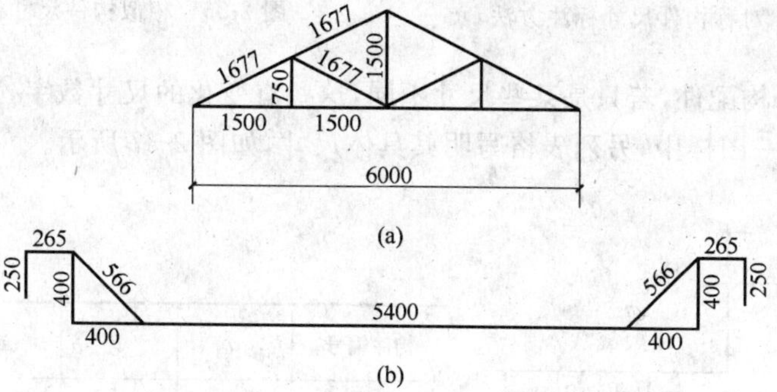

图 2-32　单线图尺寸标注方法

2）连续排列的等长尺寸，可用“个数×等长尺寸＝总长”的形式标注，如图 2-33 所示。

3）构配件内的构造因素（例如孔、槽等）若相同，可只标注其中一个要素的尺寸，如图 2-34 所示。

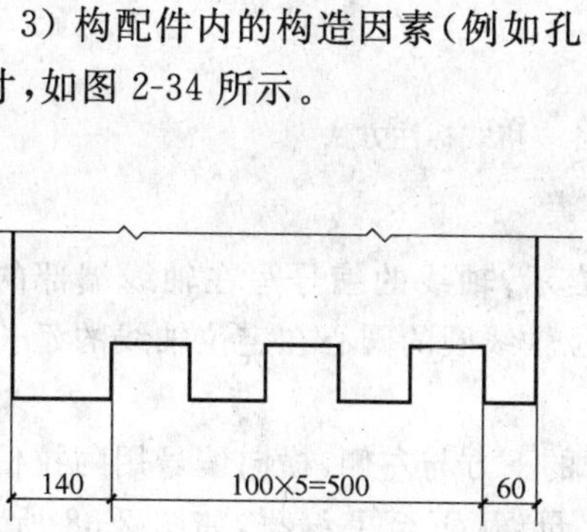

图 2-33　等长尺寸简化标注方法

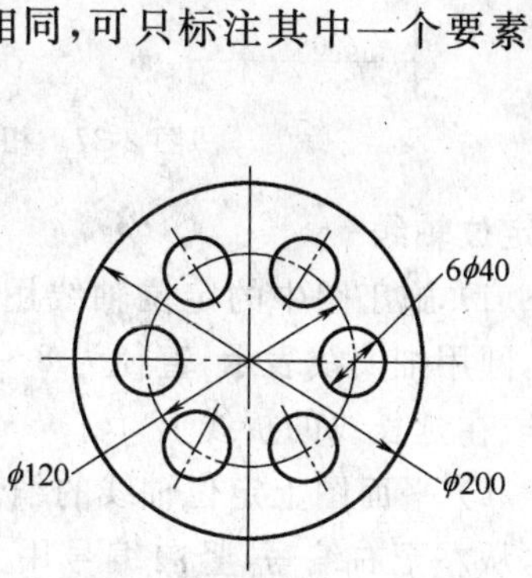

图 2-34　相同要素尺寸标注方法

4）对称构配件采用对称省略画法时，该对称构配件的尺寸线应略超过对称符号，仅在尺寸线的一端画尺寸起止符号，尺寸数字应按整体全尺寸注写，其注写位置应与对称符号对齐，如图 2-35 所示。

5）两个构配件，若个别尺寸数字不同，可在同一图样中将其中一个构配件的不同尺寸数字注写在括号内，该构配件的名称也应注写在相应的括号内，如图 2-36 所示。

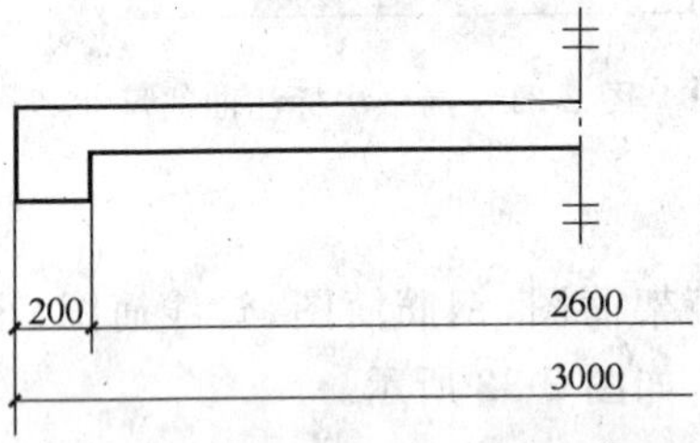

图 2-35　对称构件尺寸标注方法

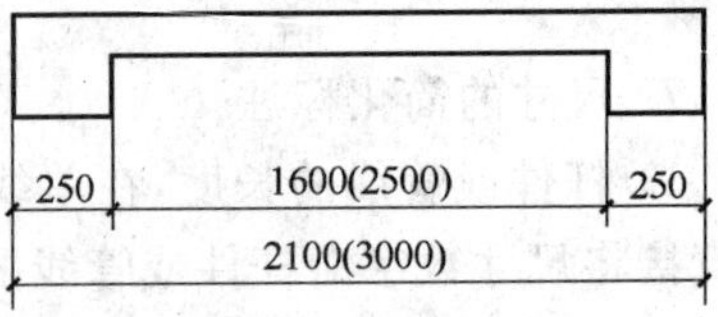

图 2-36　相似构件尺寸标注方法

6）数个构配件，若只是某些尺寸不同，这些有变化的尺寸数字，可用拉丁字母注写在同一图样中，另列表格写明其具体尺寸，如图 2-37 所示。

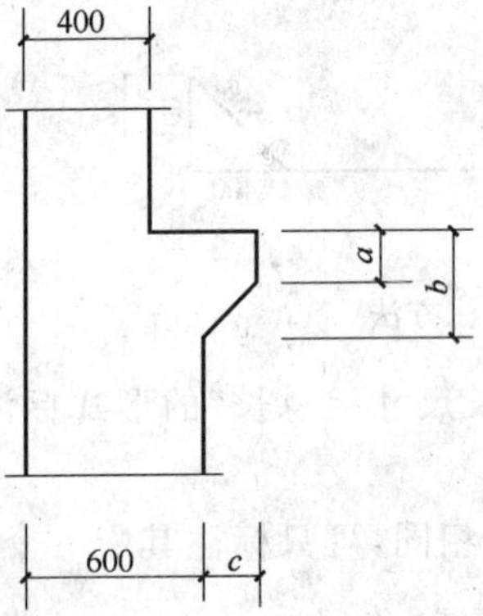

构件编号	a	b	c
Z—1	200	200	200
Z—2	250	450	200
Z—3	200	450	250

图 2-37　相似构配件尺寸表格式标注方法

◆**定位轴线**

1）施工图中的定位轴线用细点画线表示，轴线的编号写在轴线端部的圆内，圆用细实线表示，直径为 8～10mm，定位轴线圆的圆心在定位轴线的延长线上或在延长线的折线上。

2）平面图上定位轴线的编号注在图样的下方与左侧，横向编号用阿拉伯数字，从左至右编写，竖向编号用大写拉丁字母，从下至上编写，如图 2-38 所示。拉丁字母不够用时可用双字母或单字母加数字角标，例如 AA、BA…YA 或 A_1、B_1…Y_1 表示。

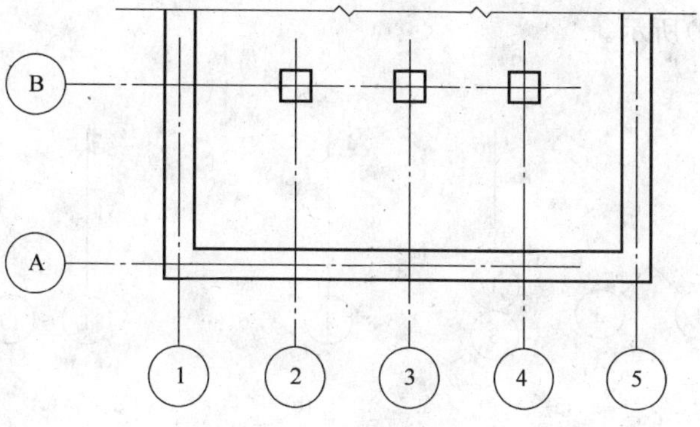

图 2-38 定位轴线的编号顺序

3）组合较复杂的平面图，定位轴线可采用分区编号，如图 2-39 所示，编号形式为“分区号-该分区编号”。分区号用阿拉伯数字或大写拉丁字母表示。

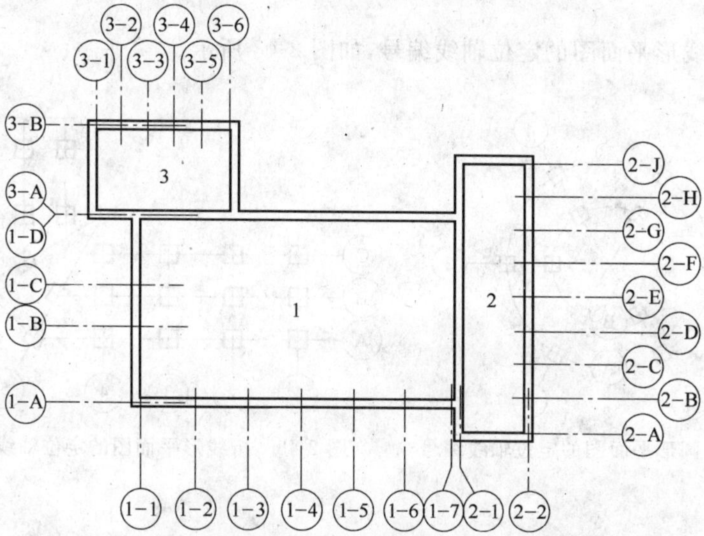

图 2-39 定位轴线的分区编号

4）附加定位轴线的编号用分数表示，两根轴线间的附加轴线，分母表示前一轴线的编号，分子表示附加轴线的编号，如图 2-40(a)、(b)所示。1 号轴线和 A 号轴线之前的附加轴线的分母用 01 或 0A 表示，如图 2-40(c)、(d)所示。

5）若一个详图适用于几根轴线，同时注明各有关轴线的编号。通用详图的定位轴线只画圆，不注写轴线编号。2 根轴线，

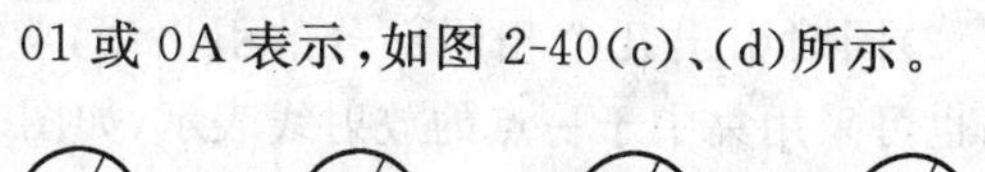

图 2-40 附加定位轴线的编号

如图 2-41(a)所示；3 根或 3 根以上轴线，如图 2-41(b)所示；3 根以上连续编号轴线，如图 2-41(c)所示。

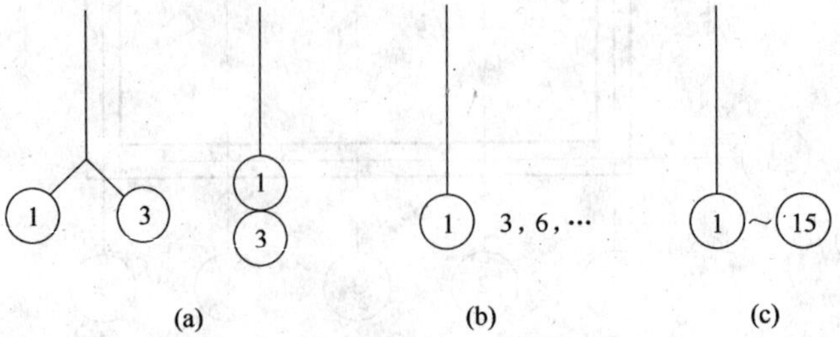

图 2-41　详图的轴线编号

6）圆形平面图的定位轴线编号，径向轴线用阿拉伯数字，从左下角开始按逆时针顺序编写，圆周轴线用大写拉丁字母，从外向内顺序编写，如图 2-42 所示。

7）折线形平面图的定位轴线编号，如图 2-43 所示。

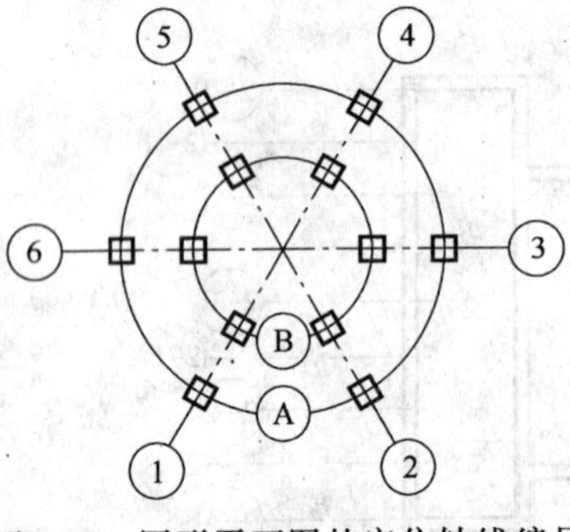

图 2-42　圆形平面图的定位轴线编号

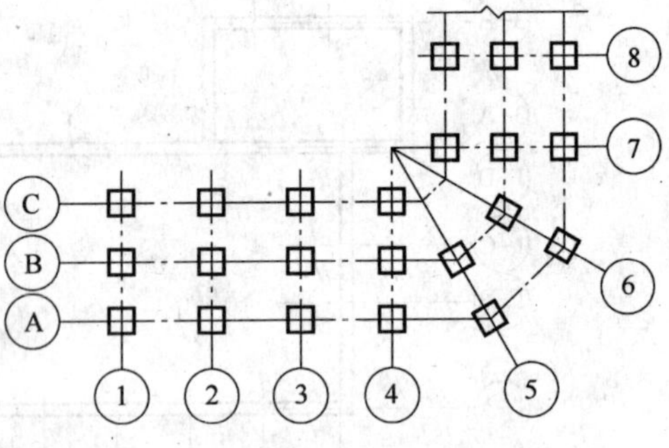

图 2-43　折线形平面图的定位轴线编号

◆**引出线**

1）引出线应以细实线绘制，采用与水平方向成 30°、45°、60°和 90°的直线或再折为水平线表示，索引详图或编号的引线宜对准圆心，如图 2-44(a)所示，文字说明应标注在水平折线的上方或端部，如图 2-44(b)、(c)所示。

2)同时引出几个相同部分的引出线，应采用平行线表示，如图 2-44(d)所示；也可采用集中于一点的放射线表示，如图 2-44(e)所示。

3)多层构造或多层管线可采用公共引出线并通过被引出的各层。标写文字说明或编号时应从上而下，并与被说明的层次相互一致，如图 2-44(f)所示。

4）若引出线终端指向物体轮廓之内，宜用圆点表示，如图 2-45(a)所示；若指向物体的轮廓线上，宜用箭头表示，如图 2-45(b)所示；若指在尺寸线上，不应绘出圆点和箭头，如图 2-45(c)所示。

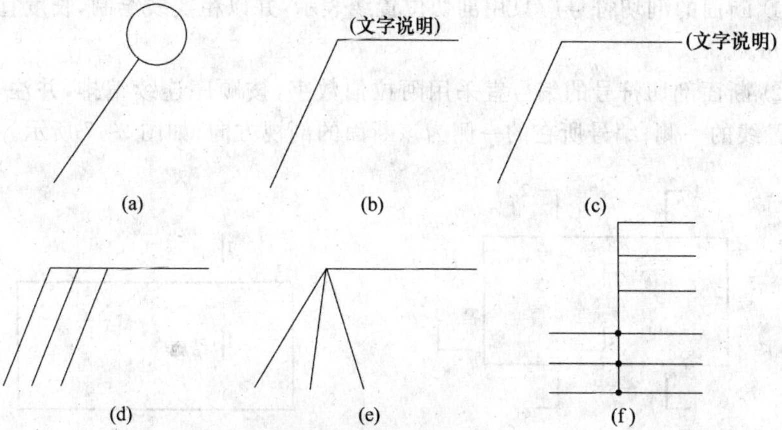

图 2-44　引出线画法

(a) 直线引出线；(b)、(c) 直线折为水平引出线；(d) 平行引出线；
(e) 放射线引出线；(f) 公共引出线

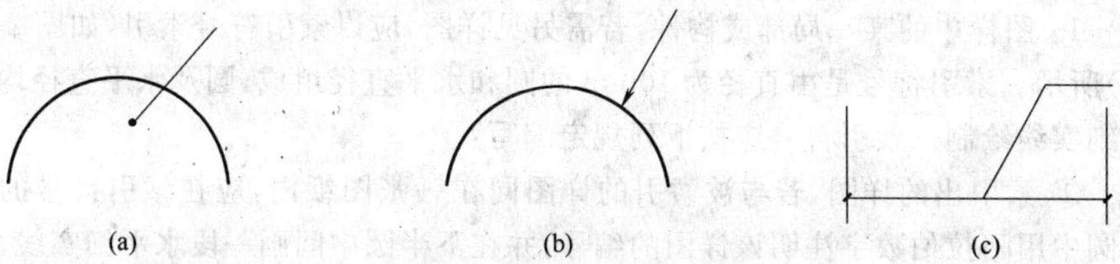

图 2-45　引出线终端画法

(a) 引出线终端指向物体轮廓线内；(b) 引出线终端指向物体轮廓线上；
(c) 引出线终端指在尺寸线上

◆剖切符号

1）剖视的剖切符号应符合下列规定：

① 剖视的剖切符号由剖切位置线和投射方向线组成，均应以粗实线绘制。剖切位置线的长度宜为 6～10mm；投射方向线应垂直于剖切位置线，长度应短于剖切位置线，宜为 4～6mm，如图 2-46 所示。绘制时，剖视的剖切符号不应与其他图线相接触。

② 剖视剖切符号的编号宜采用阿拉伯数字，按顺序由左至右、由下至上连续编排，并应注写在剖视方向线的端部。

③ 需要转折的剖切位置线，应在转角的外侧加注与该符号相同的编号。

④ 建(构)筑物剖面图的剖切符号宜注在±0.000标高的平面图上。

2）断面的剖切符号应符合下列规定：

① 断面的剖切符号应只用剖切位置线表示，并以粗实线绘制，长度宜为6～100mm。

② 断面剖切符号的编号宜采用阿拉伯数字，按顺序连续编排，并注写在剖切位置线的一侧；编号所在的一侧为该断面的剖视方向，如图2-47所示。

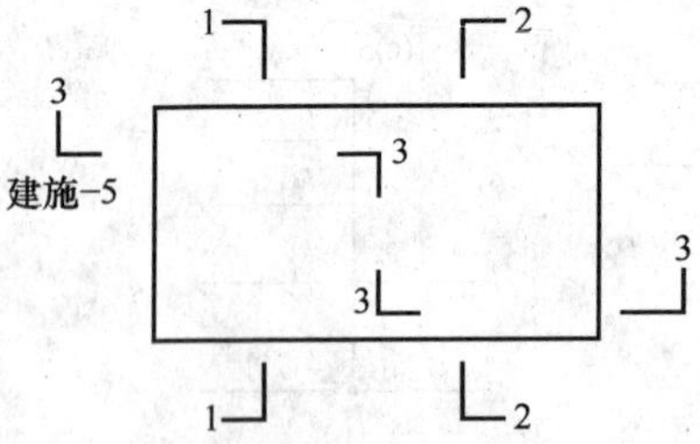

图2-46　剖视的剖切符号

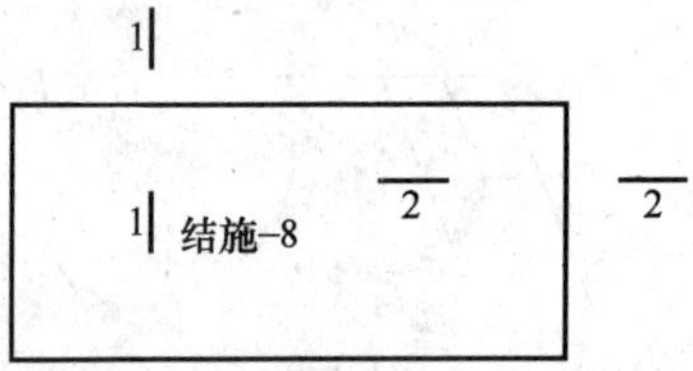

图2-47　断面的剖切符号

3）剖面图或断面图，若与被剖切图样不在同一张图内，可在剖切位置线的另一侧注明其所在图纸的编号，也可在图上集中说明。

◆**索引符号和详图符号**

1）图样中的某一局部或构件，若需另见详图，应以索引符号索引，如图2-48(a)所示。索引符号是由直径为10mm的圆和水平直径组成，圆及水平直径均应以细实线绘制。索引符号应按下列规定编写：

① 索引出的详图，若与被索引的详图同在一张图纸内，应在索引符号的上半圆中用阿拉伯数字注明该详图的编号，并在下半圆中间画一段水平细实线，如图2-48(b)所示。

② 索引出的详图，若与被索引的详图不在同一张图纸内，应在索引符号的上半圆中用阿拉伯数字注明该详图的编号，在索引符号的下半圆中用阿拉伯数字注明该详图所在图纸的编号，如图2-48(c)所示。数字较多时，可加文字标注。

③ 索引出的详图，若采用标准图，应在索引符号水平直径的延长线上加注该标准图册的编号，如图2-48(d)所示。

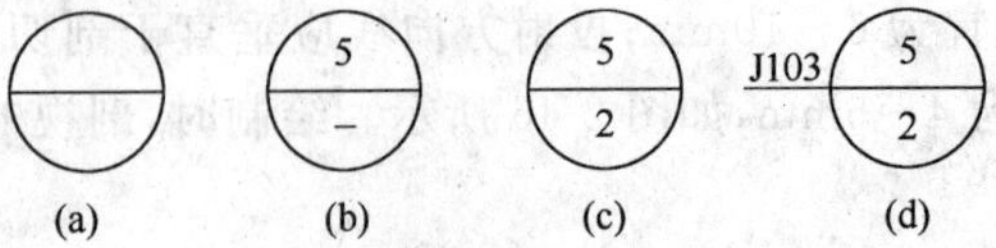

图2-48　索引符号

2）索引符号若用于索引剖视详图，应在被剖切的部位绘制剖切位置线，并以引出线引出索引符号，引出线所在的一侧应为投射方向。索引符号的编写同上述 1）条的规定，如图 2-49 所示。

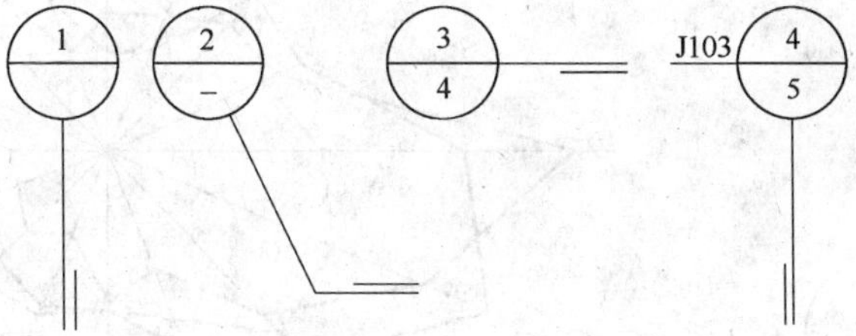

图 2-49　用于索引剖面详图的索引符号

3）零件、钢筋、杆件和设备等的编号，以直径为 4～6mm（同一图样保持一致）的细实线圆表示，其编号应用阿拉伯数字按顺序编写，如图 2-50 所示。

4）详图的位置和编号，应以详图符号表示。详图符号的圆应以直径为 14m 粗实线绘制。详图应按下列规定编号：

① 详图与被索引的图样同在一张图纸内时，应在详图符号内用阿拉伯数字注明详图的编号，如图 2-51 所示。

② 详图与被索引的图样不在同一张图纸内，应用细实线在详图符号内画一水平直径，在上半圆中注明详图编号，在下半圆中注明被索引的图纸的编号，如图 2-52 所示。

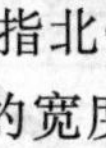

图 2-50　零件、钢筋等的编号

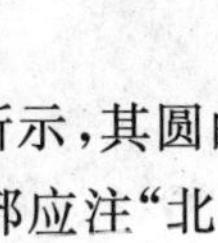

图 2-51　与被索引图样在一张图纸内的详图符号

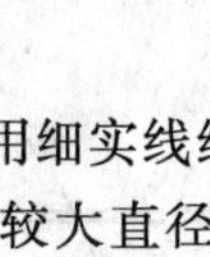

图 2-52　与被索引图样不在同一张图纸内的详图符号

◆指北针和风向频率图

1）指北针的形状如图 2-53 所示，其圆的直径宜为 24mm，用细实线绘制；指针尾部的宽度宜为 3mm，指针头部应注“北”或“N”字。若需用较大直径绘制指北针时，指针尾部宽度宜为直径的 1/8。

2）风向频率图应根据当地实际情况按 16 个方向绘出，风向频率图中采用不同的图线来表示风向频率特征，如图 2-54 所示。一般情况下，风向频率图中用实线表示年风向频率；虚线表示夏季风向频率；点画线表示冬季风向频率；θ 角表示测量坐标轴与指北针的夹角。

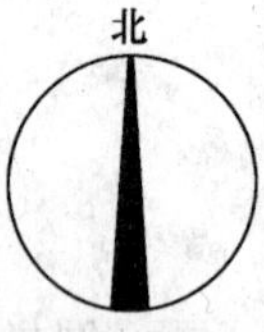

图 2-53　指北针

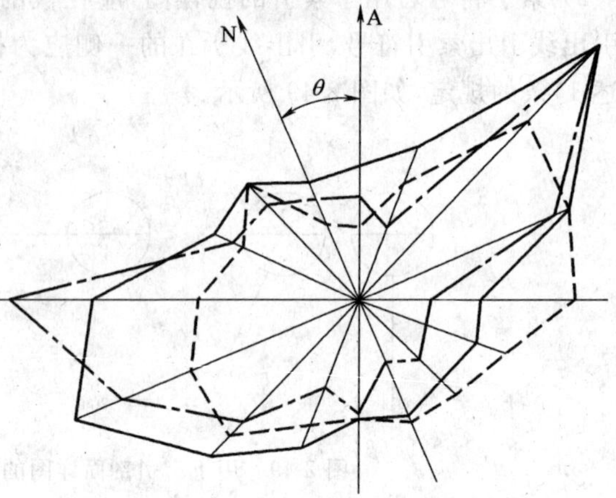

图 2-54　风向频率图画法

相关知识

◆**常用制图工具**

1. 图板

图板是指用来铺贴图纸及配合丁字尺、三角板等进行制图的平面工具。图板面要平整、相邻边要平直，如图 2-55 所示。图板板面通常为椴木夹板，边框为水曲柳等硬木制作。学习时多用 1 号或 2 号图板。

2. 丁字尺

丁字尺用于画水平线，其尺头沿图板左边上下移动到所需画线的位置，然后左手压紧尺身，右手执笔自左向右画线，如图 2-56 所示。

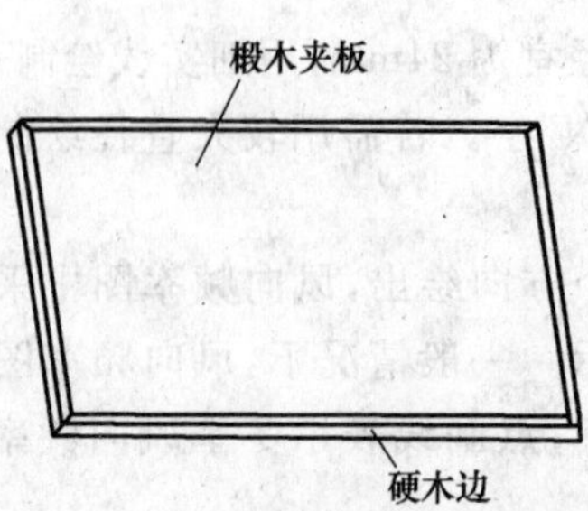

图 2-55　图板

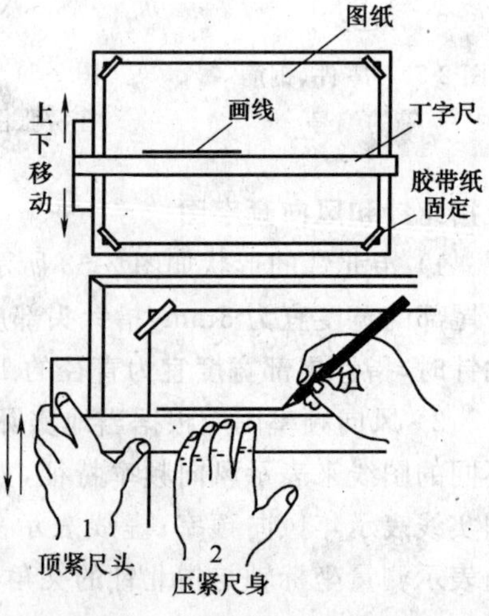

图 2-56　丁字尺的用法

3. 三角板

三角板可配合丁字尺画竖线，但应自下而上画，以使眼睛能够看到完整的画线过程，如图 2-57(a)所示；也可配合画与水平线成 30°、45°、75°和 15°的斜线，如图 2-57(b)所示；用两块三角板配合，可画任意直线的平行线或垂直线，如图 2-57(c)所示。

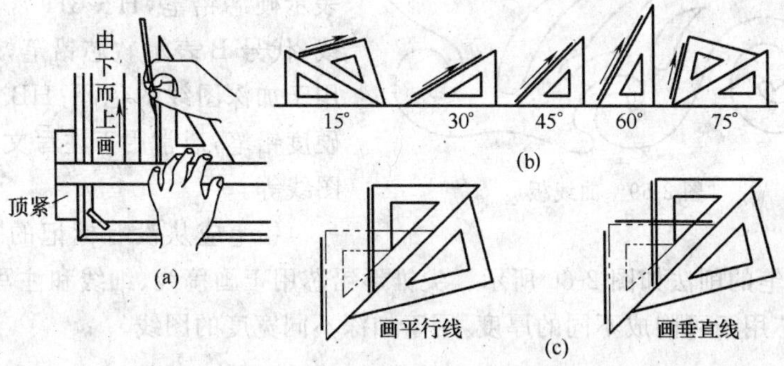

图 2-57　三角板的用法

(a) 画竖直线；(b) 画各种角度斜线；(c) 画任意直线的平行线、垂直线

4. 比例尺

比例尺是直接用来放大或缩小图线长度的量度工具。制图时多用三棱比例尺，尺面上有六种比例可供选用，还有一种是有机玻璃制作的比例直尺，如图 2-58 所示。

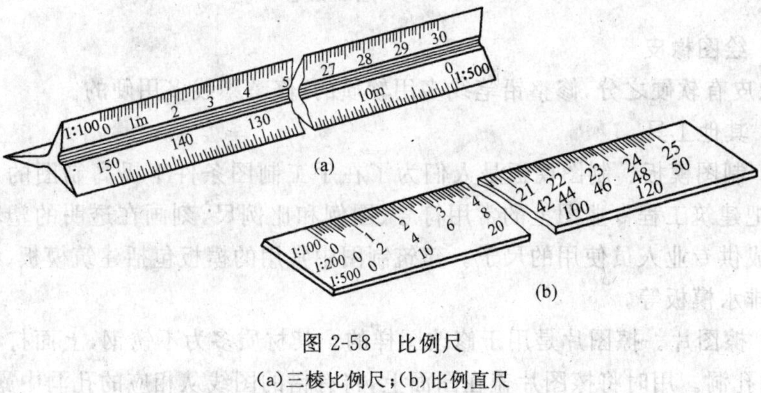

图 2-58　比例尺

(a)三棱比例尺；(b)比例直尺

5. 曲线板

曲线板是用来画非圆曲线的工具。图 2-59 所示的是一种常用曲线板，其用

法是先将非圆曲线上的一系列点用铅笔轻轻地勾画出均匀圆滑的稿线，然后选取曲线板上能与稿线重合的一段(至少含三个点以上)描绘下来，依此类推，顺序描画。新画的一段曲线要与先画的曲线相搭接，光滑过渡，最后完成整条非圆曲线。

图 2-59 曲线板

6. 绘图铅笔

绘图铅笔有多种硬度：代号 H 表示硬芯铅笔，H～3H 常用于画稿线；代号 B 表示软芯铅笔，B～3B 常用于加深图线的色泽；HB 表示中等硬度铅笔，通常用于注写文字和加深图线等。

铅笔应从没有标记的一端开始使用，铅笔的削法如图 2-60 所示。尖锥形铅芯用于画稿线、细线和注写文字等，楔形铅芯用于可削成不同的厚度，用于加深不同宽度的图线。

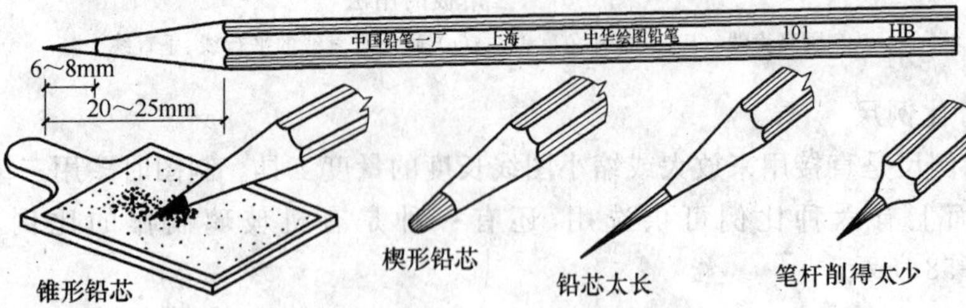

图 2-60 绘图铅笔

7. 绘图橡皮

橡皮有软硬之分，修整铅笔线多用软质的，修整墨线多用硬的。

8. 其他工具

1）制图模板。制图模板是人们为了在手工制图条件下提高制图的质量和速度，把建筑工程专业图上的常用符号、图例和比例尺，刻画在透明的塑料薄板上，制成供专业人员使用的尺子。建筑制图中常用的模板包括建筑模板、结构模板、给排水模板等。

2）擦图片。擦图片是用于修改图样的。其材质多为不锈钢，上面打有各种形状的孔洞。用时将擦图片盖在图面上，将有错的图线从相应的孔洞中露出，然后用橡皮擦拭，这样可防止擦去近旁画好的图线，有助于提高绘图速度。

第二节　电气工程图识读基础

要点

图纸是工程技术人员的工程语言。设计部门用图纸表达设计思想，生产部门用图纸指导加工与制造，施工部门则用图纸编制施工组织计划、编制工程造价书、准备材料、组织工程施工，使用部门用图纸指导使用、维护和管理等。所以说，任何工程技术人员和管理人员若缺乏一定的绘图和识图能力，很难完成工程设计、施工、管理和进行科学研究等工作，更无法完成建设工程造价的计价任务和工程招标、投标工作。

解释

◆投影图的识读

1. 投影图阅读方法

读图是根据形体的投影图，运用投影原理和特性，对投影图进行分析，想象出形体的空间形状。识读投影图的方法包括形体分析法和线面分析法。

1）形体分析法。它是根据基本形体的投影特性，在投影图上分析组合体各组成部分的形状和相对位置，然后综合起来想象出组合形体的形状。

2）线面分析法。它是以线和面的投影规律为基础，依据投影图中的某些棱线和线框，分析它们的形状和相对位置，从而想象出它们所围成形体的整体形状。

使用线面分析法，必须掌握投影图上线和线框的含义，才能结合起来综合分析，想象出物体的整体形状。投影图中的图线（直线或曲线）可能代表的含义如下：

① 形体的一条棱线，即形体上两相邻表面交线的投影；

② 与投影面垂直的表面（平面或曲面）的投影，即积聚投影；

③ 曲面的轮廓素线的投影。

投影图中的线框，可能代表的含义如下：

① 形体上某一平行于投影面的平面的投影；

② 形体上某平面类似性的投影（即平面处于一般位置）；

③ 形体上某曲面的投影；

④ 形体上孔洞的投影。

2. 投影图阅读步骤

阅读图纸的顺序通常是先外形，后内部；先整体，后局部；最后由局部回到整体，综合想象出物体的形状。识读的方法以形状分析法为主，线面分析法为辅。

阅读投影图的基本步骤如下：

1）从最能反映形体特征的投影图入手，通常以正立面（或平面）投影图为主，粗略分析形体的大致形状和组成；

2）结合其他投影图阅读，正立面图与平面图对照，三个视图联合起来，运用形体分析和线面分析法，形成立体感，综合想象，得出组合体的全貌；

3）结合详图（剖面图、断面图），综合各投影图，想象整个形体的形状与构造。

◆剖面图的识读

在工程图中，一般用粗实线表示物体上可见的轮廓线，用虚线表示不可见的轮廓线。当物体内部构造复杂时，投影图中就会出现许多虚线，因而使图线重叠，不能清晰地表示出物体，更不利于标注尺寸和读图。

为了能清晰地表达物体的内部构造，假想用一个平面将物体剖开（此平面称为切平面），移出剖切平面前的部分，然后画出剖切平面后面部分的投影图，这种投影图称为剖面图，如图 2-61 所示。

1. 剖面图的画法

1）确定剖切平面的位置。画剖面图时，首先应选择适当的剖切位置。使剖切后画出的图形能确切反映所要表达部分的真实形状。

2）剖切符号。剖切符号又称剖切线，由剖切位置线和剖视方向所组成。用断开的两段粗短线表示剖切位置，在它的两端画与其垂直的短粗线表示剖视方向，有短线的一侧即表示向该方向投影。

3）编号。用阿拉伯数字编号，并注写在剖视方向线的端部，编号应按顺序由左至右、由下而上连续编排，如图 2-62 所示。

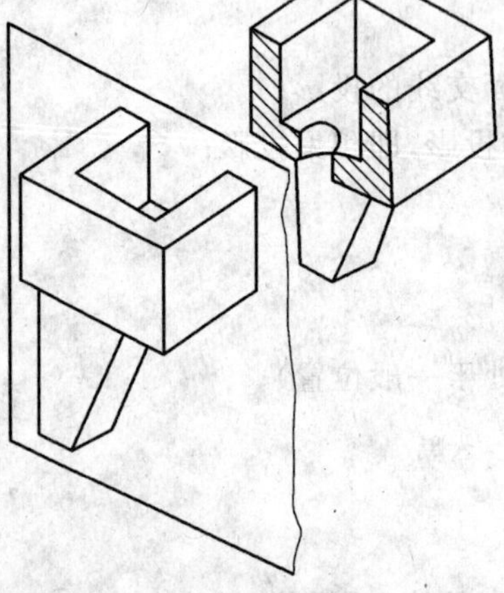

图 2-61　剖面图的形成

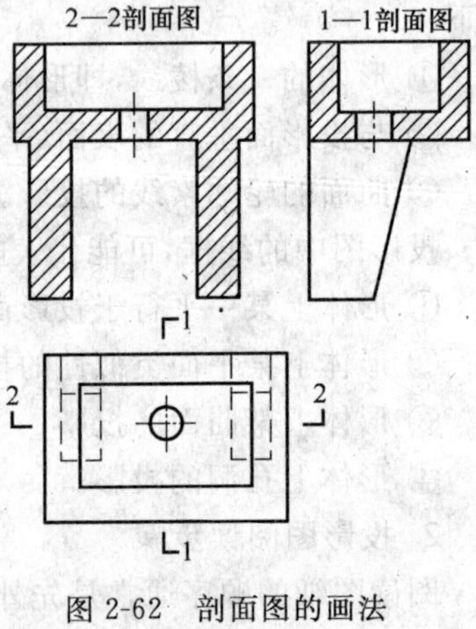

图 2-62　剖面图的画法

4）画剖面图。剖面图虽然是按剖切位置，移去物体在剖切平面和观察者之间的部分，根据留下的部分画出投影图。但因为剖切是假想的，所以画其他投影时，仍应完整地画出。

剖切平面与物体接触部分的轮廓线用粗实线表示，剖切平面后面的可见轮廓线用细实线表示。

物体被剖切后，剖面图上仍可能有不可见部分的虚线存在，为了使图形清晰易读，对于已经表示清楚的部分，虚线可以省略。

5）画出材料图例。在剖面图上为了分清物体被剖切到和没有被剖切到的部分，在剖切平面与物体接触部分要画上材料图例，同时表明建筑物各构配件的制作材料。

2. 剖面图的种类

按剖切位置可分为两种：

1）水平剖面图。当剖切平面平行于水平投影面时，所得的剖面图称为水平剖面图，建筑施工图中的水平剖面图称为平面图。

2）垂直剖面图。若剖切平面垂直于水平投影面所得到的剖面图称做垂直剖面图，图 2-62 中的 1—1 剖面图为纵向剖面图，2—2 剖面图为横向剖面图，二者都是垂直剖面图。

按剖切面的形式又可分为：

1）全剖面图。用一个剖切平面将形体全部剖开后所画的剖面图。图 2-62 所示的两个剖面图为全剖面图。

2）半剖面图。当物体的投影图和剖面图都是对称图形时，采用半剖的表示方法，如图 2-63 所示。图中投影图与剖面图各占一半。

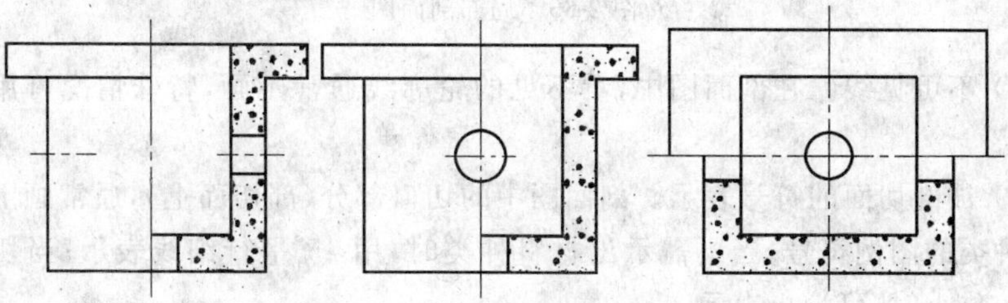

图 2-63 半剖面图

3）阶梯剖面图。用阶梯形平面剖切形体后得到的剖面图，如图 2-64 所示。

4）局部剖面图。形体局部剖切后所画的剖面图，如图 2-65 所示。

3. 剖面图的阅读

阅读剖面图时要注意以下几点：

1）图线。被剖切的轮廓线用粗实线，未剖切的可见轮廓线为中或细实线。

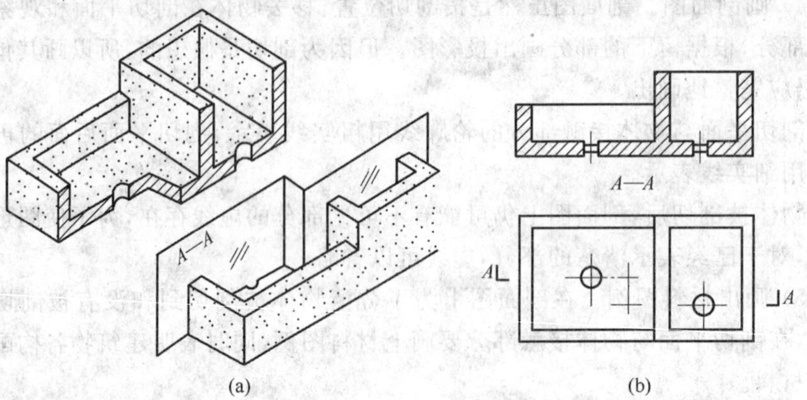

图 2-64 阶梯剖面图

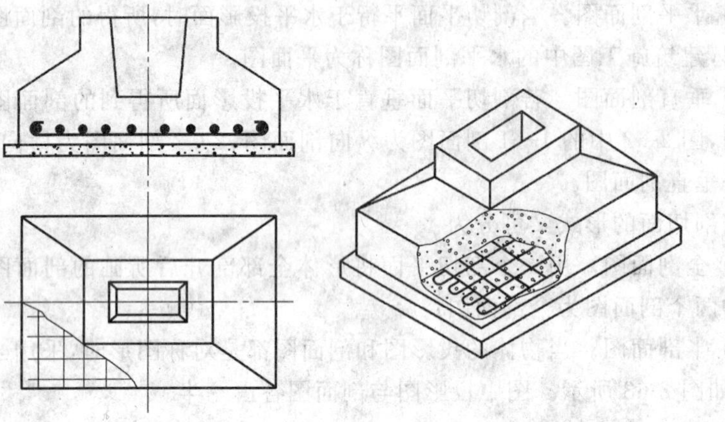

图 2-65 局部剖面图

2）不可见线。在剖面图中，看不见的轮廓线通常不画，特殊情况可用虚线表示。

3）被剖切面的符号表示。剖面图中的切口部分（部切面上），通常画上表示材料种类的图例符号；当不需示出材料种类时，用 45°平行细线表示；当切口截面比较狭小时，可涂黑表示。

◆断面图的识读

假想用剖切平面将物体剖切后，仅画出剖切平面切到部分的图形称为断面图。对于某些单一的杆件或需要表示某一局部的截面形状时，可以只画出断面图。

图 2-66 所示为断面图的画法。它与剖面图的不同之处，在于断面图只需画出形体被剖切后与剖切平面相交的那部分截面图形，至于剖切后投影方向可能

见到的形体其他部分轮廓线的投影，则无须画出。显然，断面图包含于剖面图之中。

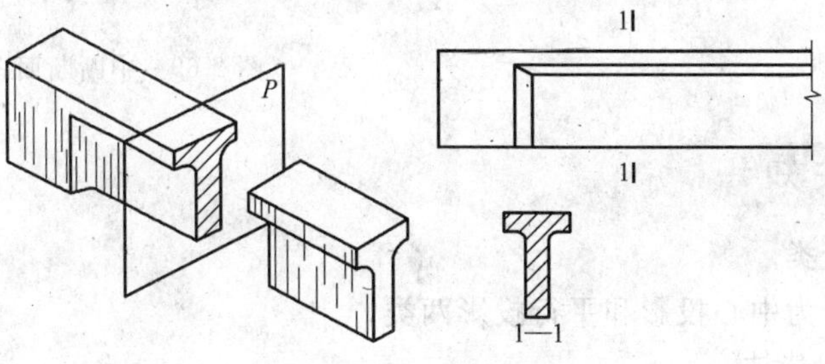

图 2-66　断面图的画法

断面图的剖切位置线端部，不必如剖面图那样要画短线，其投影方向可用断面图编号的注写位置来表示。例如断面图编号写在剖切位置线的左侧，即表示从右往左投影。

断面图的表示方式有下列几种：

1)将断面图画在视图之外适当位置为移出断面图。移出断面图适用于形体的截面形状变较多的情况，如图 2-67 所示。

2)将断面图画在视图之内称为折倒断面图或重合断面图。它适用于形体截面形状变化较少的情况。断面图的轮廓线用粗实线，剖切面画材料符号，不标注符号及编号。图 2-68 所示为现浇楼层结构平面图中表示梁板及标高所用的断面图。

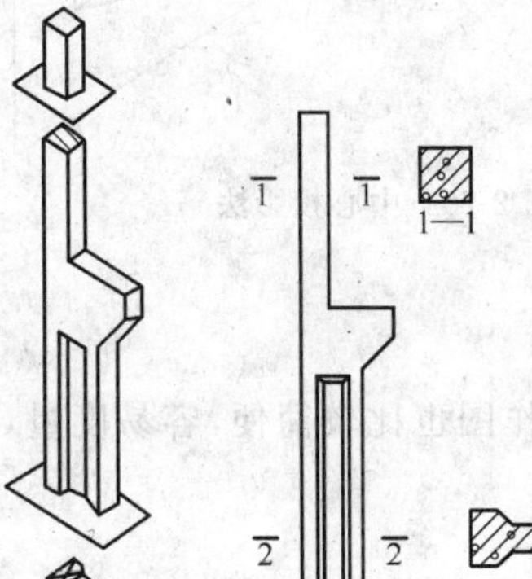

图 2-67　移出断面图

图 2-68　折倒断面图

3）将断面图画在视图的断开处，称做中断断面图，如图 2-69 所示。此种图适用于形体为较长杆件且截面单一的情况。

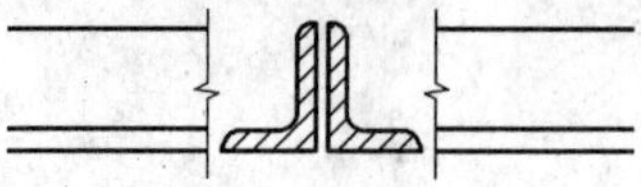

图 2-69　中断断面图

相关知识

◆投影法的分类

投影可分为中心投影和平行投影两类。

1. 中心投影法

所有投影线都从一点发出的投影法叫做中心投影法，如图 2-70 所示。

2. 平行投影法

将投影中心移至无穷远，那么所有的投影线都平行，如图 2-71 所示，这种所有投影线都相互平行的投影法称为平行投影法。

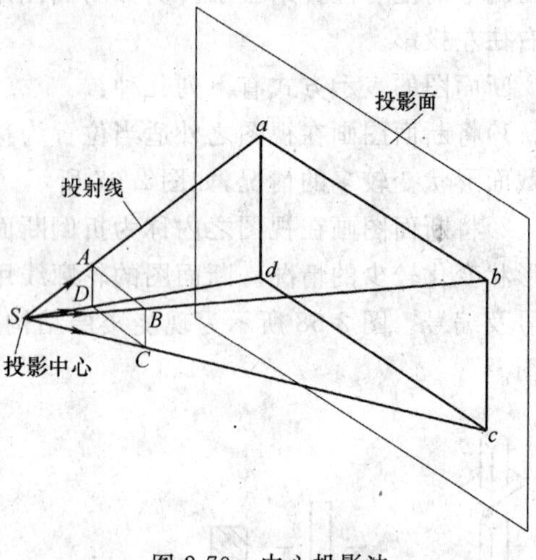

图 2-70　中心投影法

根据投影线是否垂直于投影面，平行投影法又分为斜投影法和正投影法。

1）斜投影法：投影线倾斜于投影面所用投影的方法，如图 2-71(a)所示。用斜投影法所得的投影称为斜投影。

2）正投影法：投影线垂直于投影面所用投影的方法，如图 2-71(b)所示。用正投影法所得的投影称为正投影。

正投影法能够准确地表达物体形状和大小，作图也比较简便，容易度量，因此在工程制图中应用最为广泛。

点的正投影：点的投影还是点。

线的正投影：若线是垂直于投影面的，则投影是一点；若线不是垂直于投影面的，则投影还是一条直线。如图 2-72 所示。

面的正投影：若被投影面是垂直于投影面的，则所得正投影是一条直线，如图 2-73 所示；若被投影面不是垂直于投影面的，则所得正投影仍是一个面。

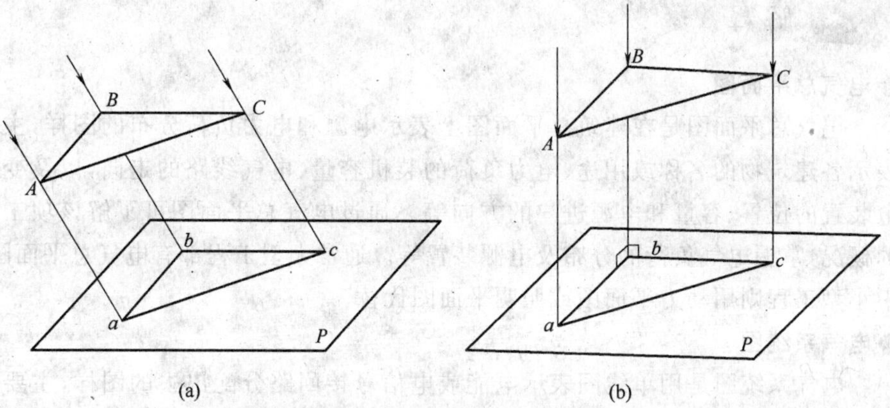

图 2-71　平行投影法

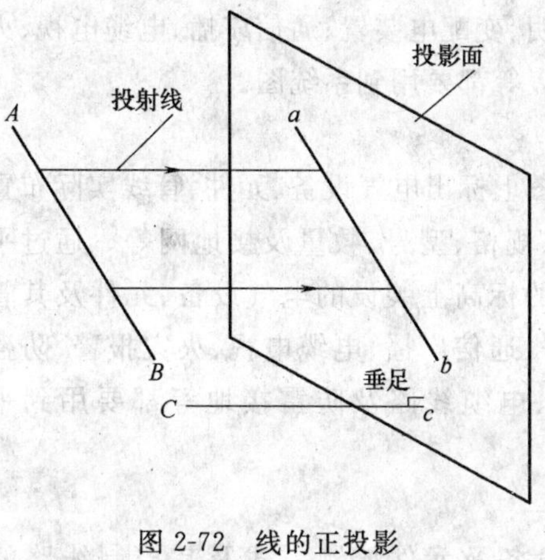

图 2-72　线的正投影

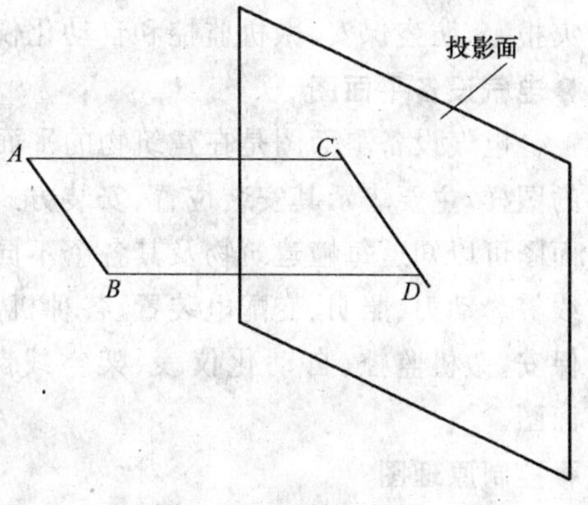

图 2-73　面的正投影

第三节　电气工程图的基本分类

要点

电气工程图是表达电气工程设计人员对工程内容构思的一种文字和图纸。它是用国家统一规定的图形符号并辅以必要的文字说明，把设计人员所设计的电源及变配电装置、电气设备安装位置、配管配线方式、灯具安装种类、规格、型号、数量及其相互间的联系等表示出来的一种图纸。

电气工程的图样一般有电气总平面图、电气系统图、电气设备平面图、控制原理图、二次接线图、大样图、电缆清册、图例及设备材料表等。

解释

◆电气总平面图

电气总平面图是在建筑总平面图上表示电源和电力负荷分布的图样，主要表示各建筑物的名称或用途、电力负荷的装机容量、电气线路的走向，以及变配电装置的位置、容量和电源进户的方向等。通过电气总平面图可了解该项工程的概况，掌握电气负荷的分布及电源装置等。通常大型工程都有电气总平面图，中小型工程则用动力平面图或照明平面图代替。

◆电气系统图

电气系统图是用单线图表示电能或电信号接回路分配出去的图样，主要表示各个回路的名称、用途、容量以及主要电气设备、开关元件及导线电缆的规格型号等。通过电气系统图可以知道该系统的回路个数及主要用电设备的容量和控制方式等。建筑电气工程中，动力、照明、变配电装置、通信广播、电缆电视、火灾报警、防盗保安、微机监控和自动化仪表等都要用到系统图。

◆电气设备平面图

电气设备平面图是在建筑物的平面图上标出电气设备、元件、管线实际布置的图样，主要表示其安装位置、安装方式、规格、型号、数量及接地网等。通过平面图可以知道每幢建筑物及其各个不同的标高上装设的电气设备、元件及其管线等。动力、照明、变配电装置、各种机房、通信广播、电缆电视、火灾报警、防盗保安、微机监控、自动化仪表、架空线路、电缆线路及防雷接地等都要用到平面图。

◆控制原理图

控制原理图是单独用来表示电气设备及元件控制方式及其控制线路的图样，主要表示电气设备及元件的起动、保护、信号、连锁、自动控制及测量等。通过控制原理图可以知道各设备元件的工作原理、控制方式，掌握建筑物的功能实现的方法等。动力、变配电装置、火灾报警、防盗保安、微机监控、自动化仪表和电梯等都要用到控制原理图，较复杂的照明及声光系统也要用到控制原理图。

◆二次接线图(接线图)

二次接线图是同控制原理图配套的图样，用来表示设备元件外部接线以及设备元件之间的接线。通过接线图可以知道系统控制的接线及控制电缆、控制线的走向及布置等。动力、变配电装置、火灾报警、防盗保安、微机监控、自动化仪表和电梯等都要用到接线图。一些简单的控制系统通常没有接线图。

◆**大样图**

大样图通常是用来表示某个具体部位或某一设备元件的结构或具体安装方法的，通过大样图可以了解该项工程的复杂程度。一般非标准的控制柜、箱，检测元件和架空线路的安装等都要用到大样图，大样图通常采用标准通用图集。剖面图也是一种大样图。

◆**电缆清册**

电缆清册是用表格的形式表示该系统中电缆的规格、型号、数量、走向、敷设方法和头尾接线部位等内容，通常使用电缆较多的工程都有电缆清册，简单的工程一般没有。

◆**图例**

图例是用表格的形式列出该系统中使用的图形符号或文字符号，目的是使图样容易读懂。

◆**设备材料表**

设备材料表一般都要列出系统主要设备及主要材料的规格、型号、数量、具体要求或产地。但是表中的数量通常只作为概算估计数，不能作为设备和材料的供货依据。

◆**设计说明**

设计说明主要标注图中交代不清或没有必要用图表示的要求、标准和规范等。

上述图样类别具体到工程上则根据工程的规模大小、难易程度等原因有所不同。其中，系统图、平面图、原理图是必不可少的，是掌握工程进度、质量、投资及编制施工组织设计和预决算书的主要依据。

相关知识

◆**常用绘图仪器**

1. 直线笔

直线笔又称鸭嘴笔，是画墨线用的。它由笔杆和笔头两部分组成，笔头有两片尖端呈椭圆形有弹性的薄钢叶片，其上有可以调节两叶片间距的螺丝，注墨后转动调节螺丝可画出不同粗细的墨线。使用时笔尖外侧应干净无墨迹，以免洇开。注墨量要适中，过多容易漏墨，过少则使线条中断或干湿不均匀。

用直线笔画图时，要使用正确的方法，如图 2-74 所示。笔尖两叶片正中要对准所画稿线，笔杆不能前俯后仰，向右略倾斜 15°左右。运笔的速度要均匀，同时还要注意墨线的交接处要准确、到位、光滑。

2. 圆规

圆规是用来画铅笔线、墨线圆及圆弧的仪器。

画圆时，首先将圆规两脚分开，并使其大小等于所画圆的半径，右手拿圆规，用左手食指配合将钢针放到圆心上，再使铅笔芯接触纸面，用右手的食指和大拇指转动圆规端杆，按顺时针方向旋转画圆。旋转时应使圆规略向运动方向倾斜，并一次画完，切勿往复旋转，以免使圆心孔眼扩大而影响图线质量。画较大半径的圆时，应使圆规的钢针和铅笔芯插腿垂直于纸面，需要时还可接上延伸杆，如图 2-75 所示。

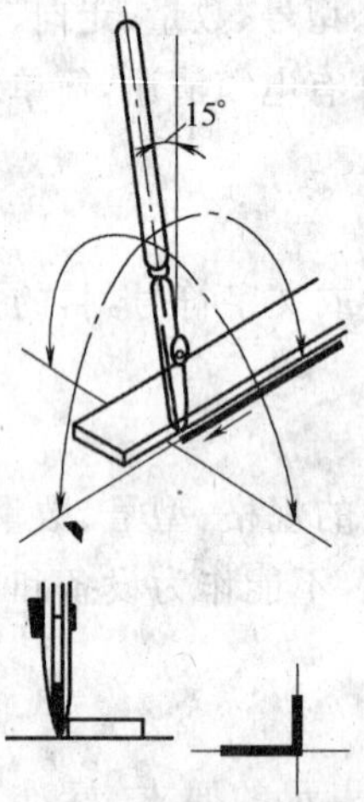

图 2-74 墨线笔的正确使用

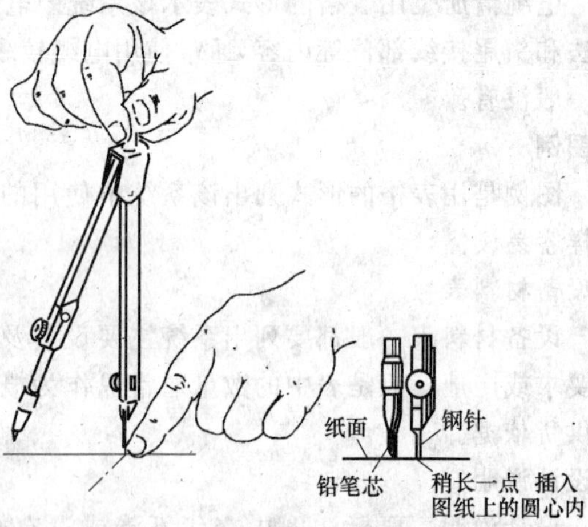

图 2-75 圆规的正确使用

第四节 电气工程施工图的识读

要点

电气工程施工图的识读是指全面、充分了解电气工程图上的设备名称、规格、型号和有关电气安装调试方面的技术要求，以及各个组成部分是如何连接的，以便正确进行室内电气工程的安装施工。

解释

◆识读程序

识读顺序一般是按照设计说明、电气总平面图、电气系统图、电气设备平面图、控制原理图、二次接线图和电缆清册、大样图、设备材料表和图例并进，如图 2-76 所示。

◆识读要点

1. 设计说明

设计说明主要阐述电气工程设计的依据、基本指导思想和原则，以及图样未

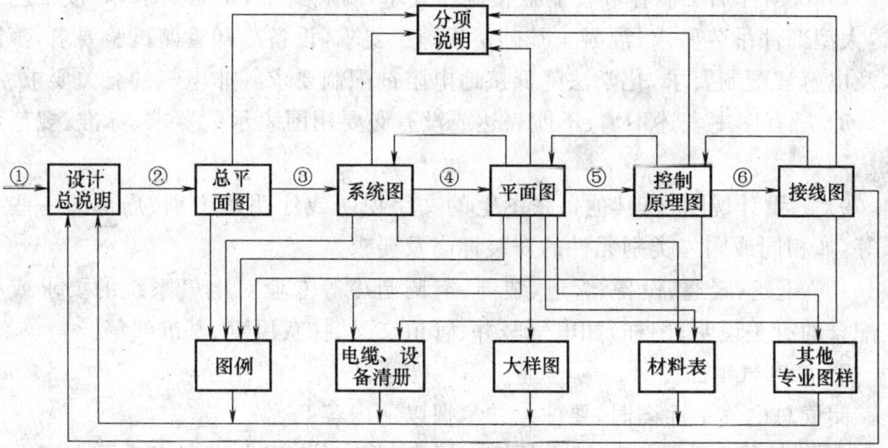

图 2-76　识读的程序框图

能清楚表明的工程特点、安装方法、工艺要求、特殊设备的安装使用说明和有关注意事项的补充说明等。阅读设计说明时，要注意并掌握如下内容：

1）工程规模概况、总体要求、采用的标准规范、标准图册及图号、负荷级别、供电要求、电压等级、供电线路及杆号、电源进户要求和方式、电压质量、弱电信号分贝要求等。

2）系统保护方式及接地电阻要求、系统防雷等级、防雷技术措施及要求、系统安全用电技术措施及要求、系统对过电压和跨步电压及漏电采取的技术措施。

3）工作电源与备用电源的切换程序及要求、供电系统短路参数、计算电流、有功负荷、无功负荷、功率因数及要求、电容补偿及切换程序要求、调整参数、试验要求及参数、大容量电动机起动方式及要求、继电保护装置的参数及要求、母线联络方式、信号装置、操作电源和报警方式。

4）高低压配电线路型式及敷设方法要求、厂区线路及户外照明装置的型式、控制方式。某些具体部位或特殊环境（爆炸及火灾危险、高温、潮湿、多尘、腐蚀、静电、电磁等）。安装要求及方法，系统对设备、材料、元件的要求及选择原则，动力及照明线路的敷设方法及要求。

5）供电及配电采用的控制方式、工艺装置采用的控制方法及连锁信号、检测和调节系统的技术方法及调整参数、自动化仪表的配置及调整参数、安装要求及其管线敷设要求、系统联动或自动控制的要求及参数、工艺系统的参数及要求。

6）弱电系统的机房安装要求、供电电源的要求、管线敷设方式、防雷接地要求及具体安装方法，探测器、终端及控制报警系统安装要求，信号传输分贝要求、调整及试验要求。

7）铁构件加工制作和控制盘柜制作要求，防腐要求，密封要求，焊接工艺要求，大型部件吊装要求，混凝土基础工程施工要求，设备冷却管路试验要求，蒸馏水及电解液配制要求，化学法降低接地电阻剂配制要求等非电气的有关要求。

8）所有图中表述不清、不能表达或没有必要用图表示的要求、标准、规范和方法等。

9）除设计说明外，其他每张图上的文字说明或注明的个别、局部的一些要求等，如相同或同一类别元件的安装标高及要求。

10）土建、暖通、设备、管道、装饰、空调制冷等专业对电气系统的要求或相互配合的有关说明、图样，如电气竖井、管道交叉、抹灰厚度、基准线等。

2. 总电气平面图

阅读总电气平面图时，要注意并掌握以下内容：

1）建筑物名称、编号、用途、层数、标高、等高线、用电设备容量及大型电机容量台数、弱电装置类别、电源及信号进户位置。

2）变配电所位置、变压器台数及容量、电压等级、电源进户位置及方式、系统架空线路及电缆走向、杆型及路灯、拉线布置、电缆沟及电缆井的位置、回路编号、主要负荷导线截面及根数、电缆根数、弱电线路的走向及敷设方式、大型电动机及主要用电负荷位置，以及电压等级、特殊或直流用电负荷位置、容量及其电压等级等。

3）系统周围环境、河道、公路、铁路、工业设施、电网方位及电压等级、居民区、自然条件、地理位置、海拔等。

4）设备材料表中的主要设备材料的规格、型号、数量、进货要求、特殊要求等。

5）文字标注、符号意义以及其他有关说明、要求等。

3. 电气系统图

阅读变配电装置系统图时，要注意并掌握以下内容：

1）进线回路个数及编号、电压等级、进线方式（架空、电缆）、导线电缆规格型号、计量方式、电流、电压互感器及仪表规格型号数量、防雷方式及避雷器规格型号数量。

2）进线开关规格型号及数量、进线柜的规格型号及台数、高压侧联络开关规格型号。

3）变压器规格型号及台数、母线规格型号及低压侧联络开关（柜）规格型号。

4）低压出线开关（柜）的规格型号及台数、回路个数用途及编号、计量方式及表计、导线电缆规格型号和有无直控电动机或设备及其规格、型号、台数起动方法，同时对照单元系统图和平面图查阅送出回路是否一致。

5）有无自备发电设备或连续不间断供电电源（UPS），其规格型号容量与系统连接方式及切换方式、切换开关及线路的规格型号、计量方式及仪表。

6）电容补偿装置的规格型号及容量、切换方式及切换装置的规格型号。

4. 动力系统图

阅读动力系统图时，要注意并掌握以下内容：

1）进线回路编号、电压等级、进线方式、导线电缆及穿管的规格型号。

2）进线盘、柜、箱、开关、熔断器及导线规格的型号、计量方式及计量表。

3）出线盘、柜、箱、开关、熔断器及导线规格型号、回路个数用途、编号及容量，穿管规格、起动柜或箱的规格型号、电动机及设备的规格型号容量、起动方式，同时核对该系统动力平面图回路标号与系统图是否一致。

4）自备发电设备或 UPS 情况。

5）电容补偿装置情况。

5. 照明系统图

阅读照明系统图时，要注意并掌握以下内容：

1）进线回路编号、进线线制（三相五线、三相四线、单相两线制）、进线方式、导线电缆及穿管的规格型号。

2）照明箱、盘、柜的规格型号、各回路开关熔断器及总开关熔断器的规格型号、回路编号及相序分配、各回路容量及导线穿管规格、计量方式及计量表、电流互感器规格型号，同时核对该系统照明平面图回路标号与系统图是否一致。

3）直控回路编号、容量及导线穿管规格、控制开关型号规格。

4）箱、柜、盘有无漏电保护装置，其规格型号，保护级别及范围。

5）应急照明装置的规格型号台数。

6. 弱电系统图

弱电系统图通常包括通信系统图、广播音响系统图、电缆电视系统图、火灾自动报警及消防系统图和保安防盗系统图等，阅读时，要注意并掌握以下内容：

1）设备的规格型号及数量、外线进户对数、电源装置的规格型号、总配线架或接线箱的规格型号及接线对数、外线进户方式及导线电缆穿管规格型号。

2）系统各分路送出导线对数、房号、插孔数量、导线及穿管规格型号，同时对照平面布置图，核对房号及编号。

3）各系统之间的联络方式。

◆识读步骤及方法

1. 粗读

将施工图从头到尾大概浏览一遍，主要了解工程的概况，做到心中有数。此外，主要是阅读电气总平面图、电气系统图、设备材料表和设计说明。

2. 细读

按前面介绍的识读程序和识读要点，仔细阅读每一张施工图，达到识读要点中的要求，并熟知以下内容：

1）每台设备和元件安装位置及要求。

2）每条管线缆走向、布置及敷设要求。

3）所有线缆连接部位及接线要求。

4）所有控制、调节、信号、报警工作原理及参数。

5）系统图、平面图及关联图样标注一致，无差错。

6）系统层次清楚、关联部位或复杂部位清楚。

7）土建、设备、采暖、通风等其他专业分工协作明确。

3. 精读

将施工图中的关键部位及设备、贵重设备及元件、电力变压器、大型电机及机房设施、复杂控制装置的施工图重新仔细阅读，系统掌握中心作业内容和施工图要求，不但做到了如指掌，而还应做到胸有成竹、滴水不漏。

相关知识

◆电气工程施工图识读的一般要求

电气工程施工图除了少量的投影图外，主要是一些系统图、原理图和接线图。对于投影图的识读，其关键是要解决好平面与立体的关系，即搞清电气设备的装配、联结关系。对于系统图、原理图和接线图，由于它们都是用各种图例符号绘制的示意性图样，不表示平面与立体的实际情况，只表示各种电气设备、部件之间的连接关系，因此识读电气施工图必须按以下要求进行。

1）要很好地熟悉各种电气设备的图例符号。在此基础上，才能按施工图主要设备材料表中所列各项设备及主要材料分别研究其在施工图中的安装位置，以便对总体情况有一个概括了解。

2）对于控制原理图，要搞清主电路（一次回路系统）和辅助电路（二次回路系统）的相互关系和控制原理及其作用。

控制回路和保护回路是为主电路服务的，它起着对主电路的启动、停止、制动和保护等作用。

3）对于每一回路的识读应从电源端开始，顺电源线，依次通过每一电气元件时，都要弄清楚它们的动作及变化，以及由于这些变化可能造成的连锁反应。

4）仅仅掌握电气制图规则及各种电气图例符号，对于理解电气图是不够的。必须具备有关电气的一般原理知识和电气施工技术，才能达到看懂电气施工图的目的。

另外，造价人员在进行电气工程识图时，还必须与以下几方面结合起来，才能把施工图吃透、算准。

1）在识图的全过程中要和熟悉预算定额结合起来。把预算定额中的项目划分、包含工序、工程量的计算方法、计量单位等与施工图有机结合起来。

2）要识读好施工图，还必须进行认真、细致的调查了解，要深入现场，了解实际情况，把在图面上表示不明的一些情况弄清楚。

3）识读施工图要结合有关的技术资料，例如有关的规范、标准、通用图集以及施工组织设计、施工方案等一起识读，有利于弥补施工图中的不足。

第三章　电气工程定额计价理论

第一节　施 工 定 额

要点

施工定额是以同一性质的施工过程或工序为测定对象，确定建筑安装工人在正常施工条件下，为完成单位合格产品所需劳动、机械、材料消耗的数量标准。施工定额是由劳动定额、材料消耗定额和机械台班定额组成的，是最基本的定额。

解释

◆劳动定额

1. 劳动定额的概念与作用

(1) 劳动定额的概念

劳动定额又称人工定额，是建筑安装工人在正常的施工(生产)条件下，在一定的生产技术和生产组织条件下，在平均先进水平的基础上制定的。它表明每个建筑安装工人生产单位合格产品所必须消耗的劳动时间，或在单位时间内所生产的合格产品的数量。

(2) 劳动定额的作用

主要表现在组织生产和按劳分配两个方面。通常，两者是相辅相成的，即生产决定分配，分配促进生产。当前对企业基层推行的各种形式的经济责任制的分配形式，全都是以劳动定额作为核算基础的。

2. 劳动定额的编制

(1) 分析基础资料，拟订编制方案

1) 影响工时消耗因素的确定。

① 技术因素：包括完成产品的类别；材料、构配件的种类和型号等级；机械和机具的种类、型号和尺寸；产品质量等。

② 组织因素：包括操作方法和施工的管理与组织；工作地点的组织；人员组成和分工；工资与奖励制度；原材料和构配件的质量及供应的组织；气候条件等。

2) 计时观察资料的整理。对每次计时观察的资料进行整理之后，要对整个施工过程的观察资料进行系统的分析、研究和整理。

整理观察资料的方法一般采用平均修正法。它是一种在对测时数列进行修正的基础上，求出平均值的方法。修正测时数列，就是剔除或修正那些偏高或偏低的可疑数值。目的是保证不受偶然性因素的影响。

若测时数列受到产品数量的影响，则采用加权平均值。因为采用加权平均值可在计算单位产品工时消耗时，考虑到每次观察中产品数量变化的影响，进而使我们能获得可靠的值。

3）日常积累资料的整理和分析。日常积累的资料主要有四类：

① 是现行定额的执行情况及存在问题的资料。

② 是企业和现场补充定额资料，例如因现行定额漏项而编制的补充定额资料，因解决采用新技术、新结构、新材料和新机械而产生的定额缺项所编制的补充定额资料。

③ 是已采用的新工艺和新的操作方法的资料。

④ 是现行的施工技术规范、操作规程、安全规程和质量标准等。

4）拟订定额的编制方案。编制方案的内容如下：

① 提出对拟编定额的定额水平总的设想。

② 拟订定额分章、分节、分项的目录。

③ 选择产品和人工、材料、机械的计量单位。

④ 设计定额表格的形式和内容。

（2）确定正常的施工条件

1）拟定工作地点的组织。拟定工作地点的组织时，要特别注意使人在操作时不受妨碍，所使用的工具和材料应按使用顺序放置于工人最便于取用的地方，以减少疲劳和提高工作效率，工作地点应保持清洁和秩序井然。

2）拟定工作组成。拟定工作组成就是将工作过程按照劳动分工的可能划分为若干工序，以达到合理使用技术工人。可以采用如下两种基本方法：

① 把工作过程中简单的工序，划分给技术熟练程度较低的工人去完成。

② 分出若干个技术程度较低的工人，去帮助技术程度较高的工人工作。采用这种方法就把个人完成的工作过程，变成小组完成的工作过程。

3)拟定施工人员编制。拟定施工人员编制即确定小组人数、技术工人的配备，以及劳动的分工和协作。原则是使每个工人都能充分发挥作用，均衡地担负工作。

（3）确定劳动定额消耗量的方法

时间定额是在拟定基本工作时间、辅助工作时间、不可避免中断时间、准备与结束的工作时间以及休息时间的基础上制定的。

1）拟定基本工作时间。基本工作时间在必需消耗的工作时间中占的比重最大。在确定基本工作时间时，必须细致、精确。基本工作时间消耗一般应根据计时观察资料来确定。首先确定工作过程每一组成部分的工时消耗，然后再综合出工作过程的工时消耗。若组成部分的产品计量单位和工作过程的产品计量单位不符，就需先求出不同计量单位的换算系数，进行产品计量单位的换算，然后再相加，求得工作过程的工时消耗。

2）拟定辅助工作时间和准备与结束工作时间。辅助工作和准备与结束工作时间的确定方法与基本工作时间相同。但是，若这两项工作时间在整个工作班工作时间消耗中所占比重不超过5%～6%，则可归纳为一项，以工作过程的计量单位表示，确定出工作过程的工时消耗。

若在计时观察时不能取得足够的资料，也可采用工时规范或经验数据来确定。若具有现行的工时规范，可以直接利用工时规范中规定的辅助和准备与结束工作时间的百分比来计算。

3）拟定不可避免的中断时间。在确定不可避免中断时间的定额时，必须注意只有由工艺特点所引起的不可避免中断方可列入工作过程的时间定额。

不可避免中断时间也需要根据测时资料通过整理分析获得，也可以根据经验数据或工时规范，以占工作日的百分比表示此项工时消耗的时间定额。

4）拟定休息时间。休息时间应根据工作班作息制度、经验资料、计时观察资料，以及对工作的疲劳程度作全面分析来确定。同时，尽可能利用不可避免中断时间作为休息时间。

从事不同工作的工人，疲劳程度有很大差别。为了合理确定休息时间，通常要对从事各种工作的工人进行观察、测定，以及进行生理和心理方面的测试，以便确定其疲劳程度。国内外一般按工作轻重和工作条件好坏，将各种工作划分为不同的级别。例如我国某地区工时规范将体力劳动分为六类，见表3-1。划分出疲劳程度的等级，就可以合理规定休息需要的时间。

表3-1 休息时间占工作日的比重

疲劳程度	轻便	较轻	中等	较重	沉重	最沉重
等级	1	2	3	4	5	6
占工作日比重(%)	4.16	6.25	8.33	11.45	16.7	22.9

5）拟定定额时间。确定的基本工作时间、辅助工作时间、准备与结束工作时间、不可避免中断时间和休息时间之和，就是劳动定额的时间定额。时间定额和产量定额互成倒数。

利用工时规范，可以计算劳动定额的时间定额。计算公式如下：

工序作业时间＝基本工作时间＋辅助工作时间　　(3-1)

规范时间＝准备与结束工作时间＋不可避免的中断时间＋休息时间　　(3-2)

$$\text{工序作业时间}=\text{基本工作时间}+\text{辅助工作时间}$$
$$=\text{基本工作时间}/[1-\text{辅助时间}(\%)] \quad (3\text{-}3)$$

$$\text{定额时间}=\frac{\text{工序作业时间}}{1-\text{规范时间}(\%)} \quad (3\text{-}4)$$

◆机械台班使用定额

1. 机械台班使用定额的概念和表现形式

(1) 机械台班使用定额的概念

机械台班使用定额是在正常施工条件下,合理的劳动组合和使用机械,完成单位合格产品或某项工作所必需的机械工作时间,包括准备与结束时间、基本工作时间、辅助工作时间、不可避免的中断时间以及使用机械的工人生理需要与休息时间。

(2) 机械台班使用定额的表现形式

机械台班使用定额的形式按其表现形式不同,可分为时间定额和产量定额。

1) 机械时间定额:是指在合理劳动组织与合理使用机械条件下,完成单位合格产品所必需的工作时间,包括有效工作时间(正常负荷下的工作时间和降低负荷下的工作时间)、不可避免的中断时间、不可避免的无负荷工作时间。机械时间定额以“台班”表示,即一台机械工作一个作业班时间(8h)。

$$\text{单位产品机械时间定额(台班)}=\frac{1}{\text{台班产量}} \quad (3\text{-}5)$$

由于机械必须由工人小组配合,所以单位产品人工时间定额计算公式如下:

$$\text{单位产品人工时间定额(工日)}=\frac{\text{小组成员总人数}}{\text{台班产量}} \quad (3\text{-}6)$$

2) 机械产量定额:是指在合理劳动组织与合理使用机械条件下,机械在每个台班时间内应完成合格产品的数量。机械时间定额和机械产量定额互为倒数。

复式表示法有如下形式:

$$\frac{\text{人工时间定额}}{\text{机械台班产量}}\text{或}\left.\frac{\text{人工时间定额}}{\text{机械台班产量}}\right|_{\text{台班车次}} \quad (3\text{-}7)$$

2. 机械台班使用定额的编制

(1) 确定正常的施工条件

拟定机械工作正常条件,主要是拟定工作地点的合理组织和合理的工人编制。

工作地点的合理组织,就是对施工地点机械和材料的放置位置、工人从事操作的场所,作出科学合理的平面布置和空间安排。它要求施工机械和操纵机械的工人在最小范围内移动,但是又不阻碍机械运转和工人操作;应使机械的开关和操纵装置尽可能集中地装置在操纵工人的近旁,以节省工作时间和减轻劳动强度；应最大限度发挥机械的效能，减少工人的手工操作。

拟定合理的工人编制，就是根据施工机械的性能和设计能力，工人的专业分工和劳动工效，合理确定操纵机械的工人和直接参加机械化施工过程的工人的编制人数。它要求保持机械的正常生产率和工人正常的劳动工效。

(2) 确定机械 1h 纯工作正常生产率

确定机械正常生产率时，首先必须确定出机械纯工作 1h 的正常生产率。

机械纯工作时间是机械的必需消耗时间。机械 1h 纯工作正常生产率，是在正常施工条件下，具有必需的知识和技能的工人操纵机械 1h 的生产率。

根据机械工作特点的不同，机械 1h 纯工作正常生产率的确定方法，也有所不同。对于循环动作机械，确定机械纯工作 1h 正常生产率的计算公式如下：

$$\text{机械一次循环的正常延续时间}=\sum(\text{循环各组成部分正常延续时间})-\text{交叠时间} \tag{3-8}$$

$$\text{机械纯工作1h循环次数}=\frac{60\times60(\text{s})}{\text{一次循环的正常延续时间}} \tag{3-9}$$

$$\text{机械纯工作1h正常生产率}=\text{机械纯工作1h正常循环次数}\times\text{一次循环生产的产品数量} \tag{3-10}$$

对于连续动作机械，确定机械纯工作 1h 正常生产率要根据机械的类型和结构特征，以及工作过程的特点来进行。计算公式如下：

$$\text{连续动作机械纯工作1h正常生产率}=\frac{\text{工作时间内生产的产品数量}}{\text{工作时间(h)}} \tag{3-11}$$

工作时间内的产品数量和工作时间的消耗，要通过多次现场观察和机械说明书来取得。

对于同一机械进行作业属于不同的工作过程，例如挖掘机所挖土壤的类别不同，碎石机所破碎的石块硬度和粒径不同，应分别确定其纯工作 1h 的正常生产率。

(3) 确定施工机械的正常利用系数

它是机械在工作班内对工作时间的利用率。机械的利用系数和机械在工作班内的工作状况有着密切的关系。所以，要确定机械的正常利用系数，首先要拟定机械工作班的正常工作状况，保证合理利用工时。

确定机械正常利用系数，要计算工作班正常状况下准备与结束工作，机械起动、机械维护等工作所必须消耗的时间，以及机械有效工作的开始与结束时间。从而计算出机械在工作班内的纯工作时间和机械正常利用系数。机械正常利用系数的计算公式如下：

$$\text{机械正常利用系数}=\frac{\text{机械在一个工作班内纯工作时间}}{\text{一个工作班延续时间(8h)}} \tag{3-12}$$

(4) 计算施工机械台班定额

在确定了机械工作正常条件、机械 1h 纯工作正常生产率和机械正常利用系数之后，采用下列公式计算施工机械的产量定额：

$$施工机械台班产量定额=机械1h纯工作正常生产率\times工作班纯工作时间 \tag{3-13}$$

或

$$施工机械台班产量定额=机械1h纯工作正常生产率\times工作班延续时间\times机械正常利用系数 \tag{3-14}$$

$$施工机械时间定额=\frac{1}{机械台班产量定额指标} \tag{3-15}$$

◆材料消耗定额

1. 材料消耗定额的概念与组成

(1) 材料消耗定额的概念

材料消耗定额是在正常的施工条件下，在节约和合理使用材料的情况下，生产单位合格产品所必须消耗的一定品种、规格的材料、半成品、配件等的数量标准。

材料消耗定额是编制材料需要量计划、运输计划、供应计划、计算仓库面积、签发限额领料单和经济核算的根据。制定合理的材料消耗定额，是组织材料的正常供应，保证生产顺利进行，以及合理利用资源，减少积压、浪费的必要前提。

(2) 施工中材料消耗的组成

施工中材料的消耗，可分为必需的材料消耗和损失的材料两类性质。

必须消耗的材料，是在合理用料的条件下，生产合格产品所需消耗的材料。它包括：直接用于建筑和安装工程的材料；不可避免的施工废料；不可避免的材料损耗。

必须消耗的材料属于施工正常消耗，是确定材料消耗定额的基本数据。其中：直接用于建筑和安装工程的材料，编制材料净用量定额；不可避免的施工废料和材料损耗，编制材料损耗定额。

材料各种类型的损耗量之和称为材料损耗量，除去损耗量之后净用于工程实体上的数量称为材料净用量，材料净用量与材料损耗量之和称为材料总消耗量，损耗量与总消耗量之比称为材料损耗率，总消耗量、损耗率的计算公式如下：

$$总消耗量=\frac{净用量}{1-损耗率} \tag{3-16}$$

$$总消耗量=净用量\times(1+损耗率) \tag{3-17}$$

$$损耗率=\frac{损耗量}{净用量}\times100\% \tag{3-18}$$

2. 材料消耗定额的制定方法

材料消耗定额必须在充分研究材料消耗规律的基础上制定。科学的材料消耗定额应当是材料消耗规律的正确反映。材料消耗定额是通过施工生产过程中对材料消耗进行观测、试验以及根据技术资料的统计与计算等方法制定的。

(1) 观测法

观测法也称现场测定法，是在合理使用材料的条件下，在施工现场按一定程序对完成合格产品的材料耗用量进行测定，通过分析、整理，最后得出一定的施工过程单位产品的材料消耗定额。

利用现场测定法主要是编制材料损耗定额，也可以提供编制材料净用量定额的数据。其优点是能通过现场观察、测定，取得产品产量和材料消耗的情况，为编制材料定额提供技术根据。

在观测前要充分做好准备工作，例如选用标准的运输工具和衡量工具，采取减少材料损耗措施等。观测法的首要任务是选择典型的工程项目，其施工技术、组织及产品质量，均要符合技术规范的要求；材料的品种、型号、质量也应符合设计要求；产品检验合格，操作工人能合理使用材料和保证产品质量。观测的结果，要取得材料消耗的数量和产品数量的数据资料。

观测法是在现场实际施工中进行的。观测法能发现一些问题，也能消除一部分消耗材料不合理的浪费因素。但是，用这种方法制定材料消耗定额，由于受到一定的生产技术条件和观测人员的水平等限制，仍然不能完全揭露所消耗材料的不合理因素。同时，也有可能把生产和管理工作中的某些与消耗材料有关的缺点保存下来。

对观测取得的数据资料要进行分析研究，以制定出在一般情况下都可以达到的材料消耗定额。

(2) 试验法

试验法是在材料试验室中进行试验和测定数据。例如，以各种原材料为变量因素，求得不同强度等级混凝土的配合比，进而计算出每立方米混凝土的各种材料耗用量。

利用试验法，主要是编制材料净用量定额。通过试验，能够对材料的结构、化学成分和物理性能以及按强度等级控制的混凝土、砂浆配比作出科学的结论，为编制材料消耗定额提供有技术根据的、比较精确的计算数据。试验室试验必须符合国家有关标准规范，计量要使用标准容器和称量设备，质量要符合施工与验收规范要求，以保证获得可靠的定额编制依据。

但是，试验法不能取得在施工现场实际条件下，由于各种客观因素对材料耗用量影响的实际数据。

(3) 统计法

统计法是通过对现场进料、用料的大量统计资料进行分析计算，获得材料消耗的数据。该方法由于不能分清材料消耗的性质，所以，不能作为确定材料净用量定额和材料损耗定额的精确依据。

对积累的各分部分项工程结算的产品所耗用材料的统计分析，是根据各分部分项工程拨付材料数量、剩余材料数量及总共完成产品数量来进行计算。

采用统计法，必须要保证统计和测算的耗用材料和相应产品一致。在施工现场中的某些材料，通常难以区分用在各个不同部位上的准确数量。所以，要有意识地加以区分，才能得到有效的统计数据。

用统计法制定材料消耗定额一般采取以下两种方法：

1) 经验估算法：指以有关人员的经验或以往同类产品的材料实耗统计资料为依据，通过研究分析并考虑有关影响因素的基础上制定材料消耗定额的方法。

2) 统计法：是对某一确定的单位工程拨付一定的材料，待工程完工后，根据已完产品数量和领退材料的数量，进行统计和计算的一种方法。其优点是不需要专门人员测定和实验。由统计得到的定额有一定的参考价值，但其准确程度较差，应对其分析研究后才能采用。

(4) 理论计算法

理论计算法是根据施工图，运用一定的数学公式，直接计算材料耗用量。计算法只能计算出单位产品的材料净用量，材料的损耗量仍要在现场通过实测取得。采用该方法必须对工程结构、图纸要求、材料特性和规格、施工及验收规范、施工方法等先进行了解和研究。计算法适合于不易产生损耗，且容易确定废料的材料，例如木材、钢材、砖瓦、预制构件等材料。因为这些材料根据施工图纸和技术资料从理论上都可以计算出来，不可避免的损耗也有一定的规律可循。

3. 周转性材料消耗量的计算

在编制材料消耗定额时，某些工序定额、单项定额和综合定额中涉及周转材料的确定和计算。例如劳动定额中的架子工程和模板工程等。

周转性材料在施工过程中不属于通常的一次性消耗材料，而是可多次周转使用，经过修理、补充才逐渐消耗尽的材料。例如模板、钢板桩、脚手架等，实际上它也是作为一种施工工具和措施。在编制材料消耗定额时，应按多次使用、分次摊销的办法确定。

周转性材料消耗的定额量是每使用一次摊销的数量，其计算必须考虑一次使用量、周转使用量、回收价值和摊销量之间的关系。

相关知识

◆施工定额的作用

1) 是企业计划管理工作的基础，是编制施工组织设计、施工作业计划、劳动力、材料和机械使用计划的依据。

2）是编制单位工程施工预算，进行施工预算和施工图预算对比，加强企业成本管理和经济核算的依据。

3）是施工队向工人班组签发施工任务书和限额领料单的依据。

4）是计算劳动报酬与奖励，贯彻按劳分配推行经济责任制的依据（例如实行内部经济包干签发包干合同）。

5）是开展劳动竞赛和制定评比条件的依据。

6）是编制预算定额的基础。

第二节　预算定额

要点

预算定额是指在合理的施工组织设计、正常施工条件下，生产一个规定计量单位合格结构件、分项工程所需的人工、材料和机械台班的社会平均消耗量标准。预算定额是工程建设中的一项重要的技术经济文件，是编制施工图预算的主要依据，是确定和控制工程造价的基础。

解释

◆预算定额的用途和作用

1）预算定额是编制施工图预算、确定建筑安装工程造价的基础。施工图设计一经确定，工程预算造价就取决于预算定额水平和人工、材料及机械台班的价格。预算定额起着控制劳动消耗、材料消耗和机械台班使用的作用，进而起着控制建筑产品价格的作用。

2）预算定额是编制施工组织设计的依据。确定施工中所需人力、物力的供求量，并做出最佳安排是施工组织设计的重要任务之一。施工单位在缺乏本企业的施工定额的情况下，根据预算定额，亦能够比较精确地计算出施工中各项资源的需要量，为有计划地组织材料采购和预制件加工、劳动力和施工机械的调配，提供了可靠的计算依据。

3）预算定额是工程结算的依据。工程结算是建设单位和施工单位按照工程进度对已完成的分部分项工程实现货币支付的行为。按进度支付工程款，需要依据预算定额算出已完分项工程的造价。单位工程验收后，再按竣工工程量、预算定额和施工合同规定进行结算，以确保建设单位建设资金的合理使用和施工单位的经济收入。

4）预算定额是施工单位进行经济活动分析的依据。预算定额规定的物化劳动和劳动消耗指标，是施工单位在生产经营中允许消耗的最高标准。施工单位必须以预算定额作为评价企业工作的重要标准，作为努力实现的目标。施工单位可依据预算定额对施工中的劳动、材料、机械的消耗情况进行具体的分析。以便找出并克服低功效、高消耗的薄弱环节，提高竞争能力。只有在施工中尽量降低劳动消耗，采用新技术，提高劳动者素质，提高劳动生产率，才能取得较好的经济效益。

5）预算定额是编制概算定额的基础。概算定额是在预算定额基础上综合扩大编制的。利用预算定额作为编制依据，不仅可以节省编制工作的大量人力、物力和时间，收到事半功倍的效果，还可以使概算定额在水平上与预算定额保持一致，以免造成执行中的不一致。

6）预算定额是合理编制招标控制价和投标报价的基础。在深化改革中，预算定额的指令性作用将日益削弱，而对施工单位按照工程个别成本报价的指导性作用仍然存在，所以预算定额作为编制招标控制价的依据和施工企业报价的基础性作用仍将存在，这是由预算定额本身的科学性和指导性决定的。

◆预算定额的编制原则、依据及步骤

1. 预算定额的编制原则

1）按社会平均水平确定预算定额的原则。预算定额是确定和控制建筑安装工程造价的主要依据。所以，它必须遵守价值规律的客观要求，即按生产过程中所消耗的社会必要劳动时间确定定额水平。所以预算定额的平均水平，是在正常的施工条件下，合理的施工组织和工艺条件、平均劳动熟练程度和劳动强度下，完成单位分项工程基本构造要素所需要的劳动时间。

2）简明适用的原则。一是指在编制预算定额时，对于那些主要的、常用的、价值量大的项目，分项工程划分应细；次要的、不常用的、价值量相对较小的项目则可粗一些。二是指预算定额要项目齐全。要注意补充那些因采用新技术、新结构、新材料而出现的新的定额项目。若项目不全，缺项多，就会使计价工作缺少充足可靠的依据。三是要求合理确定预算定额的计算单位，简化工程量的计算，尽量避免同一种材料用不同的计量单位和一量多用，减少定额附注和换算系数。

3）坚持统一性和差别性相结合原则。统一性，就是从培育全国统一市场规范计价行为出发，计价定额的制定规划和组织实施由国务院建设行政主管部门归口管理，由其负责全国统一定额制定或修订，颁发有关工程造价管理的规章制度、办法等。差别性，就是在统一性的基础上，各部门和省、自治区、直辖市主管部门在其管辖范围内，依据本部门和地区的具体情况，制定部门和地区性定额、补充性制度和管理办法，以适应我国幅员辽阔、地区间部门发展不平衡和差异大的实际情况。

2. 预算定额的编制依据

1）现行劳动定额和施工定额。预算定额是在现行劳动定额和施工定额的基础上编制的。预算定额中人工、材料、机械台班消耗水平，需要根据劳动定额或施工定额取定；预算定额的计量单位的选择，也参考施工定额，从而保证两者的协调性和可比性，减轻预算定额的编制工作量，缩短编制时间。

2）现行设计规范、施工及验收规范，质量评定标准和安全操作规程。

3）具有代表性的典型工程施工图及有关标准图。对这些图纸进行仔细研究分析，并计算出工程数量，作为编制定额时选择施工方法确定定额含量的依据。

4）新技术、新结构、新材料和先进的施工方法等。这类资料是调整定额水平和增加新的定额项目所必需的依据。

5）有关科学实验、技术测定和统计、经验资料。这些文件是确定定额水平的重要依据。

6）现行的预算定额、材料预算价格以及有关文件规定等。过去定额编制过程中积累的基础资料，也是编制预算定额的依据和参考。

3. 预算定额的编制程序及要求

预算定额的编制，大致可以分为准备工作、收集资料、编制定额、报批和修改定稿五个阶段。每个阶段工作相互有交叉，有些工作还有多次反复。其中，预算定额编制阶段的主要工作如下：

1）确定编制细则。主要包括：统一编制表格及编制方法；统一计算口径、计量单位和小数点位数的要求；有关统一性规定，名称统一，用字统一，专业用语统一，符号代码统一；简化字要规范，文字要简练明确。

预算定额与施工定额计量单位通常不同。施工定额的计量单位一般按照工序或施工过程确定；而预算定额的计量单位主要是根据分部分项工程和结构构件的形体特征及其变化确定。由于工作内容综合，预算定额的计量单位亦具有综合的性质。工程量计算规则的规定应确切反映定额项目所包含的工作内容。预算定额的计量单位关系到预算工作的繁简和准确性。所以，要正确地确定各分部分项工程的计量单位。通常依据建筑结构构件形状的特点确定。

2）确定定额的项目划分和工程量计算规则。计算工程数量，是为了通过计算出典型设计图纸所包括的施工过程的工程量，以便在编制预算定额时，有可能利用施工定额的人工、机械台班和材料消耗指标确定预算定额所含工序的消耗量。

3）定额人工、材料、机械台班耗用量的计算、复核和测算。

◆预算定额消耗量的编制方法

确定预算定额人工、材料、机械台班消耗指标时，必须先按施工定额的分项逐项计算出消耗指标，然后，再按预算定额的项目加以综合。这种综合不是简单的合并和相加，而是需要在综合过程中增加两种定额之间的适当的水平差。预算定额的水平，首先取决于这些消耗量的合理确定。

人工、材料和机械台班消耗量指标，应依据定额编制原则和要求，采用理论与实际相结合、图纸计算与施工现场测算相结合、编制人员与现场工作人员相结合等方法进行计算和确定，使定额既符合政策要求，又与客观情况相符，便于贯彻实施。

1. 预算定额人工工日消耗量的计算

人工的工日数可以以劳动定额为基础确定，还可以以现场观察测定资料为基础计算。劳动定额缺项时，往往以现场观察测定资料为基础进行计算，这时可以采用现场工作日写实等测时方法查定和计算定额的人工耗用量。

预算定额中人工工日消耗量是在正常施工条件下，生产单位合格产品所必需消耗的人工工日数量，是由分项工程所综合的各个工序劳动定额包括的基本用工、其他用工两部分组成的。

(1) 基本用工

基本用工是完成一定计量单位的分项工程或结构构件的各项工作过程的施工任务所必需消耗的技术工种用工。按技术工种相应劳动定额工时定额计算，以不同工种列出定额工日。基本用工包括：

1) 完成定额计量单位的主要用工。按综合取定的工程量和相应劳动定额进行计算。计算公式如下：

$$\text{基本用工} = \sum(\text{综合取定的工程量} \times \text{劳动定额}) \tag{3-19}$$

2) 按劳动定额规定应增(减)计算的用工量。由于预算定额是在施工定额子目的基础上综合扩大的，包括的工作内容较多，施工的工效视具体部位而不同，所以需要另外增加人工消耗，并且可以列入基本用工内。

(2) 其他用工

其他用工是辅助基本用工消耗的工日。它包括以下几项：

1) 超运距用工。超运距是劳动定额中已包括的材料、半成品场内水平搬运距离与预算定额所考虑的现场材料、半成品堆放地点到操作地点的水平运输距离之差。

$$\text{超运距} = \text{预算定额取定运距} - \text{劳动定额已包括的运距} \tag{3-20}$$

$$\text{超运距用工} = \sum(\text{超运距材料数量} \times \text{时间定额}) \tag{3-21}$$

实际工程现场运距超过预算定额取定运距时，可另行计算现场二次搬运费。

2) 辅助用工。它是技术工种劳动定额内不包括而在预算定额内又必须考虑的用工。例如机械土方工程配合用工、材料加工(筛砂、洗石、淋化石膏)，电焊点火用工等。计算公式如下：

$$辅助用工 = \sum(材料加工数量 \times 相应的加工劳动定额) \quad (3\text{-}22)$$

3）人工幅度差。即预算定额与劳动定额的差额，主要是指在劳动定额中未包括而在正常施工情况下不可避免又很难准确计量的用工和各种工时损失。内容包括：

① 各工种间的工序搭接及交叉作业相互配合或影响所发生的停歇用工。

② 施工机械在单位工程之间转移及临时水电线路移动所造成的停工。

③ 质量检查和隐蔽工程验收工作的影响。

④ 班组操作地点转移用工。

⑤ 工序交接时对前一工序不可避免的修整用工。

⑥ 施工中不可避免的其他零星用工。

人工幅度差计算公式如下：

$$人工幅度差 = (基本用工 + 辅助用工 + 超运距用工) \times 人工幅度差系数 \quad (3\text{-}23)$$

人工幅度差系数一般为10%～15%。在预算定额中，人工幅度差的用工量列入其他用工量中。

2. 预算定额中材料消耗量的计算

材料消耗量计算方法主要包括：

1）凡有标准规格的材料，按规范要求计算定额计量单位的耗用量，例如砖、防水卷材和块料面层等。

2）凡设计图纸标注尺寸及下料要求的按设计图纸尺寸计算材料净用量，例如门窗制作用材料、方、板料等。

3）换算法。各种胶结、涂料等材料的配合比用料，可以根据要求条件换算，得出材料用量。

4）测定法。包括实验室试验法和现场观察法。各种强度等级的混凝土及砌筑砂浆配合比的耗用原材料数量的计算，须按照规范要求试配，经试压合格并经过必要的调整后得出水泥、砂子、石子、水的用量。对新材料、新结构又不能用其他方法计算定额消耗用量时，须用现场测定方法来确定，依据不同条件可以采用写实记录法和观察法，得出定额的消耗量。

材料损耗量，指在正常条件下不可避免的材料损耗，例如现场内材料运输及施工操作过程中的损耗等。其关系式如下：

$$材料损耗率 = (损耗量/净用量) \times 100\% \quad (3\text{-}24)$$

$$材料损耗量 = 材料净用量 \times 损耗率(\%) \quad (3\text{-}25)$$

$$材料消耗量 = 材料净用量 + 损耗量 \quad (3\text{-}26)$$

3. 预算定额中机械台班消耗量的计算

预算定额中的机械台班消耗量是指在正常施工条件下，生产单位合格产品(分部分项工程或结构构件)必须消耗的某种型号施工机械的台班数量。

1）根据施工定额确定机械台班消耗量的计算。该方法是指用施工定额中机械台班产量加机械幅度差计算预算定额的机械台班消耗量。

机械台班幅度差是指在施工定额中所规定的范围内没有包括，但在实际施工中又不可避免产生的影响机械或使机械停歇的时间。其内容包括：

① 施工机械转移工作面及配套机械相互影响损失的时间。

② 在正常施工条件下，机械在施工中不可避免的工序间歇。

③ 工程开工或收尾时工作量不饱满所损失的时间。

④ 检查工程质量影响机械操作的时间。

⑤ 临时停机、停电影响机械操作的时间。

⑥ 机械维修引起的停歇时间。

大型机械幅度差系数为：土方机械 25%，打桩机械 33%，吊装机械 30%。砂浆、混凝土搅拌机由于按小组配用，以小组产量计算机械台班产量，不另增加机械幅度差。其他分部工程，例如钢筋加工、木材、水磨石等各项专用机械的幅度差为 10%。

综上所述，预算定额的机械台班消耗量按下式计算：

$$\begin{matrix}\text{预算定额机械}\\\text{耗用台班}\end{matrix}=\begin{matrix}\text{施工定额机械}\\\text{耗用台班}\end{matrix}\times(1+\text{机械幅度差系数}) \qquad (3\text{-}27)$$

2）以现场测定资料为基础确定机械台班消耗量。如遇到施工定额缺项者，则需要依据单位时间完成的产量测定。

相关知识

◆预算定额的种类

1）按专业性质分，预算定额可分为建筑工程定额和安装工程定额。

建筑工程定额按专业对象分为建筑工程预算定额、市政工程预算定额、铁路工程预算定额、公路工程预算定额、房屋修缮工程预算定额和矿山井巷预算定额等。

安装工程预算定额按专业对象分为电气设备安装工程预算定额、机械设备安装工程预算定额、通信设备安装工程预算定额、化学工业设备安装工程预算定额、工业管道安装工程预算定额、工艺金属结构安装工程预算定额和热力设备安装工程预算定额等。

2）依据管理权限和执行范围划分，预算定额可以分为全国统一预算定额、行业统一预算定额和地区统一预算定额等。

3）预算定额按生产要素分为劳动定额、机械定额和材料消耗定额，它们相互依存形成一个整体，作为编制预算定额依据，各自不具有独立性。

第三节 概算定额

要点

概算定额是在预算定额的基础上，确定完成合格的单位扩大分项工程或单位扩大结构构件所需消耗的人工、材料和机械台班的数量标准，所以概算定额又称做扩大结构定额。

解释

◆概算定额的作用

1）是初步设计阶段编制概算、扩大初步设计阶段编制修正概算的主要依据。

2）是对设计项目进行技术经济分析比较的基础资料之一。

3）是建设工程主要材料计划编制的依据。

4）是控制施工图预算的依据。

5）是施工企业在准备施工期间，编制施工组织总设计或总规划时，对生产要素提出需要量计划的依据。

6）是工程结束后进行竣工决算和评价的依据。

7）是编制概算指标的依据。

◆概算定额的编制原则、依据及步骤

1. 概算定额的编制原则

概算定额应该贯彻社会平均水平和简明适用的原则。因为概算定额和预算定额都是工程计价的依据，所以应符合价值规律和反映现阶段大多数企业的设计、生产及施工管理水平。概算定额的内容和深度是以预算定额为基础的综合和扩大。在合并中不得遗漏或增减项目，以保证其严密性和正确性。概算定额必须达到简化、准确和适用。

2. 概算定额的编制依据

1）现行的设计规范和建筑工程预算定额。

2）具有代表性的标准设计图纸和其他设计资料。

3）现行的人工工资标准、材料预算价格、机械台班预算价格及其他的价格资料。

3. 概算定额的编制步骤

概算定额的编制步骤一般分准备阶段、编制初稿阶段和审查定稿阶段。

(1) 准备阶段

该阶段主要是确定编制机构和人员组成，进行调查研究，了解现行概算定额执行情况和存在的问题，明确编制的目的，制定概算定额的编制方案和确定概算定额的项目。

(2) 编制初稿阶段

该阶段是根据已经确定的编制方案和概算定额项目，收集和整理各种编制依据，对各种资料进行深入细致的测算和分析，确定人工、材料和机械台班的消耗量指标，最后编制概算定额初稿。

(3)审查定稿阶段

该阶段的主要工作是测算定额水平，即测算新编制概算定额与原概算定额及现行预算定额之间的水平。测算的方法既要分项进行测算，又要通过编制单位工程概算以单位工程为对象进行综合测算。概算定额水平与预算定额水平之间有一定的幅度差，幅度差一般在5%以内。概算定额经测算比较后，可报送国家授权机关审批。

◆概算定额手册的内容

按专业特点和地区特点编制的概算定额手册，内容基本上是由文字说明、定额项目表和附录三部分组成。

1. 文字说明部分

文字说明部分包括总说明和分部工程说明。在总说明中，主要阐述概算定额的编制依据、使用范围、包括的内容及作用、应遵守的规则及建筑面积计算规则等。分部工程说明主要阐述本分部工程包括的综合工作内容及分部工程的工程量计算规则等。

2. 定额项目表

(1) 定额项目的划分

建设工程概算定额项目一般按以下两种方法划分，一是按结构划分：通常是按土方、基础、墙、梁板柱、门窗、楼地面、屋面、装饰、构筑物等工程结构划分；二是按工程部位(分部)划分：通常是按基础、墙体、梁柱、楼地面、屋盖、其他工程部位等划分，例如基础工程中包括了砖、石、混凝土基础等项目。公路工程概算定额的项目划分为：路基工程、路面工程、隧道工程、涵洞工程和桥梁工程。

(2) 定额项目表

定额项目表是概算定额手册的主要内容，由若干个分节组成。各节定额有工程内容、定额表及附注说明组成。定额表中列有定额编号，计量单位，概算价格人工、材料、机械台班消耗指标，综合了预算定额的若干项目与数量。建筑工程概算定额项目表，见表 3-2。

表 3-2　现浇钢筋混凝土柱概算定额表

工程内容：模板制作、安装、拆除，钢筋制作、安装，混凝土浇捣、抹灰、刷浆。

单位：$10m^3$

概算定额编号				4-3		4-4	
项目		单位		矩形柱			
				周长在 1.8m 以内		周长在 1.8m 以外	
				数量	合价（元）	数量	合价（元）
基准价		元		13428.76		12947.26	
其中	人工费	元		2116.40		1728.76	
	材料费	元		10272.03		10361.83	
	机械费	元		1040.33		856.67	
合计人工		工日	22.00	96.20	2116.40	78.58	1728.76
材料	中（粗）砂（天然）	t	35.81	9.494	339.98	8.817	315.74
	碎石 5～20mm	t	36.18	12.207	441.65	12.207	441.65
	石灰膏	m^3	98.89	0.221	20.75	0.155	14.55
	普通木成材	m^3	1000.00	0.302	302.00	0.187	187.00
	圆钢（钢筋）	t	3000.00	2.188	6564.00	2.407	7221.00
	组合钢模板	kg	4.00	64.416	257.66	39.848	159.39
	钢支撑（钢管）	kg	4.85	34.165	165.70	21.134	102.50
	零星卡具	kg	4.00	33.954	135.82	21.004	84.02
	铁钉	kg	5.96	3.091	18.42	1.912	11.40
	镀锌铁丝 22 号	kg	8.07	8.368	67.53	9.206	74.29
	电焊条	kg	7.84	15.644	122.65	17.212	134.94
	803 涂料	m^3	1.45	22.901	33.21	16.038	23.26
	水	kg	0.99	12.700	12.57	12.300	12.21
	水泥 42.5 级	kg	0.25	644.459	166.11	517.117	129.28
	水泥 52.5 级	kg	0.30	4141.200	1242.36	4141.200	1242.36
	脚手架	m^2			196.00		90.60
	其他材料费	元			185.62		117.64
机械	垂直运输费	元			628.00		510.00
	其他机械费	元			412.33		346.67

相关知识

◆概算定额与预算定额的比较

概算定额是预算定额的综合和扩大。它将预算定额中有联系的若干个分项工程项目综合为一个概算定额项目。例如砖基础概算定额项目，就是以砖基础为主，综合了平整场地、挖地槽、铺设垫层、砌砖基础、铺设防潮层、回填土及运土等预算定额中的分项工程项目。

概算定额与预算定额的相同之处在于，它们都是以建(构)筑物各个结构部分和分部分项工程为单位表示的，内容也包括人工、材料和机械台班使用量定额三个基本部分，并列有基准价。概算定额表达的主要内容、主要方式及基本使用方法都与预算定额相近。

概算定额与预算定额的不同之处，在于项目划分和综合扩大程度上的差异，同时，概算定额主要用于设计概算的编制。由于概算定额综合了若干分项工程的预算定额，所以，使概算工程量计算和概算表的编制，都比编制施工图预算简化一些。

第四节 概 算 指 标

要点

建筑安装工程概算指标通常是以整个建筑物和构筑物为对象，以建筑面积、体积或成套设备装置的台或组为计量单位而规定的人工、材料、机械台班的消耗量标准和造价指标。

解释

◆概算指标的分类和表现形式

1. 概算指标的分类

概算指标可分为两大类，一类是建筑工程概算指标，另一类是安装工程概算指标，如图 3-1 所示。

2. 概算指标的组成内容及表现形式

(1) 概算指标的组成内容

概算指标一般包括文字说明和列表两部分以及必要的附录。

1) 总说明和分册说明。其内容包括：概算指标的编制范围、编制依据、分册情况、指标包括的内容、指标未包括的内容、指标的使用方法、指标允许调整的范围及调整方法等。

- 概算指标
  - 建筑工程概算指标
    - 一般土建工程概算指标
    - 给排水工程概算指标
    - 采暖工程概算指标
    - 通信工程概算指标
    - 电气照明工程概算指标
  - 设备安装工程概算指标
    - 机械设备及安装工程概算指标
    - 电气设备及安装工程概算指标
    - 器具及生产家具购置费概算指标

图 3-1　概算指标分类

2）列表。建筑工程的列表形式，房屋建筑、构筑物的列表一般是以建筑面积、建筑体积、“座”、“个”等为计算单位，附以必要的示意图，示意图画出建筑物的轮廓示意或单线平面图，列出综合指标：元/100m^2 或元/1000m^3，自然条件(例如地耐力、地震烈度等)，建筑物的类型、结构形式及各部位中结构主要特点，主要工程量。安装工程的列表形式，设备以“t”或“台”为计算单位，也可用设备购置费或设备原价的百分比(%)表示；工艺管道一般以“t”为计算单位；通信电话站安装以“站”为计算单位。列出指标编号、项目名称、规格、综合指标(元/计算单位)之后一般还要列出其中的人工费，必要时还要列出主要材料费、辅材费。

建筑工程列表形式分为以下几个部分：

① 示意图。表明工程的结构、工业项目，还表示出吊车和起重能力等。

② 工程特征。对采暖工程特征应列出采暖热媒及采暖形式；对电气照明工程特征可列出建筑层数、结构类型、配线方式和灯具名称等；对房屋建筑工程特征主要对工程的结构形式、层高、层数和建筑面积进行说明，见表 3-3。

表 3-3　内浇外砌住宅结构特征

结构类型	层数	层高	檐高	建筑面积
内浇外砌	六层	2.8m	17.7m	4206m^2

③ 经济指标。表明该项目每 100m^2，每座的造价指标以及其中土建、水暖和电照等单位工程的相应造价，见表 3-4。

④ 构造内容及工程量指标。表明该工程项目的构造内容和相应计算单位的工程量指标以及人工、材料消耗指标，见表 3-5、表 3-6。

表 3-4 内浇外砌住宅经济指标 100m² 建筑面积

项目		合计(元)	其中(元)			
			直接费	间接费	利润	税金
单方造价		30422	21860	5576	1893	1093
其中	土建	26133	18778	4790	1626	939
	水暖	2565	1843	470	160	92
	电照	1724	1239	316	107	62

表 3-5 内浇外砌住宅构造内容及工程量指标 100m² 建筑面积

构造特征		工程量	
		单位	数量
一、土建			
基础	灌注桩	m^3	14.64
外墙	二砖墙、清水墙勾缝、内墙抹灰刷白	m^3	24.32
内墙	混凝土墙、一砖墙、抹灰刷白	m^3	22.70
柱	混凝土柱	m^3	0.70
地面	碎砖垫层、水泥砂浆面层	m^2	13
楼面	120mm 预制空心板、水泥砂浆面层	m^2	65
门窗	木门窗	m^2	62
屋面	预制空心板、水泥珍珠岩保温、三毡四油卷材防水	m^2	21.7
脚手架	综合脚手架	m^2	100
二、水暖			
采暖方式	集中采暖		
给水性质	生活给水明设		
排水性质	生活排水		
通风方式	自然通风		
三、电照			
配电方式	塑料管暗配电线		
灯具种类	日光灯		
用电量			

表 3-6 内浇外砌住宅人工及主要材料消耗指标 100m² 建筑面积

序号	名称及规格	单位	数量
一、土建			
1	人工	工日	506
2	钢筋	t	3.25
3	型钢	t	0.13

续表

序号	名称及规格	单位	数量
4	水泥	t	18.10
5	白灰	t	2.10
6	沥青	t	0.29
7	红砖	千块	15.10
8	木材	m^3	4.10
9	砂	m^3	41
10	砾石	m^3	30.5
11	玻璃	m^2	29.2
12	卷材	m^2	80.8
		二、水暖	
1	人工	工日	39
2	钢管	t	0.18
3	暖气片	m^2	20
4	卫生器具	套	2.35
5	水表	个	1.84
		三、电照	
1	人工	工日	20
2	电线	m	283
3	钢管	t	0.04
4	灯具	套	8.43
5	电表	个	1.84
6	配电箱	套	6.1
四、机械使用费		%	7.5
五、其他材料费		%	19.57

(2) 概算指标的表现形式

概算指标依据具体内容的表示方法,分为综合指标和单项指标两种形式。

1) 综合概算指标:是按照工业或民用建筑及其结构类型而制定的概算指标。其概括性较大,准确性、针对性不如单项指标。

2) 单项概算指标:是指为某种建筑物或构筑物而编制的概算指标。单项概算指标的针对性较强,故指标中要介绍工程结构形式。只要工程项目的结构形式及工程内容与单项指标中的工程概况相吻合,编制出的设计概算就比较准确。

◆**概算指标的编制依据及步骤**

1. 概算指标的编制依据

1）标准设计图纸和各类工程典型设计。

2）国家颁发的建筑标准、设计规范、施工规范等。

3）各类工程造价资料。

4）现行的概算定额和预算定额及补充定额。

5）人工工资标准、材料预算价格、机械台班预算价格及其他价格资料。

2. 概算指标的编制步骤

1）首先成立编制小组，拟定工作方案，明确编制原则和方法，确定指标的内容及表现形式，确定基价所依据的人工工资单价、材料预算价格和机械台班单价。

2）收集整理编制指标所必需的标准设计、典型设计以及有代表性的工程设计图纸，设计预算等资料，充分利用已经积累的有使用价值的工程造价资料。

3）编制阶段。主要是选定图纸，并根据图纸资料计算工程量和编制单位工程预算书，以及按编制方案确定的指标项目对照人工及主要材料消耗指标，填写概算指标的表格。

每平方米建筑面积造价指标编制方法如下：

① 编写资料审查意见及填写设计资料名称、设计单位、设计日期、建筑面积及构造情况，提出审查和修改意见。

② 在计算工程量的基础上，编制单位工程预算书，据以确定一定构造情况下每 $100m^2$ 建筑面积的人工、材料、机械消耗指标和单位造价等经济指标。

a. 计算工程量就是依据审定的图纸和预算定额计算出建筑面积及各分部分项工程量，然后按编制方案规定的项目归并，并以每 $100m^2$ 建筑面积为计算单位，换算出所对应的工程量指标。

b. 依据计算出的工程量和预算定额等资料，编出预算书，求出每 $100m^2$ 建筑面积的预算造价及人工、材料、施工机械费用和材料消耗量指标。

构筑物是以“座”为单位编制概算指标，因此，在计算完工程量，编出预算书后，不必进行换算，预算书确定的价值就是每座构筑物概算指标的经济指标。

4）最后经过核对审核、平衡分析、水平测算和审查定稿。

相关知识

◆**概算定额与概算指标的区别**

1. 确定各种消耗量指标的对象不同

概算定额是以单位扩大分项工程或单位扩大结构构件为对象，而概算指标则是以整个建筑物(例如 100m² 或 1000m³ 建筑物)和构筑物为对象。所以,概算指标比概算定额更加综合与扩大。

2. 确定各种消耗量指标的依据不同

概算定额以现行预算定额为基础,通过计算之后才综合确定出各种消耗量指标,而概算指标中各种消耗量指标主要依据各种预算或结算资料确定。

概算指标和概算定额、预算定额一样,都是与各个设计阶段相适应的多次性计价的产物,它主要用于投资估价、初步设计阶段,其作用主要包括:

1) 它可以作为编制投资估算的参考。

2) 它的主要材料指标可以作为计算主要材料用量的依据。

3) 它是设计单位进行设计方案比较、建设单位选址的一种依据。

4) 它是编制固定资产投资计划、确定投资额和主要材料计划的主要依据。

第五节 投资估算指标

要点

工程建设投资估算指标是编制建设项目建议书、可行性研究报告等前期工作阶段投资估算的依据,也可作为编制固定资产长远规划投资额的参考。投资估算指标为完成项目建设的投资估算提供依据和手段,它在固定资产的形成过程中起着投资预测、投资控制、投资效益分析的作用,是合理确定项目投资的基础。投资估算指标中的主要材料消耗量也是一种扩大材料消耗量指标,可以作为计算建设项目主要材料消耗量的基础。估算指标的正确制定对于提高投资估算的准确度,对建设项目的合理评估、正确决策具有重要意义。

解释

◆投资估算指标的编制原则

1) 投资估算指标项目的确定,应考虑以后几年建设项目建议书和可行性研究报告投资估算的编制需要。

2) 投资估算指标的分类、项目划分、项目内容、表现形式等要结合各专业的特点,并且要适应项目建议书、可行性研究报告的编制深度。

3) 投资估算指标的编制内容,典型工程的选择,必须遵循国家的有关建设方针政策,符合国家技术发展方向,贯彻国家高科技政策和发展方向原则,使指标的编制能反映现实的高科技成果,反映正常建设条件下的造价水平,适应今后若干年的科技发展水平,坚持技术上先进、可行和经济上的合理,力求以较少的投入获得最大的投资效益。

4）投资估算指标的编制要反映不同行业、不同项目和不同工程的特点，投资估算指标要适应项目前期工作深度的需要，而且具有更大的综合性。投资估算指标要密切结合行业特点，项目建设的特定条件，在内容上既要贯彻指导性、准确性和可调性原则，又要有一定的深度和广度。

5）投资估算指标的编制要贯彻静态和动态相结合的原则。要充分考虑到在市场经济条件下建设条件、实施时间、建设期限等因素的不同，考虑到建设期的动态因素，即价格、建设期投资利息、固定资产投资方向调节税及涉外工程的汇率等因素的变动导致指标的量差、价差、利息差、费用差等“动态”因素对投资估算的影响，对上述动态因素给予必要的调整办法和调整参数，尽可能减少动态因素对投资估算准确度的影响，使指标具有较强的实用性和可操作性。

◆投资估算指标的编制方法

投资估算指标的编制一般分为以下三个阶段进行：

1. 收集整理资料阶段

收集整理已建成或正在建设的、符合现行技术政策和技术发展方向、有可能重复采用的、有代表性的工程设计施工图、标准设计以及相应的竣工决算或施工图预算资料等，这些资料是编制工作的基础，资料收集越广泛，反映出的问题越多，编制工作考虑越全面，就越有利于提高投资估算指标的实用性和覆盖面。与此同时，对调查收集到的资料要选择占投资比重大，相互关联多的项目进行认真地分析整理。由于已建成或正在建设的工程的设计意图、建设时间和地点、资料等不同，相互之间的差异很大，需要去粗取精、去伪存真地加以整理，才能重复利用。将整理后的数据资料按项目划分栏目加以归类，按照编制年度的现行定额、费用标准和价格，调整成编制年度的造价水平及相互比例。

2. 平衡调整阶段

由于调查收集的资料来源不同，即便经过一定的分析整理，也难免会由于设计方案、建设条件和建设时间上的差异带来的某些影响，使数据失准或漏项等，必须对其进行综合平衡调整。

3. 测算审查阶段

测算是将新编的指标和选定工程的概预算在同一价格条件下进行比较，检验其“量差”的偏离程度是否在允许偏差的范围之内，若偏差过大，则要查找原因，进行修正，以保证指标的确切、实用。测算同时也是由专人对指标编制质量进行的一次系统检查，以保持测算口径的统一，进而组织有关专业人员全面审查定稿。

由于投资估算指标的编制计算工作量很大，在现阶段计算机已经广泛普及的条件下，应尽可能应用计算机进行投资估算指标的编制工作。

相关知识

◆**投资估算指标的分类**

依据投资估算指标的综合程度可分为建设项目综合指标、单项工程指标和单位工程指标三个层次。

1. 建设项目综合指标

建设项目综合指标指按规定应列入建设项目总投资的从立项筹建开始到竣工验收交付使用的全部投资额，包括单项工程投资、工程建设其他费用和预备费等。

建设项目综合指标通常以项目的综合生产能力单位投资表示，例如“元/t”、“元/kW”。或以使用功能表示，例如医院床位，即“元/床”。

2. 单项工程指标

单项工程指标指按规定应列入能独立发挥生产能力或使用效益的单项工程内的全部投资额，包括建筑工程费，安装工程费，设备、工器具及生产家具购置费、可能包含的其他费用。单项工程的一般划分如下：

1）主要生产设施，指直接参加生产产品的工程项目，包括生产车间或生产装置。

2）辅助生产设施，指为主要生产车间服务的工程项目，包括集中控制室、中央实验室、机修、电修、仪器仪表修理及木工（模）等车间，原材料、半成品、成品及危险品等仓库。

3）公用工程，包括给排水系统（给排水泵房、水塔、水池及全厂给排水管网）、供热系统（锅炉房及水处理设施、全厂热力管网）、供电及通信系统（变配电所、开关所及全厂输电、电信线路），以及热电站、热力站、煤气站、空压站、冷冻站、冷却塔和全厂管网等。

4）环境保护工程，包括废气、废渣、废水等处理和综合利用设施及全厂性绿化。

5）总图运输工程，包括厂区防洪、围墙大门、传达及收发室、汽车库、消防车库、厂区道路、桥涵、厂区码头及厂区大型土石方工程。

6）厂区服务设施，包括厂部办公室、厂区食堂、医务室、浴室、哺乳室、自行车棚等。

7）生活福利设施，包括职工医院、住宅、生活区食堂、俱乐部、托儿所、幼儿园、子弟学校、商业服务点，以及与之配套的设施。

8）厂外工程，例如水源工程，厂外输电、输水、排水、通信、输油等管线，以及公路、铁路专用线等。

单项工程指标一般以单项工程生产能力单位投资，用“元/t”或其他单位表示。例如，变配电站为“元/(kV·A)”，锅炉房的蒸汽为“元/吨”，供水站为“元/m^3”，办公室、仓库、宿舍、住宅等房屋则区别不同结构形式以“元/m^2”表示。

3. 单位工程指标

单位工程指标按规定应列入建筑安装工程费用。

单位工程指标一般以如下方式表示：房屋区别不同结构形式以“元/m^2”表示；道路区别不同结构层、面层以“元/m^2”表示；水塔区别不同结构层、容积以“元/座”表示；管道区别不同材质、管径以“元/m”表示。

第四章　电气工程清单计价理论

第一节　工程量清单的编制

要点

工程量清单是表现拟建工程的分部分项工程项目、措施项目、其他项目、规费项目和税金项目的名称和相应数量的明细清单。工程量清单应由具有编制能力的招标人，或受其委托具有相应资质的工程造价咨询人，依据《建设工程工程量清单计价规范》GB 50500—2008，国家或省级、行业建设主管部门颁发的计价依据和办法，招标文件的有关要求，设计文件，与建设工程项目有关的标准、规范、技术资料和施工现场实际情况等进行编制。

解释

◆分部分项工程量清单

1. 分部分项工程量清单包括的内容

分部分项工程量清单包括项目编码、项目名称、项目特征、计量单位和工程量。

(1) 项目编码

分部分项工程量清单项目编码以五级编码设置，用十二位阿拉伯数字表示。第一、二、三、四级编码为全国统一；第五级编码应根据拟建工程的工程量清单项目名称设置。各级编码代表的含义如下：

1) 第一级表示工程分类顺序码(分二位)：建筑工程为01、装饰装修工程为02、安装工程为03、市政工程为04、园林绿化工程为05、矿山工程为06。

2) 第二级表示专业工程顺序码(分二位)。

3) 第三级表示分部工程顺序码(分二位)。

4) 第四级表示分项工程项目名称顺序码(分三位)。

5) 第五级表示工程量清单项目名称顺序码(分三位)。

以安装工程为例，工程量清单项目编码结构如图4-1所示。

当同一标段(或合同段)的一份工程量清单中含有多个单位工程并且工程量清单是以单位工程为编制对象时，应特别注意对项目编码十至十二位的设置不

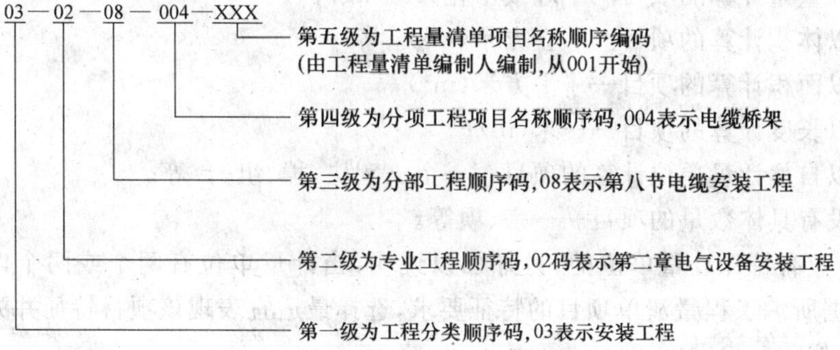

图 4-1　工程量清单项目编码结构

得有重号的规定。

(2) 项目名称

分部分项工程量清单的项目名称应按《建设工程工程量清单计价规范》GB 50500—2008 附录的项目名称结合拟建工程的实际确定。附录表中的“项目名称”为分项工程项目名称，是形成分部分项工程量清单项目名称的基础，在编制分部分项工程量清单时可予以适当调整或细化，例如“墙面一般抹灰”这一分项工程在形成工程量清单项目名称时可以细化为“外墙面抹灰”、“内墙面抹灰”等。清单项目名称应表达详细、准确。《建设工程工程量清单计价规范》(GB 50500—2008)中的分项工程项目名称若有缺陷，招标人可作补充，并报当地工程造价管理机构(省级)备案。

(3) 项目特征

项目特征是对项目的准确描述，是确定一个清单项目综合单价不可缺少的重要依据，是区分清单项目的依据，是履行合同义务的基础。分部分项工程量清单的项目特征应按《建设工程工程量清单计价规范》(GB 50500—2008)附录中规定的项目特征，结合技术规范、标准图集、施工图纸，按照工程结构、使用材质及规格或安装位置等，予以详细而准确地表述和说明。凡项目特征中未描述到的其他独有特征，由清单编制人视项目具体情况确定，以准确描述清单项目为准。

在《建设工程工程量清单计价规范》(GB 50500—2008)附录中还有关于各清单项目“工程内容”的描述。工程内容是指完成清单项目可能发生的具体工作和操作程序，但是，在编制分部分项工程量清单时，工程内容通常无须描述，因为在计价规范中，工程量清单项目与工程量计算规则、工程内容有一一对应关系，当采用计价规范这一标准时，工程内容均有规定。

(4) 计量单位

计量单位应采用基本单位，除各专业另有特殊规定外均按以下单位计量：

1）以重量计算的项目——吨或千克（t 或 kg）；

2）以体积计算的项目——立方米（m^3）；

3）以面积计算的项目——平方米（m^2）；

4）以长度计算的项目——米（m）；

5）以自然计量单位计算的项目——个、套、块、樘、组、台等；

6）没有具体数量的项目——宗、项等。

各专业有特殊计量单位的，另外加以说明，当计量单位有两个或两个以上时，应根据所编工程量清单项目的特征要求，选择最适宜表现该项目特征并方便计量的单位。

（5）工程数量的计算

工程数量主要通过工程量计算规则计算得到。工程量计算规则是指对清单项目工程量的计算规定。除另有说明外，所有清单项目的工程量应以实体工程量为准，并以完成后的净值计算；投标人投标报价时，应在单价中考虑施工中的各种损耗和需要增加的工程量。

《建设工程工程量清单计价规范》（GB 50500—2008）附录中给出了各类别工程的项目设置和工程量计算规则，包括建筑工程、装饰装修工程、安装工程、市政工程、园林绿化工程、矿山工程六个部分。

1）附录 A 为建筑工程工程量清单项目及计算规则，建筑工程的实体项目包括土（石）方工程，桩与地基基础工程，砌筑工程，混凝土及钢筋混凝土工程，厂库房大门、特种门、木结构工程，金属结构工程，屋面及防水工程，防腐、隔热、保温工程。

2）附录 B 为装饰装修工程工程量清单项目及计算规则，装饰装修工程的实体项目包括楼地面工程，墙、柱面工程，天棚工程，门窗工程，油漆、涂料、裱糊工程，其他工程。

3）附录 C 为安装工程工程量清单项目及计算规则，安装工程的实体项目包括机械设备安装工程，电气设备安装工程，热力设备安装工程，炉窑砌筑工程，静置设备与工艺金属结构制作安装工程，工业管道工程，消防工程，给排水、采暖、燃气工程，通风空调工程，自动化控制仪表安装工程，通信设备及线路工程，建筑智能化系统设备安装工程，长距离输送管道工程。

4）附录 D 为市政工程工程量清单项目及计算规则，市政工程的实体项目包括土石方工程，道路工程，桥涵护岸工程，隧道工程，市政管网工程，地铁工程，钢筋工程，拆除工程。

5）附录 E 为园林绿化工程工程量清单项目及计算规则，园林绿化工程包括绿化工程，园路、园桥、假山工程，园林景观工程。

6）附录F为矿山工程工程量清单项目及计算规则，矿山工程的实体项目包括露天工程和井巷工程。

2. 分部分项工程量清单的标准格式

分部分项工程量清单是指表示拟建工程分项实体工程项目名称和相应数量的明细清单，包括项目编码、项目名称、项目特征描述、计量单位和工程量五个部分。其格式如表4-1所示，在分部分项工程量清单的编制过程中，由招标人负责前六项内容填列，金额部分在编制招标控制价或投标报价时填列。

表4-1　分部分项工程量清单与计价表

工程名称：　　　　　　　　　　标段：　　　　　　　　　　第　页　共　页

序号	项目编码	项目名称	项目特征描述	计量单位	工程量	金额(元)		
						综合单价	合价	其中：暂估价

编制分部分项工程量清单应注意以下问题：

1）分部分项工程量清单应根据《建设工程工程量清单计价规范》(GB 50500—2008)附录规定的项目编码、项目名称、项目特征、计量单位和工程量计算规则进行编制。

2）分部分项工程量清单的项目编码，应采用十二位阿拉伯数字表示。一至九位应按《建设工程工程量清单计价规范》(GB 50500—2008)附录的规定设置，十至十二位为清单项目编码，应根据拟建工程的工程量清单项目名称设置，不得有重号。这三位清单项目编码由招标人针对招标工程项目具体编制，并应自001起顺序编制。

3）分部分项工程量清单的项目名称应按《建设工程工程量清单计价规范》(GB 50500—2008)附录的项目名称结合拟建工程的项目实际确定。分部分项工程量清单编制时，以附录中的分项工程项目名称为基础，考虑该项目的规格、型号、材质等特征要求，结合拟建工程的实际情况，使其工程量清单项目名称具体化、细化，能够反映影响工程造价的主要因素。

4）分部分项工程量清单中所列工程量应按《建设工程工程量清单计价规范》(GB 50500—2008)附录中规定的工程量计算规则计算。

5）分部分项工程量清单的计量单位的有效位数应遵守下列规定：

① 以“t”为单位，应保留三位小数，第四位小数四舍五入。

② 以“m^3”、“m^2”、“m”、“kg”为单位，应保留两位小数，第三位小数四舍五入。

③ 以“个”、“项”等为单位，应取整数。

6）分部分项工程量清单项目特征应按《建设工程工程量清单计价规范》

(GB 50500—2008)附录中规定的项目特征,结合拟建工程项目的实际予以描述,满足确定综合单价的需要。在进行项目特征描述时,可掌握以下要点:

① 必须描述的内容:

a. 涉及正确计量的内容:例如门窗洞口尺寸或框外围尺寸。

b. 涉及结构要求的内容:例如混凝土构件的混凝土的强度等级。

c. 涉及材质要求的内容:例如油漆的品种、管材的材质等。

d. 涉及安装方式的内容:例如管道工程中的钢管的连接方式。

② 可不描述的内容:

a. 对计量计价没有实质影响的内容:例如对现浇混凝土柱的高度、断面大小等特征可以不描述。

b. 应由投标人根据施工方案确定的内容:例如对石方的预裂爆破的单孔深度及装药量的特征规定。

c. 应由投标人根据当地材料和施工要求确定的内容:例如对混凝土构件中的混凝土拌和料使用的石子种类及粒径、砂的种类的特征规定。

d. 应由施工措施解决的内容:例如对现浇混凝土板、梁的标高的特征规定。

③ 可不详细描述的内容:

a. 无法准确描述的内容:例如土壤类别,可考虑将土壤类别描述为综合,注明由投标人根据地勘资料自行确定土壤类别,决定报价。

b. 施工图纸、标准图集标注明确的内容:对这些项目可描述为见××图集××页号及节点大样等。

c. 清单编制人在项目特征描述中应注明由投标人自定的内容:例如土方工程中的"取土运距"、"弃土运距"等。

7) 编制工程量清单出现附录中未包括的项目,编制人应作补充,并报省级或行业工程造价管理机构备案,省级或行业工程造价管理机构应汇总报住房和城乡建设部标准定额研究所。补充项目的编码由《建设工程工程量清单计价规范》(GB 50500—2008)附录的顺序码与B和三位阿拉伯数字组成,并应从×B001起顺序编制,不得重号。工程量清单中需附有补充项目的名称、项目特征、计量单位、工程量计算规则、工作内容。

◆措施项目清单

1. 措施项目列项

《建设工程工程量清单计价规范》(GB 50500—2008)中将实体项目划分为分部分项工程量清单,非实体项目划分为措施项目。措施项目清单指为完成工程项目施工,发生于该工程施工前和施工过程中技术、生活、文明、安全等方面的非工程实体项目清单。措施项目清单应根据拟建工程的具体情况参照表4-2列项。

表 4-2　措施项目一览表

序号	项目名称
	通用措施项目
1	安全文明施工(含环境保护、文明施工、安全施工、临时设施)
2	夜间施工
3	二次搬运
4	冬、雨期施工
5	大型机械设备进出场及安拆
6	施工排水
7	施工降水
8	地上、地下设施,建筑物的临时保护设施
9	已完工程及设备保护
	专业措施项目
	建筑工程
1.1	混凝土、钢筋混凝土模板及支架
1.2	脚手架
1.3	垂直运输机械
	装饰装修工程
2.1	脚手架
2.2	垂直运输机械
2.3	室内空气污染测试
	安装工程
3.1	组装平台
3.2	设备、管道施工安全、防冻和焊接保护措施
3.3	压力容器和高压管道的检验
3.4	焦炉施工大棚
3.5	焦炉烘炉、热态工程
3.6	管道安装后的充气保护措施
3.7	隧道内施工的通风、供水、供气、供电、照明及通信设施
3.8	现场施工围栏
3.9	长输管道临时水工保护措施
3.10	长输管道施工便道管道
3.11	长输管道跨越或穿越施工措施
3.12	长输管道地下管道穿越地上建筑物的保护措施
3.13	长输管道工程施工队伍调遣
3.14	格架式抱杆

续表

序号	项目名称
	市政工程
4.1	围堰
4.2	筑岛
4.3	便道
4.4	便桥
4.5	脚手架
4.6	洞内施工通风管路、供水、供气、供电、照明及通信设施
4.7	驳岸块石清理
4.8	地下管线交叉处理
4.9	行车、行人干扰增加
4.10	轨道交通工程路桥、市政基础设施施工监测、监控、保护
	矿山工程
6.1	特殊安全技术措施
6.2	前期上山道路
6.3	作业平台
6.4	防洪工程
6.5	凿井措施
6.6	临时支护措施

2. 措施项目清单的标准格式

(1) 措施项目清单的类别

措施项目费用的发生与使用时间、施工方法或者两个以上的工序相关，并多数与实际完成的实体工程量的大小关系不大，例如大中型机械进出场及安拆、安全文明施工和安全防护、临时设施等，但是有些非实体项目则是可以计算工程量的项目，例如，混凝土浇筑的模板工程，与完成的工程实体具有直接关系，并且是可以精确计量的项目，用分部分项工程量清单的方式采用综合单价，更有利于措施费的确定和调整。措施项目中可以计算工程量的项目清单宜采用分部分项工程量清单的方式编制，列出项目编码、项目名称、项目特征、计量单位和工程量计算规则，见附录B表-11；不能计算工程量的项目清单，以“项”为计量单位进行编制，见附录B表-10。

(2) 措施项目清单的编制

措施项目清单的编制需考虑多种因素，除工程本身的因素外，还涉及水文、气象、环境、安全等因素。措施项目清单应根据拟建工程的实际情况列项。若出现清单计价规范中未列的项目，可依据工程实际情况补充。

1) 措施项目清单的编制依据：

① 拟建工程的施工组织设计。

② 拟建工程的施工技术方案。

③ 与拟建工程相关的工程施工规范和工程验收规范。

④ 招标文件。

⑤ 设计文件。

2) 措施项目清单设置时应注意的问题：

① 参考拟建工程的施工组织设计，以确定环境保护、安全文明施工、材料的二次搬运等项目。

② 参阅施工技术方案，以确定夜间施工、人型机械设备进出场及安拆、混凝土模板与支架、脚手架、施工排水、施工降水和垂直运输机械等项目。

③ 参阅相关的施工规范与工程验收规范，以确定施工技术方案没有表述，但是为了实现施工规范与工程验收规范要求而必须采取的技术措施。

④ 确定招标文件中提出的某些必须通过一定的技术措施才能实现的要求。

⑤ 确定设计文件中一些不足以写入技术方案，但是要通过一定的技术措施才能实现的内容。

◆其他项目清单

其他项目清单是指分部分项工程量清单、措施项目清单所包含的内容以外，因招标人的特殊要求而发生的与拟建工程有关的其他费用项目和相应数量的清单。工程建设标准的高低、工程的复杂程度、工程的工期长短、工程的组成内容、发包人对工程管理要求等，都直接影响其他项目清单的具体内容，其他项目清单应按照附录B表-12的格式编制，若出现未包含在表格中内容的项目，可根据工程实际情况补充。

1. 暂列金额

暂列金额是招标人暂定并包括在合同中的一笔款项。合同的理想的标准是一份合同的价格就是其最终的竣工结算价格，或者至少两者应尽可能接近。我国规定对政府投资工程实行概算管理，经项目审批部门批复的设计概算是工程投资控制的刚性指标，即使商业性开发项目也有成本的预先控制问题，否则，无法相对准确预测投资的收益和科学合理地进行投资控制。但工程建设自身的特性决定了工程的设计需要根据工程进展不断地进行优化和调整，业主需求可能会随工程建设进展出现变化，工程建设过程还会存在一些不能预见、不能确定的因素。消化这些因素必然会影响合同价格的调整，暂列金额正是因此而设立，以便达到合理确定和有效控制工程造价的目标。

暂列金额可按照附录 B 表-12-1 的格式列示。

2. 暂估价

暂估价是指招标阶段直至签订合同协议时，招标人在招标文件中提供的用于支付必然要发生但暂时不能确定价格的材料以及专业工程的金额，包括材料暂估单价、专业工程暂估价。暂估价数量和拟用项目应当结合工程量清单中的“暂估价表”予以补充说明。为方便合同管理，需要纳入分部分项工程量清单项目综合单价中的暂估价应只是材料费，以方便投标人组价。专业工程的暂估价一般是综合暂估价，包括除规费和税金以外的管理费、利润等取费。

暂估价可按照附录 B 表-12-2、表-12-3 的格式列示。

3. 计日工

计日工是为了解决现场发生的零星工作的计价而设立的。国际上常见的标准合同条款中，大多数都设立了计日工计价机制。计日工对完成零星工作所消耗的人工工时、材料数量、施工机械台班进行计量，并按照计日工表中填报的适用项目的单价进行计价支付。零星工作一般是指合同约定之外的或者因变更而产生的、工程量清单中没有相应项目的额外工作，尤其是那些难以事先商定价格的额外工作。

计日工可按照附录 B 表-12-4 的格式列示。

4. 总承包服务费

总承包服务费是为了解决招标人在法律、法规允许的条件下进行专业工程发包以及自行供应材料、设备，并需要总承包人对发包的专业工程提供协调和配合服务，对供应的材料、设备提供收发和保管服务以及进行施工现场管理时发生并向总承包人支付的费用。招标人应预计该项费用并按投标人的投标报价向投标人支付该项费用。总承包服务费按照附录 B 表-12-5 的格式列示。

◆规费、税金项目清单

规费项目清单应按照下列内容列项：工程排污费；工程定额测定费；社会保障费，包括养老保险费、失业保险金、医疗保险费；住房公积金；危险作业意外伤害保险。出现未包含在上述规范中的项目，应依据省级政府或省级有关权力部门的规定列项。

税金项目清单应包括以下内容：营业税，城市建设维护税和教育费附加。若国家税法发生变化，税务部门依据职权增加了税种，应对税金项目清单进行补充。

规费、税金项目清单与计价表见附录 B 表-13。

相关知识

◆实行工程量清单计价的目的和意义

1）推行工程量清单计价是深化工程造价管理改革，推进建设市场化的重要途径。

2）在建设工程招标投标中实行工程量清单计价是规范建筑市场秩序的治本措施之一，适应社会主义市场经济的需要。

3）推行工程量清单计价是与国际接轨的需要。

4）实行工程量清单计价，是促进建设市场有序竞争和企业健康发展的需要。

5）实行工程量清单计价，有利于我国对工程造价进行管理的政府职能发生转变。

第二节　工程量清单计价的编制

要点

工程量清单计价是指投标人完成由招标人提供的工程量清单所需的全部费用，包括分部分项工程费、措施项目费、其他项目费、规费和税金。

工程量清单计价方法是在建设工程招标投标中，招标人或委托具有资质的中介机构编制反映工程实体消耗和措施性消耗的工程量清单，并作为招标文件的一部分提供给投标人，由投标人依据工程量清单自主报价的计价方式。在工程招标投标中采用工程量清单计价是国际上较为通行的做法。

解释

◆一般规定

1）采用工程量清单计价，建设工程造价由分部分项工程费、措施项目费、其他项目费、规费和税金组成。

2）分部分项工程量清单应采用综合单价计价。

3）招标文件中的工程量清单标明的工程量是投标人投标报价的共同基础，竣工结算的工程量按发承包双方在合同中约定应予计量且实际完成的工程量确定。

4）措施项目清单计价应根据拟建工程的施工组织设计，可以计算工程量的措施项目，应按分部分项工程量清单的方式采用综合单价计价；其余的措施项目可以“项”为单位的方式计价，应包括除规费、税金外的全部费用。

5）措施项目清单中的安全文明施工费应按照国家或省级、行业建设主管部门的规定计价，不得作为竞争性费用。

6）其他项目清单应根据工程特点和◆招标控制价中的第6)条、◆投标价中的第6)条、◆竣工结算中的第6)条的规定计价。

7）招标人在工程量清单中提供了暂估价的材料和专业工程属于依法必须招标的，由承包人和招标人共同通过招标确定材料单价与专业工程分包价。

若材料不属于依法必须招标的，经发承包双方协商确认单价后计价。

若专业工程不属于依法必须招标的，由发包人、总承包人与分包人按有关计价依据进行计价。

8）规费和税金应按国家或省级、行业建设主管部门的规定计算，不得作为竞争性费用。

9）采用工程量清单计价的工程，应在招标文件或合同中明确风险内容及其范围(幅度)，不得采用无限风险、所有风险或类似语句规定风险内容及其范围(幅度)。

◆招标控制价

1）国有资金投资的工程建设项目应实行工程量清单招标，并应编制招标控制价。招标控制价超过批准的概算时，招标人应将其报原概算审批部门审核。投标人的投标报价高于招标控制价的，其投标应予以拒绝。

2）招标控制价应由具有编制能力的招标人，或受其委托具有相应资质的工程造价咨询人编制。

3）招标控制价应根据下列依据编制：

①《建设工程工程量清单计价规范》(GB 50500—2008)；

② 国家或省级、行业建设主管部门颁发的计价定额和计价办法；

③ 建设工程设计文件及相关资料；

④ 招标文件中的工程量清单及有关要求；

⑤ 与建设项目相关的标准、规范、技术资料；

⑥ 工程造价管理机构发布的工程造价信息；工程造价信息没有发布的参照市场价；

⑦ 其他的相关资料。

4）分部分项工程费应根据招标文件中的分部分项工程量清单项目的特征描述及有关要求，按上述第3)条的规定确定综合单价计算。

综合单价中应包括招标文件中要求投标人承担的风险费用。

招标文件提供了暂估单价的材料，按暂估的单价计入综合单价。

5）措施项目费应根据招标文件中的措施项目清单按◆一般规定中的第4)、5)条和◆招标控制价中的第3)条的规定计价。

6）其他项目费应按下列规定计价：

① 暂列金额应根据工程特点，按有关计价规定估算。

② 暂估价中的材料单价应根据工程造价信息或参照市场价格估算；暂估价中的专业工程金额应分不同专业，按有关计价规定估算。

③ 计日工应根据工程特点和有关计价依据计算。

④ 总承包服务费应根据招标文件列出的内容和要求估算。

7）规费和税金应按◆一般规定中的第8)条的规定计算。

8）招标控制价应在招标时公布，不应上浮或下调，招标人应将招标控制价及有关资料报送工程所在地工程造价管理机构备查。

9）投标人经复核认为招标人公布的招标控制价未按照本规范的规定进行编制的，应在开标前5天向招投标监督机构或(和)工程造价管理机构投诉。

招投标监督机构应会同工程造价管理机构对投诉进行处理，发现确有错误的，应责成招标人修改。

◆投标价

1）除《建设工程工程量清单计价规范》(GB 50500—2008)强制性规定外，投标价由投标人自主确定，但不得低于成本。

投标价应由投标人或受其委托具有相应资质的工程造价咨询人编制。

2）投标人应按招标人提供的工程量清单填报价格。填写的项目编码、项目名称、项目特征、计量单位、工程量必须与招标人提供的一致。

3）投标报价应根据下列依据编制：

①《建设工程工程量清单计价规范》(GB 50500—2008)；

② 国家或省级、行业建设主管部门颁发的计价办法；

③ 企业定额，国家或省级、行业建设主管部门颁发的计价定额；

④ 招标文件、工程量清单及其补充通知、答疑纪要；

⑤ 建设工程设计文件及相关资料；

⑥ 施工现场情况、工程特点及拟订的投标施工组织设计或施工方案；

⑦ 与建设项目相关的标准、规范等技术资料；

⑧ 市场价格信息或工程造价管理机构发布的工程造价信息；

⑨ 其他的相关资料。

4）分部分项工程费应依据《建设工程工程量清单计价规范》(GB 50500—2008)综合单价的组成内容，按招标文件中分部分项工程量清单项目的特征描述确定综合单价计算。

综合单价中应考虑招标文件中要求投标人承担的风险费用。

招标文件中提供了暂估单价的材料，按暂估的单价计入综合单价。

5）投标人可根据工程实际情况结合施工组织设计，对招标人所列的措施项目进行增补。

措施项目费应根据招标文件中的措施项目清单及投标时拟定的施工组织设计或施工方案按◆一般规定中的第4)条的规定自主确定。其中安全文明施工费应按照◆一般规定中的第5)条的规定确定。

6) 其他项目费应按下列规定报价：

① 暂列金额应按招标人在其他项目清单中列出的金额填写。

② 材料暂估价应按招标人在其他项目清单中列出的单价计入综合单价；专业工程暂估价应按招标人在其他项目清单中列出的金额填写。

③ 计日工按招标人在其他项目清单中列出的项目和数量，自主确定综合单价并计算计日工费用。

④ 总承包服务费根据招标文件中列出的内容和提出的要求自主确定。

7) 规费和税金应按◆一般规定中的第8)条的规定确定。

8) 投标总价应当与分部分项工程费、措施项目费、其他项目费和规费、税金的合计金额一致。

◆工程合同价款的约定

1) 实行招标的工程合同价款应在中标通知书发出之日起30天内，由发、承包双方依据招标文件和中标人的投标文件在书面合同中约定。

不实行招标的工程合同价款，在发、承包双方认可的工程价款基础上，由发、承包双方在合同中约定。

2) 实行招标的工程，合同约定不得违背招、投标文件中关于工期、造价、质量等方面的实质性内容。招标文件与中标人投标文件不一致的地方，以投标文件为准。

3) 实行工程量清单计价的工程，宜采用单价合同。

4) 发、承包双方应在合同条款中对下列事项进行约定；合同中没有约定或约定不明的，由双方协商确定；协商不能达成一致的，按《建设工程工程量清单计价规范》(GB 50500—2008)执行。

① 预付工程款的数额、支付时间及抵扣方式。

② 工程计量与支付工程进度款的方式、数额及时间。

③ 工程价款的调整因素、方法、程序、支付及时间。

④ 索赔与现场签证的程序、金额确认与支付时间。

⑤ 发生工程价款争议的解决方法及时间。

⑥ 承担风险的内容、范围以及超出约定内容、范围的调整办法。

⑦ 工程竣工价款结算编制与核对、支付及时间。

⑧ 工程质量保证(保修)金的数额、预扣方式及时间。

⑨ 与履行合同、支付价款有关的其他事项等。

◆工程计量与价款支付

1）发包人应按照合同约定支付工程预付款。支付的工程预付款，按照合同约定在工程进度款中抵扣。

2）发包人支付工程进度款，应按照合同约定计量和支付，支付周期同计量周期。

3）工程计量时，若发现工程量清单中出现漏项、工程量计算偏差，以及工程变更引起工程量的增减，应按承包人在履行合同义务过程中实际完成的工程量计算。

4）承包人应按照合同约定，向发包人递交已完工程量报告。发包人应在接到报告后按合同约定进行核对。

5）承包人应在每个付款周期末，向发包人递交进度款支付申请，并附相应的证明文件。除合同另有约定外，进度款支付申请应包括下列内容：

① 本周期已完成工程的价款；

② 累计已完成的工程价款；

③ 累计已支付的工程价款；

④ 本周期已完成计日工金额；

⑤ 应增加和扣减的变更金额；

⑥ 应增加和扣减的索赔金额；

⑦ 应抵扣的工程预付款；

⑧ 应扣减的质量保证金；

⑨ 根据合同应增加和扣减的其他金额；

⑩ 本付款周期实际应支付的工程价款。

6）发包人在收到承包人递交的工程进度款支付申请及相应的证明文件后，发包人应在合同约定时间内核对和支付工程进度款。发包人应扣回的工程预付款，与工程进度款同期结算抵扣。

7）发包人未在合同约定时间内支付工程进度款，承包人应及时向发包人发出要求付款的通知，发包人收到承包人通知后仍不按要求付款，可与承包人协商签订延期付款协议，经承包人同意后延期支付。协议应明确延期支付的时间和从付款申请生效后按同期银行贷款利率计算应付款的利息。

8）发包人不按合同约定支付工程进度款，双方又未达成延期付款协议，导致施工无法进行时，承包人可停止施工，由发包人承担违约责任。

◆索赔与现场签证

1）合同一方向另一方提出索赔时，应有正当的索赔理由和有效证据，并应符合合同的相关约定。

2）若承包人认为非承包人原因发生的事件造成了承包人的经济损失，承包人应在确认该事件发生后，按合同约定向发包人发出索赔通知。

发包人在收到最终索赔报告后并在合同约定时间内，未向承包人作出答复，视为该项索赔已经认可。

3）承包人索赔按下列程序处理。

① 承包人在合同约定的时间内向发包人递交费用索赔意向通知书。

② 发包人指定专人收集与索赔有关的资料。

③ 承包人在合同约定的时间内向发包人递交费用索赔申请表。

④ 发包人指定的专人初步审查费用索赔申请表，符合上述第1)条规定的条件时予以受理。

⑤ 发包人指定的专人进行费用索赔核对，经造价工程师复核索赔金额后，与承包人协商确定并由发包人批准。

⑥ 发包人指定的专人应在合同约定的时间内签署费用索赔审批表，或发出要求承包人提交有关索赔的进一步详细资料的通知，待收到承包人提交的详细资料后，按本条第④、⑤款的程序进行。

4）若承包人的费用索赔与工程延期索赔要求相关联时，发包人在作出费用索赔的批准决定时，应结合工程延期的批准，综合作出费用索赔和工程延期的决定。

5）若发包人认为由于承包人的原因造成额外损失，发包人应在确认引起索赔的事件后，按合同约定向承包人发出索赔通知。

承包人在收到发包人索赔通知后并在合同约定时间内，未向发包人作出答复，视为该项索赔已经认可。

6）承包人应发包人要求完成合同以外的零星工作或非承包人责任事件发生时，承包人应按合同约定及时向发包人提出现场签证。

7）发、承包双方确认的索赔与现场签证费用与工程进度款同期支付。

◆工程价款调整

1）招标工程以投标截止日前28天，非招标工程以合同签订前28天为基准日，其后国家的法律、法规、规章和政策发生变化影响工程造价的，应按省级或行业建设主管部门或其授权的工程造价管理机构发布的规定调整合同价款。

2）若施工中出现施工图纸（含设计变更）与工程量清单项目特征描述不符的，发、承包双方应按新的项目特征确定相应工程量清单项目的综合单价。

3）因分部分项工程量清单漏项或非承包人原因的工程变更，造成增加新的工程量清单项目，其对应的综合单价按下列方法确定。

① 合同中已有适用的综合单价，按合同中已有的综合单价确定；

② 合同中有类似的综合单价，参照类似的综合单价确定；

③ 合同中没有适用或类似的综合单价，由承包人提出综合单价，经发包人

确认后执行。

4）因分部分项工程量清单漏项或非承包人原因的工程变更，引起措施项目发生变化，造成施工组织设计或施工方案变更，原措施费中已有的措施项目，按原措施费的组价方法调整；原措施费中没有的措施项目，由承包人根据措施项目变更情况，提出适当的措施费变更，经发包人确认后调整。

5）因非承包人原因引起的工程量增减，该项工程量变化在合同约定幅度以内的，应执行原有的综合单价；该项工程量变化在合同约定幅度以外的，其综合单价及措施项目费应予以调整。

6）若施工期内市场价格波动超出一定幅度时，应按合同约定调整工程价款；合同没有约定或约定不明确的，应按省级或行业建设主管部门或其授权的工程造价管理机构的规定调整。

7）因不可抗力事件导致的费用，发、承包双方应按以下原则分别承担并调整工程价款。

① 工程本身的损害、因工程损害导致第三方人员伤亡和财产损失以及运至施工场地用于施工的材料和待安装的设备的损害，由发包人承担。

② 发包人、承包人人员伤亡由其所在单位负责，并承担相应费用。

③ 承包人的施工机械设备损坏及停工损失，由承包人承担。

④ 停工期间，承包人应发包人要求留在施工场地的必要的管理人员及保卫人员的费用，由发包人承担。

⑤ 工程所需清理、修复费用，由发包人承担。

8）工程价款调整报告应由受益方在合同约定时间内向合同的另一方提出，经对方确认后调整合同价款。受益方未在合同约定时间内提出工程价款调整报告的，视为不涉及合同价款的调整。

收到工程价款调整报告的一方应在合同约定时间内确认或提出协商意见，否则，视为工程价款调整报告已经确认。

9）经发、承包双方确定调整的工程价款，作为追加（减）合同价款与工程进度款同期支付。

◆竣工结算

1）工程完工后发、承包双方应在合同约定时间内办理工程竣工结算。

2）工程竣工结算由承包人或受其委托具有相应资质的工程造价咨询人编制，由发包人或受其委托具有相应资质的工程造价咨询人核对。

3）工程竣工结算应依据：

①《建设工程工程量清单计价规范》(GB 50500—2008)；

② 施工合同；

③ 工程竣工图纸及资料；

④ 双方确认的工程量；

⑤ 双方确认追加(减)的工程价款；

⑥ 双方确认的索赔、现场签证事项及价款；

⑦ 投标文件；

⑧ 招标文件；

⑨ 其他依据。

4) 分部分项工程费应依据双方确认的工程量、合同约定的综合单价计算；如发生调整的，以发、承包双方确认调整的综合单价计算。

5) 措施项目费应依据合同约定的项目和金额计算；如发生调整的，以发、承包双方确认调整的金额计算，其中安全文明施工费应按◆一般规定中的第5)条的规定计算。

6) 其他项目费用应按下列规定计算。

① 计日工应按发包人实际签证确认的事项计算。

② 暂估价中的材料单价应按发、承包双方最终确认价在综合单价中调整；专业工程暂估价应按中标价或发包人、承包人与分包人最终确认价计算。

③ 总承包服务费应依据合同约定金额计算，如发生调整的，以发、承包双方确认调整的金额计算。

④ 索赔费用应依据发、承包双方确认的索赔事项和金额计算。

⑤ 现场签证费用应依据发、承包双方签证资料确认的金额计算。

⑥ 暂列金额应减去工程价款调整与索赔、现场签证金额计算，如有余额归发包人。

7) 规费和税金应按◆一般规定中的第8)条的规定计算。

8) 承包人应在合同约定时间内编制完成竣工结算书，并在提交竣工验收报告的同时递交给发包人。

承包人未在合同约定时间内递交竣工结算书，经发包人催促后仍未提供或没有明确答复的，发包人可以根据已有资料办理结算。

9) 发包人在收到承包人递交的竣工结算书后，应按合同约定时间核对。

同一工程竣工结算核对完成，发、承包双方签字确认后，禁止发包人又要求承包人与另一个或多个工程造价咨询人重复核对竣工结算。

10) 发包人或受其委托的工程造价咨询人收到承包人递交的竣工结算书后，在合同约定时间内不核对竣工结算或未提出核对意见的，视为承包人递交的竣工结算书已经认可，发包人应向承包人支付工程结算价款。

承包人在接到发包人提出的核对意见后，在合同约定时间内不确认也未提出异议的，视为发包人提出的核对意见已经认可，竣工结算办理完毕。

11）发包人应对承包人递交的竣工结算书签收，拒不签收的，承包人可以不交付竣工工程。

承包人未在合同约定时间内递交竣工结算书的，发包人要求交付竣工工程，承包人应当交付。

12）竣工结算办理完毕，发包人应将竣工结算书报送工程所在地工程造价管理机构备案。竣工结算书作为工程竣工验收备案、交付使用的必备文件。

13）竣工结算办理完毕，发包人应根据确认的竣工结算书在合同约定时间内向承包人支付工程竣工结算价款。

14）发包人未在合同约定时间内向承包人支付工程结算价款的，承包人可催告发包人支付结算价款。如达成延期支付协议的，发包人应按同期银行同类贷款利率支付拖欠工程价款的利息。如未达成延期支付协议，承包人可以与发包人协商将该工程折价，或申请人民法院将该工程依法拍卖，承包人就该工程折价或者拍卖的价款优先受偿。

◆工程计价争议处理

1）在工程计价中，对工程造价计价依据、办法以及相关政策规定发生争议事项的，由工程造价管理机构负责解释。

2）发包人以对工程质量有异议，拒绝办理工程竣工结算的，已竣工验收或已竣工未验收但实际投入使用的工程，其质量争议按该工程保修合同执行，竣工结算按合同约定办理；已竣工未验收且未实际投入使用的工程以及停工、停建工程的质量争议，双方应就有争议的部分委托有资质的检测鉴定机构进行检测，根据检测结果确定解决方案，或按工程质量监督机构的处理决定执行后办理竣工结算，无争议部分的竣工结算按合同约定办理。

3）发、承包双方发生工程造价合同纠纷时，应通过下列办法解决。

① 双方协商。

② 提请调解，工程造价管理机构负责调解工程造价问题。

③ 按合同约定向仲裁机构申请仲裁或向人民法院起诉。

4）在合同纠纷案件处理中，需作工程造价鉴定的，应委托具有相应资质的工程造价咨询人进行。

相关知识

◆工程量清单计价的影响因素

工程量清单工程成本要素的管理重点，是在既定收入的前提下，控制成本支出。

1. 对用工批量的有效管理

人工费支出约占建筑产品成本的17%,并且随市场价格波动而不断变化。对人工单价在整个施工期间作出切合实际的预测,是控制人工费用支出的前提条件。

首先根据施工进度,月初依据工序合理做出用工数量,结合市场人工单价计算出本月控制指标。其次在施工过程中,依据工程分部分项,对每天用工数量连续记录,在完成一个分项后,就同工程量清单报价中的用工数量对比,进行横评找出存在问题,办理相应手续以便对控制指标加以修正。每月完成几个工程分项后各自同工程量清单报价中的用工数量对比,考核控制指标完成情况。通过这种控制节约用工数量,就意味着降低人工费支出,即增加了效益。这种对用工数量控制的方法,最大优势在于不受任何工程结构形式的影响,分阶段加以控制,有很强的实用性。人工费用控制指标,主要是从量上加以控制。重点通过对在建工程过程控制,积累各类结构形式下实际用工数量的原始资料,以便形成企业定额体系。

2. 材料费用的管理

材料费用开支约占建筑产品成本的63%,是成本要素控制的重点。材料费用因工程量清单报价形式不同,材料供应方式不同而不同。对于业主限价的材料价格,其主要问题可从施工企业采购过程降低材料单价来把握。首先对本月施工分项所需材料用量下发采购部门,在保证材料质量前提下货比三家。采购过程以工程清单报价中材料价格为控制指标,确保采购过程产生收益。对业主供材供料,确保足斤足两,严把验收入库环节。其次在施工过程中,严格执行质量方面的程序文件,做到材料堆放合理布局,减少二次搬运。具体操作依据工程进度实行限额领料,完成一个分项后,考核控制效果。最后是杜绝没有收入的支出,把返工损失降到最低限度。月末应把控制用量和价格同实际数量横向对比,考核实际效果。

3. 机械费用的管理

机械费的开支约占建筑产品成本的7%,其控制指标,主要是根据工程量清单计算出使用的机械控制台班数。在施工过程中,每天做详细台班记录,是否存在维修、待班的台班。如存在现场停电超过合同规定时间,应在当天同业主作好待班现场签证记录,月末将实际使用台班同控制台班的绝对数进行对比,分析量差发生的原因。对机械费价格一般采取租赁协议,合同一般在结算期内不变动,所以,控制实际用量是关键。依据现场情况做到设备合理布局,充分利用,特别是要合理安排大型设备进出场时间,以降低费用。

4. 施工过程中水电费的管理

为便于施工过程支出的控制管理，应把控制用量计算到施工子项以便于水电费用控制。月末依据完成子项所需水电用量同实际用量对比，找出差距的出处，以便制定改正措施。总之施工过程中对水电用量控制不仅是一个经济效益的问题，还是一个合理利用宝贵资源的问题。

5. 对设计变更和工程签证的管理

在施工过程中，时常会遇到一些原设计未预料的实际情况或业主单位提出要求改变某些施工做法、材料代用等，引发设计变更；同样对施工图以外的内容及停水、停电，或因材料供应不及时造成停工、窝工等，都需要办理工程签证。以上两部分工作，首先应由负责现场施工的技术人员做好工程量的确认，如存在工程量清单不包括的施工内容，应及时通知技术人员，将需要办理工程签证的内容落实清楚；其次工程造价人员审核变更或签证签字内容是否清楚完整、手续是否齐全。如手续不齐全，应在当天督促施工人员补办手续，变更或签证的资料应连续编号；最后工程造价人员还应特别注意在施工方案中涉及的工程造价问题。在投标时工程量清单是依据以往的经验计价，建立在既定的施工方案基础上的。施工方案的改变便是对工程量清单造价的修正。变更或签证是工程量清单工程造价中所不包括的内容，但在施工过程中费用已经发生，工程造价人员应及时地编制变更及签证后的变动价值。加强设计变更和工程签证工作，可以防止应得效益的流失，反映工程真实造价构成。

6. 对其他成本要素的管理

成本要素除工料单价法包含的以外，还有管理费用、利润、临设费、税金、保险费等。这部分收入已分散在工程量清单的子项之中，中标后已成既定的数，因而，在施工过程中应注意以下几点：

1）节约管理费用是重点，制定切实的预算指标，对每笔开支严格依据预算执行审批手续；提高管理人员的综合素质，做到高效精干，提倡一专多能。对办公费用的管理，从节约一张纸、减少每次通话时间等方面着手，精打细算，控制费用支出。

2）利润作为工程量清单子项收入的一部分，在成本不亏损的情况下，就是企业既定利润。

3）临设费管理的重点是，依据施工的工期及现场情况合理布局临设。尽可能就地取材搭建临设，工程接近竣工时及时减少临设的占用。对购买的彩板房每次安、拆要高抬轻放，延长使用次数。日常使用及时维护易损部位，延长使用寿命。

4）对税金、保险费的管理重点是一个资金问题，依据施工进度及时拨付工程款，确保按国家规定的税金及时上缴。

以上六个方面是施工企业的成本要素，针对工程量清单形式带来的风险性，施工企业要从加强过程控制的管理入手，才能将风险降到最低点。积累各种结构形式下成本要素的资料，逐步形成科学、合理的，具有代表人力、财力、技术力量的企业定额体系。通过企业定额，使报价不再盲目，避免了一味过低或过高报价所形成的亏损、废标，以应付复杂激烈的市场竞争。

第三节　工程量清单计价中费用的确定

要点

工程量清单计价模式的费用构成包括分部分项工程费、措施项目费、其他项目费，以及规费和税金。

工程量清单计价模式下的建筑安装工程费用构成如图 4-2 所示。

解释

◆分部分项工程费

分部分项工程费的组成包括人工费、材料费、施工机械使用费、企业管理费和利润等项目。

1. 人工费的组成与计算

1）人工费的组成。人工费是从事于建筑安装工程施工的生产工人开支的各项费用。它主要包括生产工人的基本工资、工资性补贴、生产工人的辅助工资、职工福利、生产工人劳动保护费、住房公积金、劳动保险费、医疗保险费、危险作业意外伤害保险、工会费用和职工教育经费等。

2）人工费的计算。根据工程量清单提供的清单工程量，利用现行的概预算定额，计算出完成各个分部分项工程量清单的人工费，并根据本企业的实力及投标策略，对各个分部分项工程量清单的人工费进行调整，最后汇总计算出整个投标工程的人工费。其计算公式为：

$$\text{人工费}=\sum[\Delta(\text{概预算定额中人工工日消耗量}\times\text{相应等级的日工资综合单价})] \tag{4-1}$$

2. 材料费的计算

建筑安装工程直接费中的材料费是指施工过程中耗用的构成工程实体的各类原材料、零配件、成品及半成品等主要材料的费用，以及工程中耗费的虽不构成工程实体，但有利于工程实体形成的各类消耗性材料费用的总和。

- 建筑安装工程造价
  - 分部分项工程费
    - 人工费
    - 材料费
    - 施工机械使用费
    - 企业管理费
      - 管理人员工资
      - 办公费
      - 差旅交通费
      - 固定资产使用费
      - 工具用具使用费
      - 劳动保险费
      - 工会经费
      - 职工教育经费
      - 财产保险费
      - 财务费
      - 税金
      - 其他
    - 利润
  - 措施项目费
    - 安全文明施工费(含环境保护、文明施工、安全施工、临时设施)
    - 夜间施工费
    - 二次搬运费
    - 冬雨期施工
    - 大型机械设备进出场及安拆费
    - 施工排水费
    - 施工降水费
    - 地上地下设施、建筑物的临时保护设施费
    - 已完工程及设备保护费
    - 各专业工程的措施项目费
  - 其他项目费
    - 暂列金额
    - 暂估价(包括材料暂估单价、专业工程暂估价)
    - 计日工
    - 总承包服务费
    - 其他：索赔、现场签证
  - 规　　费
    - 工程排污费
    - 工程定额测定费
    - 社会保障费
      - (1) 养老保险费
      - (2) 失业保险费
      - (3) 医疗保险费
    - 住房公积金
    - 危险作业意外伤害保险
  - 税　　金
    - 营业税
    - 城市维护建设税
    - 教育费附加

图 4-2　工程量清单计价的建筑安装工程造价组成示意图

主要材料一般包括：钢材、管材、线材、阀门、管件、电缆电线、油漆、螺栓、水泥、砂石等，其费用占材料费的 85%～95%。

消耗材料一般包括：砂纸、纱布、锯条、砂轮片、氧气、乙炔气、水、电等，费用占材料费的 5%～15%。

建筑安装工程材料价格是材料运抵现场材料仓库或堆放点后的出库价格。

依据影响材料价格的因素，可以得到材料单价，材料的消耗量和材料单价确定后，便可得到材料费，计算公式如下：

材料单价＝材料原价＋包装费＋采购保管费用＋运输费用＋

材料的检验试验费用＋其他费用＋风险 (4-2)

$$材料费＝\sum(材料消耗量\times材料单价) \quad (4\text{-}3)$$

3. 施工机械使用费的计算

施工机械使用费是使用机械作业所发生的机械使用费以及机械安、拆和进出场费。它不包括为管理人员配置的小车以及用于通勤任务的车辆等不参与施工生产的机械设备的台班费。施工机械使用费的计算公式如下：

$$施工机械使用费＝\sum(工程施工中消耗的施工机械台班量\times机械台班综合单价)＋施工机械进出场费及安拆费(不包括大型机械) \quad (4\text{-}4)$$

4. 企业管理费的计算

1) 公式计算法：利用公式计算企业管理费的方法比较简单，也是投标人经常采用的方法。其计算公式为：

$$企业管理费＝计算基数\times企业管理费率(\%) \quad (4\text{-}5)$$

2) 费用分析法：是根据管理费的构成，结合具体的工程项目，确定各项费用的发生额。计算公式如下：

企业管理费＝管理人员及辅助服务人员的工资＋办公费＋差旅交通费＋
固定资产使用费＋工具用具使用费＋保险费＋税金＋
财务费用＋税金 (4-6)

5. 利润

利润是指施工企业完成所承包工程应收回的酬金。

利润的计算公式为：

$$利润＝计算基础\times利润率(\%) \quad (4\text{-}7)$$

◆措施项目费用

措施项目费用是指工程量清单中，除工程量清单项目费用以外，为保证工程顺利进行，按照国家现行有关建设工程施工验收规范、规程要求，必须配套完成的工程内容所需的费用。

措施项目费的计算方法有按费率计算、按综合单价计算和按经验计算三种。

1. 按费率计算

按费率计算的措施项目费包括：环境保护费、文明施工费、安全施工费、临时设施费、夜间施工费和二次搬运费等。

按费率计算是指按费率乘以直接费或人工费计算，其计算公式是：

$$措施项目费＝人工费\times费率 \quad (4\text{-}8)$$

或 $$措施项目费＝直接工程费\times费率 \quad (4\text{-}9)$$

(1) 措施项目费的计算基数

措施项目费的计算基数可以是人工费，也可以是直接工程费。人工费是指分部分项工程费中人工费的总和。直接工程费是指分部分项工程费中人工费、材料费、机械费的总和。措施项目费的计算基数应以当地的具体规定为准。

(2) 措施项目费的费率

措施项目费的费率有按当地行政主管部门规定计算和企业自行确定两种情况。

1) 按当地行政主管部门规定计算。为防止建筑市场的恶性竞争，确保安全生产、文明施工以及安全文明施工措施的落实到位，切实改善施工从业人员的作业条件和生产环境，防止安全事故发生，《建设工程工程量清单计价规范》(GB 50500—2008)中规定，措施项目清单中的安全文明施工费应按照国家或省级、行业建设主管部门的规定计价，不得作为竞争性费用。

环境保护费，应按照当地环境保护部门的规定计算。

2) 企业自行确定。企业根据自己的情况并结合工程实际自行确定措施费的计算费率。费用包括夜间施工费和二次搬运费。

2. 按综合单价计算

按综合单价计算的计算公式如下：

$$措施费=\sum(工程量\times综合单价) \tag{4-10}$$

其计算方法同分部分项工程费的计算方法一样。按综合单价计算的费用包括：大型机械设备进出场及安装拆除费、混凝土及钢筋混凝土模板及支架费、脚手架费、施工排水降水费和垂直运输机械费等。

混凝土及钢筋混凝土模板及支架费(简称"模板费")，各地定额的规定不同，其计算方法也不同。有的地区规定按混凝土构件的体积乘以综合单价计算，有的地区规定按混凝土模板的接触面积乘以综合单价计算。

3. 按经验计算

按经验计算措施项目费包括：混凝土及钢筋混凝土模板费、脚手架费、垂直运输费。混凝土及钢筋混凝土模板费，可根据以往经验，按建筑面积分不同的结构类型，并结合市场价格计算；垂直运输费，可根据工程的工期及垂直运输机械的租金计算；脚手架费，可根据不同的结构类型以及建筑物的高度，按每平方米面积多少价值综合计算。

◆其他项目费用

其他项目费用包括暂列金额、暂估价(包括材料暂估单价、专业工程暂估价)、计日工、总承包服务费以及其他费用(例如索赔、现场签证等)。

1) 暂列金额是招标人在工程量清单中暂定并包括在合同价款中的一笔款项。用于施工合同签订时尚未确定或者不可预见的所需材料、设备、服务的采购，施工中可能发生的工程变更、合同约定调整因素出现时的工程价款调整以及发生的索赔、现场签证确认等费用。

2）暂估价是招标人在工程量清单中提供的用于支付必然发生但暂时不能确定价格的材料的单价以及专业工程的金额。

3）计日工是在施工过程中，完成发包人提出的施工图纸以外的零星项目或工作，按合同中约定的综合单价计价。

4）总承包服务费是总承包人为配合协调发包人进行的工程分包自行采购的设备、材料等进行管理、服务以及施工现场管理、竣工资料汇总整理等服务所需的费用。

5）索赔是在合同履行过程中，对于非己方的过错而应由对方承担责任的情况造成的损失，向对方提出补偿的要求。

6）现场签证是发包人现场代表与承包人现场代表就施工过程中涉及的责任事件所作的签认证明。

其他项目费用应按下列规定计算：

① 计日工应按发包人实际签证确认的事项计算；

② 暂估价中的材料单价应按发、承包双方最终确认价在综合单价中调整；专业工程暂估价应按中标价或发包人、承包人与分包人最终确认价计算；

③ 总承包服务费应依据合同约定金额计算，如发生调整的，以发、承包双方确认调整的金额计算；

④ 索赔费用应依据发、承包双方确认的索赔事项和金额计算；

⑤ 现场签证费用应依据发、承包双方签证资料确认的金额计算；

⑥ 暂列金额应减去工程价款调整与索赔、现场签证金额计算，如有余额归发包人。

◆规费

规费是指政府和有关部门规定必须缴纳的费用。

投标人在投标报价时，规费的计算，一般按国家及有关部门规定的计算公式及费率标准计算。

◆税金

税金是指国家税法规定的应计入建筑安装工程造价内的营业税、城市维护建设税及教育费附加。具体可参见本书第一章第二节◆建筑安装工程费中税金的相关内容。

相关知识

◆工程量清单计价与定额计价的差别

1. 编制工程量的单位不同

传统定额预算计价办法是：建设工程的工程量分别由招标单位和投标单位分别按图计算。工程量清单计价是：工程量由招标单位统一计算或委托有工程造价咨询资质单位统一计算，工程量清单是招标文件的重要组成部分，各投标单位根据招标人提供的工程量清单，根据自身的技术装备、施工经验、企业成本、企业定额、管理水平自主填写报单价。

2. 编制工程量清单时间不同

传统的定额预算计价法是在发出招标文件后编制（招标与投标人同时编制，或投标人编制在前、招标人编制在后）。工程量清单报价法必须在发出招标文件前编制。

3. 表现形式不同

采用传统的定额预算计价法通常是总价形式。工程量清单报价法采用综合单价形式，综合单价包括人工费、材料费、机械使用费、管理费、利润，并考虑风险因素。工程量清单报价具有直观、单价相对固定的特点，工程量发生变化时，单价一般不作调整。

4. 编制依据不同

传统的定额预算计价法依据图纸；人工、材料、机械台班消耗量依据建设行政主管部门颁发的预算定额；人工、材料、机械台班单价依据工程造价管理部门发布的价格信息进行计算。工程量清单报价法，根据建设部第107号令规定，标底的编制依据招标文件中的工程量清单和有关要求、施工现场情况、合理的施工方法以及按建设行政主管部门制定的有关工程造价计价办法编制。企业的投标报价则根据企业定额和市场价格信息，或参照建设行政主管部门发布的社会平均消耗量定额编制。

5. 费用组成不同

传统预算定额计价法的工程造价由直接工程费、措施费、间接费、利润、税金组成。工程量清单计价法工程造价包括分部分项工程费、措施项目费、其他项目费、规费和税金；包括完成每项工程包含的全部工程内容的费用；包括完成每项工程内容所需的费用（规费、税金除外）；包括工程量清单中没有体现的，施工中又必须发生的工程内容所需费用；包括风险因素而增加的费用。

6. 评标所用的方法不同

传统预算定额计价投标通常采用百分制评分法。采用工程量清单计价法投标，一般采用合理低报价中标法，既要对总价进行评分，还要对综合单价进行分析评分。

7. 项目编码不同

采用传统的预算定额项目编码，全国各省市采用不同的定额子目，采用工程量清单计价全国实行统一编码，项目编码采用十二位阿拉伯数字表示。第一到九位为统一编码，其中，第一、二位为附录顺序码，第三、四位为专业工程顺序码，第五、六位为分部工程顺序码。第七、八、九位为分项工程项目名称顺序码，第十到十二位为清单项目名称顺序码。前九位码不能变动,后三位码由清单编制人根据项目设置的清单项目编制。

8. 合同价调整方式不同

传统的定额预算计价合同价调整方式有:变更签证、定额解释、政策性调整。工程量清单计价法合同价调整方式主要是索赔。工程量清单的综合单价一般通过招标中报价的形式体现,一旦中标,报价作为签订施工合同的依据相对固定下来,工程结算按承包商实际完成工程量乘以清单中相应的单价计算。减少了调整活口。采用传统的预算定额经常有定额解释及定额规定,结算中又有政策性文件调整。工程量清单计价单价不能随意调整。

9. 工程量计算时间前置

工程量清单,在招标前由招标人编制。也可能业主为了缩短建设周期,通常在初步设计完成后就开始施工招标,在不影响施工进度的前提下陆续发放施工图纸,因此承包商据以报价的工程量清单中各项工作内容下的工程量一般为概算工程量。

10. 投标计算口径达到了统一

因为各投标单位都根据统一的工程量清单报价,达到了投标计算口径统一。不再是传统预算定额招标,各投标单位各自计算工程量,各投标单位计算的工程量均不一致。

11. 索赔事件增加

因承包商对工程量清单单价包含的工作内容一目了然,故凡建设方不按清单内容施工的,任意要求修改清单的,都会增加施工索赔。

第五章　电气工程工程量计算

第一节　变压器安装

要点

变压器是变电所的主要设备，起变换电压的作用。

在电力系统中，为减小线路上的功率损耗，实现远距离输电，用变压器将发电机发出的电能电压升高后再送入输电电网。在配电地点，为了用户安全和降低用电设备的制造成本，先用变压器将电压降低，再分配给用户。

变压器的种类很多，电力系统中一般用三相电力变压器，分为油浸式和干式。干式变压器的铁芯和绕组都不浸在任何绝缘液体中，它一般用于安全防火要求较高的场合。油浸式变压器外壳是一个油箱，内部装满变压器油，套装在铁芯上的原、副绕组都要浸没在变压器油中。图 5-1 为三相油浸式电力变压器。

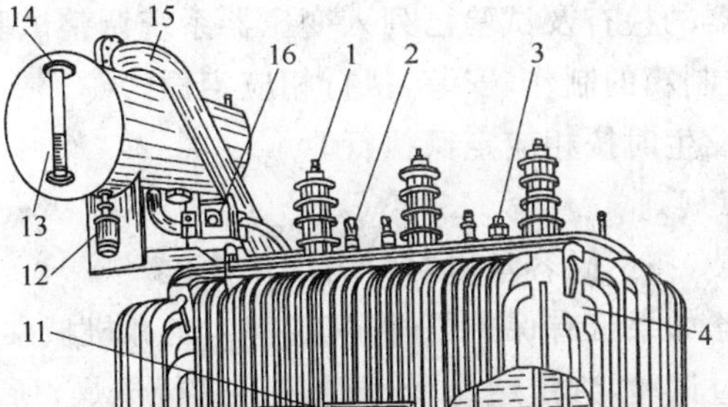

图 5-1　三相油浸式电力变压器

1—高压套管；2—低压套管；3—分接开关；4—油箱；5—铁芯；6—绕组及绝缘层；7—放油阀门；8—小车；9—接地螺栓；10—信号式温度计；11—铭牌；12—吸湿器；13—储油柜(油枕)；14—油位计；15—安全气道；16—气体继电器

解释

◆定额说明

1）油浸式电力变压器安装定额同样适用于自耦式变压器、带负荷调压变压器及并联电抗器的安装。电炉变压器按同容量电力变压器定额乘以系数2.0，整流变压器执行同容量电力变压器定额乘以系数1.60。

2）变压器的器身检查：1000kV·A以下是按吊芯检查考虑，4000kV·A以上是按吊钟罩考虑；如果4000kV·A以上的变压器需吊芯检查时，定额机械乘以系数2.0。

3）干式变压器如果带有保护外罩时，人工和机械乘以系数1.2。

4）整流变压器、消弧线圈、并联电抗器的干燥，执行同容量变压器干燥定额。电炉变压器执行同容量变压器干燥定额乘以系数2.0。

5）变压器油是按设备带来考虑的，但施工中变压器油的过滤损耗及操作损耗已包括在有关定额中。

6）变压器安装过程中放注油、油过滤所使用的油罐，已摊入油过滤定额中。

7）本定额不包括的工作内容：

① 变压器干燥棚的搭拆工作，若发生时可按实计算；

② 变压器铁梯及母线铁构件的制作、安装，另执行铁构件制作、安装定额；

③ 瓦斯继电器的检查及试验已列入变压器系统调整试验定额内；

④ 端子箱、控制箱的制作、安装，执行相应定额；

⑤ 二次喷漆发生时按相应定额执行。

◆定额工程量计算规则

1）变压器安装，按不同容量以“台”为计量单位。

2）干式变压器如果带有保护罩时，其定额人工和机械乘以系数2.0。

3）变压器通过试验，判定绝缘受潮时才需进行干燥，所以只有需要干燥的变压器才能计取此项费用（编制施工图预算时可列此项，工程结算时根据实际情况再作处理），以“台”为计量单位。

4）消弧线圈的干燥按同容量电力变压器干燥定额执行，以“台”为计量单位。

5）变压器油过滤不论过滤多少次，直到过滤合格为止，以“t”为计量单位，其具体计算方法如下：

① 变压器安装定额未包括绝缘油的过滤，需要过滤时，可按制造厂提供的油量计算。

② 油断路器及其他充油设备的绝缘油过滤，可按制造厂规定的充油量计算。

◆清单工程量计算规则

工程量清单项目设置及工程量计算规则，应按表 5-1 的规定执行。

表 5-1　变压器安装(编码:030201)

<table>
<tr><th>项目编码</th><th>项目名称</th><th>项目特征</th><th>计量单位</th><th>工程量计算规则</th><th>工程内容</th></tr>
<tr><td>030201001</td><td>油浸电力变压器</td><td rowspan="2">1. 名称
2. 型号
3. 容量(kV·A)</td><td rowspan="7">台</td><td rowspan="7">按设计图示数量计算</td><td>1. 基础型钢制作、安装
2. 本体安装
3. 油过滤
4. 干燥
5. 网门及铁构件制作、安装
6. 刷(喷)油漆</td></tr>
<tr><td>030201002</td><td>干式变压器</td><td>1. 基础型钢制作、安装
2. 本体安装
3. 干燥
4. 端子箱(汇控箱)安装
5. 刷(喷)油漆</td></tr>
<tr><td>030201003</td><td>整流变压器</td><td rowspan="3">1. 名称
2. 型号
3. 规格
4. 容量(kV·A)</td><td rowspan="3">1. 基础型钢制作、安装
2. 本体安装
3. 油过滤
4. 干燥
5. 网门及铁构件制作、安装
6. 刷(喷)油漆</td></tr>
<tr><td>030201004</td><td>自耦式变压器</td></tr>
<tr><td>030201005</td><td>带负荷调压变压器</td></tr>
<tr><td>030201006</td><td>电炉变压器</td><td rowspan="2">1. 名称
2. 型号
3. 容量(kV·A)</td><td>1. 基础型钢制作、安装
2. 本体安装
3. 刷油漆</td></tr>
<tr><td>030201007</td><td>消弧线圈</td><td>1. 基础型钢制作、安装
2. 本体安装
3. 油过滤
4. 干燥
5. 刷油漆</td></tr>
</table>

相关知识

◆变压器的选择与分类

1. 变压器台数与容量的选择

变压器台数的选择见表 5-2。

通常，单台变压器容量不宜超过表 5-3 的要求，若用电设备容量较大、负荷集中且运行合理，可选用较大容量的变压器。

在选择变压器容量时，还可以根据其负载运行特点，在满足绝缘散热、发热时间常数的情况下适当利用其过载能力，以减小变压器的安装容量。

表 5-2　变压器台数选择表

电荷等级	选用原则
带有一、二级负荷的变电所	1)一、二级负荷较多时,应设两台或两台以上变压器 2)只有少量一、二级负荷,并能从邻近变电所取得低压备用电源时,可采用一台变压器
带有三级负荷的变电所	1)负荷较小时采用一台变压器 2)负荷较大,一台变压器不能满足要求时,采用两台及以上变压器 3)昼夜负荷或季节性负荷变化大,选用一台变压器在技术经济上不合理时,宜选用两台变压器

表 5-3　单台变压器容量选择一般要求

城市公用网	住宅小区变电所	预装式变电所	其他变电所
≤31500kV·A	≤1250kV·A	≤800kV·A	≤2500kV·A

变压器允许事故过负荷的数值和时间,应按制造厂的规定执行,若制造厂无规定,参见表 5-4 和表 5-5。

表 5-4　油浸式变压器允许事故过负荷的倍数和时间表

过负荷倍数	1.03	1.45	1.60	1.75	2.00
允许持续时间(min)	120	80	45	20	10

表 5-5　干式变压器允许过负荷倍数和时间表

过负荷倍数	1.20	1.30	1.40	1.50	1.60
允许持续时间(min)	60	45	32	18	5

2. 变压器形式和联结组别的选择

变电所主变压器形式的选择见表 5-6,主变压器联结组别的选择见表 5-7。

表 5-6　主变压器形式的选择

变压器形式	适应场所	型号选择
油浸式	一般正常环境的场所	应优先选用 S9 系列低损耗变压器
干式	高层或高层主体建筑内变电所、地下工程、城市地铁等需要使用防灾型设备场所	应优先选用 SCB9 系列低损耗变压器
密闭式	用于具有化学腐蚀性气体、水蒸气或具有导电、可燃粉尘、纤维会严重影响变压器安全运行的场所	BS7、BS9 等系列全密封式变压器,具有防振、防尘、防腐蚀性能,并可与爆炸性气体隔离
防雷式	用于多雷区及土壤电阻率较高的山区	SZ 系列防雷变压器,具有良好的防雷性能
有载调压式	用于电力系统供电电压偏低或电压波动严重而用电设备对电压质量又要求较高的场所	SZ9 等系列有载调压变压器,属低损耗变压器

表 5-7　主变压器联结组别的选择

联结组别	使 用 范 围	备　注
D,yn11	1)三相不平衡负荷超过变压器每相额定功率 15％以上者 2)需要提高单相短路电流值,确保低压单相接地保护装置动作灵敏度者 3)需要阻止三次谐波含量者	当配电系统有左述三种情况之一时,即应选用 D,yn11 联结组别
Y,yn0	1)三相负荷基本平衡,且不平衡负荷不超过变压器每相额定功率 15％ 2)供电系统中谐波干扰不严重	—

3. 变压器的分类与表示型号

变压器的分类与表示型号见表 5-8。

表 5-8　电力变压器的分类和表示符号

序号	分　类	类　别	代表符号	
			新型号	旧型号
1	相　数	单　相 三　相	D S	D S
2	绕组外绝缘介质	变压器油 空　气 成型固体	不表示 G C	不表示 K C
3	冷却方式	油浸自冷式 空气自冷式 风冷式 水冷式	不表示 不表示 F W	J 不表示 F S
4	油循环方式	自然循环式 强迫油导向循环 强迫油循环	不表示 D P	不表示 不表示 P
5	绕组数	双绕组 三绕组	不表示 S	不表示 S
6	调压方式	无励磁调压 有载调压	不表示 Z	不表示 Z
7	绕组导线材料	铜 铝	不表示 不表示	不表示 L
8	绕组耦合方式	自耦 分裂	O 不表示	O 不表示

注:1. 型号后还可加注防护类型代号,例如:湿热带 TH、干热带 TA 等。
2. 自耦变压器,升压时“O”型号之后;降压时“O”型号之前。

例题分析

◆例 5-1

安装干式电力变压器,型号为 SG－100kV · A/10－0.4,四台,铁构件制作、安装。试计算定额工程量。

解：

1）干式电力变压器安装，4 台，型号为 SG—100kV·A/10—0.4。

套用《全国统一安装工程预算定额（第二册）》（GYD—202—2000）2—8

① 人工费：174.61×4＝698.44（元）

② 材料费：111.75×4＝447（元）

③ 机械费：62.18×4＝248.72（元）

2）铁构件制作、安装，3.2kg。

套用《全国统一安装工程预算定额（第二册）》（GYD—202—2000）2—358、2—359

① 人工费：（2.51＋1.63）×3.2＝13.25（元）

② 材料费：（1.32＋0.24）×3.2＝4.99（元）

③ 机械费：（0.41＋0.25）×3.2＝2.11（元）

◆例 5-2

安装油浸式电力变压器，型号 SL_1－500kV·A/10kV，两台，基础型钢制作安装。试计算清单工程量。

解：

1）油浸式电力变压器安装，SL_1－500kV·A/10kV。

套用《全国统一安装工程预算定额（第二册）》（GYD－202－2000）2－2

① 人工费：274.92×2＝549.84（元）

② 材料费：188.65×2＝377.3（元）

③ 机械费：273.16×2＝546.32（元）

2）铁梯、扶手等构件制作、安装，2.2kg。

套用《全国统一安装工程预算定额（第二册）》（GYD－202－2000）2－358、2—359

① 人工费：（2.51＋1.63）×2.2＝9.11（元）

② 材料费：（1.32＋0.24）×2.2＝3.43（元）

③ 机械费：（0.41＋0.25）×2.2＝1.45（元）

3）综合：

① 直接费合计：1487.45（元）

② 管理费：1487.45×34％＝505.73（元）

③ 利润：1487.45×8％＝119.00（元）

④ 总计：1487.45＋505.73＋119.00＝2112.18（元）

⑤ 综合单价：2112.18÷2＝1056.09（元）

结果见表 5-9、表 5-10。

表 5-9 分部分项工程量清单计价表

序号	项目编号	项目名称	项目特征描述	计量单位	工程数量	金额(元)		
						综合单价	合价	其中:直接费
1	030201001002	油浸式电力变压器安装	SL_1－500kV·A/10kV,基础型钢制作安装	台	2	1056.09	2112.18	1487.45

表 5-10 分部分项工程量清单综合单价计算表

项目编号		030213004001	项目名称		油浸式电力变压器安装			计量单位		台
清单综合单价组成明细										
定额编号	定额内容	定额单位	数量	单价(元)			合价(元)			
				人工费	材料费	机械费	人工费	材料费	机械费	管理费和利润
2－2	油浸式电力变压器安装 SL_1－500	台	2	274.92	188.65	273.16	549.84	377.3	546.32	618.85
2－358 2－359	铁梯、扶手等构件制作、安装	kg	2.2	4.14	1.56	0.66	9.11	3.43	1.45	5.88
人工单价		小 计					558.95	380.73	547.77	624.73
23 元/工日		未计价材料费					—			
清单项目综合单价(元)							1056.09			

第二节 配电装置安装

要点

配电装置可分为高压配电装置和低压配电装置两大类。

高压配电装置由开关设备、测量设备、连接母线、保护设备以及控制设备、端子箱等组成;低压配电装置由线路控制设备、测量仪器仪表、母线及二次线、保护设备以及配电箱(盘)等组成。

解释

◆定额说明

1) 设备本体所需的绝缘油、六氟化硫气体、液压油等均按设备带有考虑。

2) 本设备安装定额不包括下列工作内容,另执行下列相应定额:

① 端子箱安装;

② 设备支架制作及安装；

③ 绝缘油过滤；

④ 基础槽(角)钢安装。

3) 设备安装所需的地脚螺栓按土建预埋考虑,不包括二次灌浆。

4) 互感器安装定额系按单相考虑,不包括抽芯及绝缘油过滤。特殊情况另作处理。

5) 电抗器安装定额系按三相叠放、三相平放和二叠一平的安装方式综合考虑,不论何种安装方式,均不做换算,一律执行本定额。干式电抗器安装定额适用于混凝土电抗器、铁芯干式电抗器和空心电抗器等干式电抗器的安装。

6) 高压成套配电柜安装定额系综合考虑的,不分容量大小,也不包括母线配制及设备干燥。

7) 低压无功补偿电容器屏(柜)安装列入本定额的控制设备及低压电器中。

8) 组合型成套箱式变电站主要是指 10kV 以下的箱式变电站,一般布置形式为变压器在箱的中间,箱的一端为高压开关位置,另一端为低压开关位置。组合型低压成套配电装置,外形像一个大型集装箱,内装 6～24 台低压配电箱(屏),箱的两端开门,中间为通道,称为集装箱式低压配电室。该内容列入本定额的控制设备及低压电器中。

◆定额工程量计算规则

1) 断路器、电流互感器、电压互感器、油浸电抗器、电力电容器及电容器柜的安装,以"台(个)"为计量单位。

2) 隔离开关、负荷开关、熔断器、避雷器、干式电抗器的安装,以"组"为计量单位,每组按三相计算。

3) 交流滤波装置的安装以"台"为计量单位。每套滤波装置包括三台组架安装,不包括设备本身及铜母线的安装,其工程量应按相应定额另行计算。

4) 高压设备安装定额内均不包括绝缘台的安装,其工程量应按施工图设计执行相应定额。

5) 高压成套配电柜和箱式变电站的安装以"台"为计量单位,均未包括基础槽钢、母线及引下线的配置安装。

6) 配电设备安装的支架、抱箍及延长轴、轴套、间隔板等,按施工图设计的需要量计算,执行《全国统一安装工程预算工程量计算规则》(GYDGZ—201—2000)第四章"铁构件制作安装定额或成品价"。

7) 绝缘油、六氟化硫气体、液压油等均按设备带有考虑。电气设备以外的加压设备和附属管道的安装应按相应定额另行计算。

8) 配电设备的端子板外部接线,应按相应定额另行计算。

9) 设备安装用的地脚螺栓按土建预埋考虑,不包括二次灌浆。

◆清单工程量计算规则

工程量清单项目设置及工程量计算规则，应按表 5-11 的规定执行。

表 5-11　配电装置安装(编码:030202)

项目编码	项目名称	项目特征	计量单位	工程量计算规则	工程内容
030202001	油断路器	1. 名称 2. 型号 3. 容量(A)	台	按设计图示数量计算	1. 本体安装 2. 油过滤 3. 支架制作、安装或基础槽钢安装 4. 刷油漆
030202002	真空断路器				1. 本体安装 2. 支架制作、安装或基础槽钢安装 3. 刷油漆
030202003	SF_6 断路器				
030202004	空气断路器				
030202005	真空接触器				1. 支架制作、安装 2. 本体安装 3. 刷油漆
030202006	隔离开关	1. 名称、型号 2. 容量(A)	组		
030202007	负荷开关				
030202008	互感器	1. 名称、型号 2. 规格 3. 类型	台		1. 安装 2. 干燥
030202009	高压熔断器	1. 名称、型号 2. 规格	组	按设计图示数量计算	安装
030202010	避雷器	1. 名称、型号 2. 规格 3. 电压等级			
030202011	干式电抗器	1. 名称、型号 2. 规格 3. 质量			1. 本体安装 2. 干燥
030202012	油浸式电抗器	1. 名称、型号 2. 容量(kV·A)	台	按设计图示数量计算	1. 本体安装 2. 油过滤 3. 干燥
030202013	移相及串联电容器	1. 名称、型号 2. 规格 3. 质量	个		安装
030202014	集合式并联电容器				
030202015	并联补偿电容器组架	1. 名称、型号 2. 规格 3. 结构	台		
030202016	交流滤波装置组架	1. 名称、型号 2. 规格 3. 回路			

续表

项目编码	项目名称	项目特征	计量单位	工程量计算规则	工程内容
030202017	高压成套配电柜	1. 名称、型号 2. 规格 3. 母线设置方式 4. 回路	台	按设计图示数量计算	1. 基础槽钢制作、安装 2. 柜体安装 3. 支持绝缘子、穿墙套管耐压试验及安装 4. 穿通板制作、安装 5. 母线桥安装 6. 刷油漆
030202018	组合型成套箱式变电站	1. 名称、型号 2. 容量(kV·A)	台	按设计图示数量计算	1. 基础浇筑 2. 箱体安装 3. 进箱母线安装 4. 刷油漆
030202019	环网柜	1. 名称、型号 2. 容量(kV·A)	台	按设计图示数量计算	1. 基础浇筑 2. 箱体安装 3. 进箱母线安装 4. 刷油漆

相关知识

◆配电箱盘、盒安装简介

1. 配电箱盘安装施工前的准备工作

1）施工员负责核对配电系统图与平面图上的配电箱盘，并统计出明箱盘和暗箱盘的数量，列表分单元、分层、核实数量。

2）依据配电箱盘内的电气系统图，在建设单位、设计者、施工单位与配电箱盘生产厂家的配合下，共同将建筑物内各个楼层的箱盘的外形尺寸列表确定。

3）对配电箱盘外形尺寸要求，必须满足砌体或装修墙体厚度的要求，不得出现箱盘体出墙的情况，同时还需要考虑箱体内的二层板配线和施工接线的问题。

4）全部考虑周全，下配电箱盘生产加工料单，通知生产厂家按规定加工周期交货。

5）配电箱盘加工完成考虑运输周期，运抵施工现场日程。

6）交付施工单位验收，经验收后入库保存。

2. 配电箱盘施工前技术准备

1）由施工员负责进行配电箱盘施工安装的技术交底，交待各部位的施工要求。

2）特别是重点部位需要特殊提出要求，例如墙体厚度与暗装配电箱体厚度相差不多时，是否需要土建配合，加固（加钢丝网抹灰）或加厚配电箱底的墙体厚度。

3）预先考虑明装配电箱与明配线槽之间的接口问题。

3. 配电箱盘质量要求

1）箱(盘)内配线整齐,无绞接现象。导线连接紧密,不伤芯线,不断股。垫圈下螺丝两侧压的导线截面积相同,同一端子上导线连接不多于 2 根,防松垫圈等零件齐全。

2）箱(盘)内开关动作灵活可靠,带有漏电保护的回路,漏电保护装置动作电流不大于 30mA,动作时间不大于 0.1s。

3）箱(盘)内。分别设置中性(零)线(N)和保护地线(PE 线)汇流排,零线和保护地线经汇流排配出。

例题分析

◆例 5-3

图 5-2 为某住宅建筑防雷平面图和立面图,图 5-3 为该住宅的接地平面图,图纸附施工说明。试计算定额工程量及清单工程量。

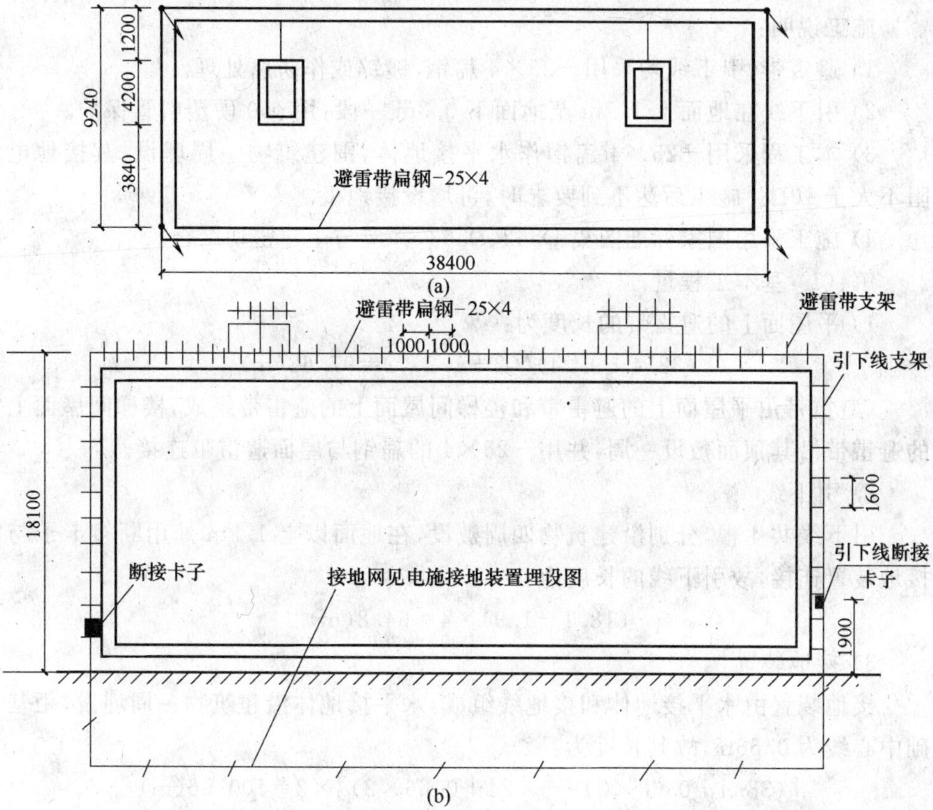

图 5-2　某住宅建筑防雷平面图、立面图
(a)平面图;(b)立面图

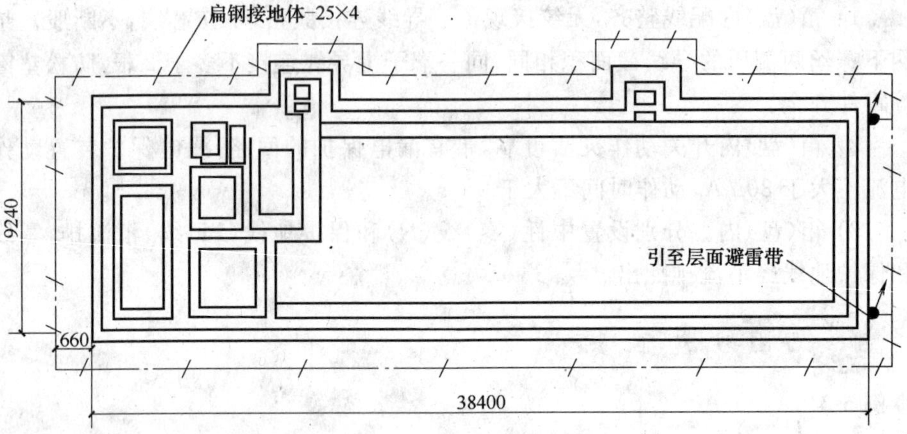

图 5-3 某住宅建筑接地平面图

施工说明：

1）避雷带、引下线均采用－25×4 扁钢，镀锌或作防腐处理。

2）引下线在地面上 1.7m 至地面下 0.3m 一段，用 ϕ50 硬塑料管保护。

3）本工程采用－25×4 扁钢作水平接地体、围建筑物一周埋设，其接地电阻不大于 10Ω。施工后达不到要求时，可增设接地极。

4）施工采用国家标准图集 D562、D563，并应与土建密切结合。

解：(1) 基本工程量

1）平屋面上的避雷带的长度为：

$$(38.4+9.24)\times 2+1.2\times 2=97.68(\text{m})$$

（避雷带由平屋面上的避雷带和楼梯间屋面上的避雷带组成，楼梯间屋面上的避雷带沿其顶面敷设一周，并用－25×4 的扁钢与屋面避雷带连接。）

2）引下线

引下线共 4 根，分别沿建筑物四周敷设，在地面以上 1.9m 处用断接卡子与接地装置连接，故引下线的长度为：

$$(18.1-1.9)\times 4=64.8(\text{m})$$

3）接地装置

接地装置由水平接地体和接地线组成，水平接地体沿建筑物一周埋设，距基础中心线为 0.66m，故其长度为：

$$[(38.4+0.66\times 2)+(9.24+0.66\times 2)]\times 2=100.56(\text{m})$$

4）引下线的保护管

引下线的保护管采用硬塑料管制成，其长度为：

(1.7＋0.3)×4＝8(m)

5）避雷带和引下线的支架

安装避雷带用支架的数量可根据避雷带的长度和支架间距按实际算出。

从建筑平面图上可以看出每隔 1m 安装一个支架，由于避雷带总长度为 95.48m，所以支架个数为：

97.68÷1＝97.68≈98 (个)

引下线支架的数量计算也依同样方法计算：

64.8÷1.6＝40.5≈41 (个)

(2) 定额工程量

1）避雷带 9.77(单位：10m)

套用《全国统一安装工程预算定额(第二册)》(GYD－202－2000)2－748

① 人工费：21.36×9.77＝208.69(元)

② 材料费：11.41×9.77＝111.48(元)

③ 机械费：4.64×9.77＝45.33(元)

2）引下线：6.48(单位：10m)

套用《全国统一安装工程预算定额(第二册)》(GYD－202－2000)2－745

① 人工费：26.24×6.48＝170.04(元)

② 材料费：14.40×6.48＝93.31(元)

③ 机械费：8.92×6.48＝57.80(元)

3）接地装置：10.06(单位：10m)

套用《全国统一安装工程预算定额(第二册)》(GYD－202－2000)2－697

① 人工费：70.82×10.06＝712.45(元)

② 材料费：1.77×10.06＝17.81(元)

③ 机械费：1.43×10.06＝14.39(元)

4）引下线保护管：0.08(单位：100m)

套用《全国统一安装工程预算定额(第二册)》(GYD－202－2000)2－1088

① 人工费：192.03×0.08＝15.36(元)

② 材料费：75.45×0.08＝6.04(元)

③ 机械费：29.43×0.08＝2.35(元)

5）避雷带支架：98 个

套用《全国统一安装工程预算定额(第二册)》(GYD－202－2000)2－359

① 人工费：163.00 元/100kg

② 材料费：24.39 元/100kg

③ 机械费：25.44 元/100kg

6）引下线支架：41 个

套用《全国统一安装工程预算定额(第二册)》(GYD－202－2000)2－359

① 人工费:163.00 元/100kg

② 材料费:24.39 元/100kg

③ 机械费:25.44 元/100kg

(3) 清单工程量

清单工程量计算见表 5-12。

表 5-12 清单工程量计算表

项目编码	项目名称	项目特征描述	计量单位	工程量
030209001001	接地装置	由水平接地体和接地线组成	项	1
030209002001	避雷装置	避雷带、引下线均采用－25×4 扁钢	项	1

◆**例 5-4**

某工程的工程内容包括动力配电箱两台,其中,一台挂墙安装、型号为 XLX(箱高 0.5m、宽 0.4m、深 0.2m),电源进线为 VV22-1KV4×25(G50),出线为 BV-5×10(G32),共三个回路;另一台落地安装,型号为 XL(F)-15(箱高 1.7m、宽 0.8m、深 0.6m),电源进线为 VV22-1KV4×95(G80),出线为 BV-5×16(G32),共四个回路。配电箱基础采用 10 号槽钢制作。试计算定额工程量。

解:

(1) 基本工程量

1) 基础槽钢制作、安装(10 号):

$$(0.8+0.6)\times 2=2.8(\text{m})$$

2) 压铜接线端子(10mm^2):

$$5\times 3=15(\text{个})$$

3) 压铜接线端子(16mm^2):

$$5\times 4=20(\text{个})$$

(2) 定额工程量

1) 基础槽钢制作安装:0.28(10m)

套用《全国统一安装工程预算定额(第二册)》(GYD－202－2000)2－356

① 人工费:48.07×0.28＝13.46(元)

② 材料费:33.52×0.28＝9.39(元)

③ 机械费:9.27×0.28＝2.60(元)

2) 压铜接线端子(10mm^2):1.5(10 个)

套用《全国统一安装工程预算定额(第二册)》(GYD－202－2000)2－337

① 人工费:10.22×1.5＝15.33(元)

② 材料费:66.43×1.5＝99.65(元)

③ 机械费：无

3）压铜接线端子（$16mm^2$）：2.0（10 个）

套用《全国统一安装工程预算定额（第二册）》（GYD－202－2000）2－337

① 人工费：10.22×2.0＝20.44（元）

② 材料费：66.43×2.0＝132.86（元）

③ 机械费：无

4）配线箱安装（XLX）：1 台

套用《全国统一安装工程预算定额（第二册）》（GYD－202－2000）2－265

① 人工费：53.41 元

② 材料费：36.84 元

③ 机械费：无

5）配电箱安装[XL(F)－15]：1 台

套用《全国统一安装工程预算定额（第二册）》（GYD－202－2000）2－262

① 人工费：84.29 元

② 材料费：30.95 元

③ 机械费：46.25 元

第三节　母线安装

要点

母线可以分为硬母线和软母线，硬母线又称之为汇流排，一般用于电流大的低压侧，软母线用于高压侧（在 10kV 及以下变配电工程中也常采用硬母线）。按材质划分有铜母线（TMY）、铝母线（LMY）和钢母线（GMY）三种，按形状分有带形母线、槽形母线、共箱母线、组合软母线、低压封闭式插接母线槽和重型母线六种。带形母线有每相 1 片、2 片、3 片、4 片，组合母线则有 2 根、3 根、10 根、14 根、18 根、26 根六种，增加片数及增加根数都是为了增加母线的横截面积。

解释

◆定额说明

1）定额不包括支架、铁构件的制作、安装，发生时执行相应定额。

2）软母线、带形母线、槽型母线的安装定额内不包括母线、金具、绝缘子等主材，具体可按设计数量加损耗计算。

3）组合软导线安装定额不包括两端铁构件制作、安装和支持瓷瓶、带形母线的安装，发生时应执行相应定额。其跨距是按标准跨距综合考虑的，如实际跨距与定额不符时不进行换算。

4）软母线安装定额是按单串绝缘子考虑的，如设计为双串绝缘子，其定额人工乘以系数 1.08。

5）软母线的引下线、跳线、设备连线均按导线截面分别执行定额。不区分引下线、跳线和设备连线。

6）带形钢母线安装执行铜母线安装定额。

7）带形母线伸缩节头和铜过渡板均按成品考虑，定额只考虑安装。

8）高压共箱母线和低压封闭式插接母线槽均按制造厂供应的成品考虑，定额只包含现场安装。封闭式插接母线槽在竖井内安装时，人工和机械乘以系数 2.0。

◆定额工程量计算规则

1）悬垂绝缘子串安装，指垂直或 V 形安装的提挂导线、跳线、引下线、设备连接线或设备等所用的绝缘子串安装，按单、双串分别以“串”为计量单位。耐张绝缘子串的安装，已包括在软母线安装定额内。

2）支持绝缘子安装分别按安装在户内、户外、单孔、双孔、四孔固定，以“个”为计量单位。

3）穿墙套管安装不分水平、垂直安装，均以“个”为计量单位。

4）软母线安装，指直接由耐张绝缘子串悬挂部分，按软母线截面大小分别以“跨/三相”为计量单位。设计跨距不同时，不得调整。导线、绝缘子、线夹、弛度调节金具等均按施工图设计用量加定额规定的损耗率计算。

5）软母线引下线，指由 T 形线夹或并沟线夹从软母线引向设备的连接线，以“组”为计量单位，每三相为一组；软母线经终端耐张线夹引下（不经 T 形线夹或并沟线夹引下）与设备连接的部分均执行引下线定额，不得换算。

6）两跨软母线间的跳引线安装，以“组”为计量单位，每三相为一组。不论两端的耐张线夹是螺栓式或压接式，均执行软母线跳线定额，不得换算。

7）设备连接线安装，指两设备间的连接部分。不论引下线、跳线、设备连接线，均应分别按导线截面、三相为一组计算工程量。

8）组合软母线安装，按三相为一组计算，跨距（包括水平悬挂部分和两端引下部分之和）系以 45m 以内考虑，跨度的长与短不得调整。导线、绝缘子、线夹、金具按施工图设计用量加定额规定的损耗率计算。

9）软母线安装预留长度按表 5-13 计算。

10）带形母线安装及带形母线引下线安装包括铜排、铝排，分别以不同截面和片数以“m/单相”为计量单位。母线和固定母线的金具均按设计计量加损耗率计算。

表 5-13　软母线安装预留长度　　单位:m/根

项目	耐张	跳线	引下线、设备连接线
预留长度	2.5	0.8	0.6

11）钢带形母线安装，按同规格的铜母线定额执行，不得换算。

12）母线伸缩接头及铜过渡板安装，均以“个”为计量单位。

13）槽形母线安装以“m/单相”为计量单位。槽形母线与设备连接，分别以连接不同的设备以“台”为计量单位。槽形母线及固定槽形母线的金具按设计用量加损耗率计算。壳的大小尺寸以“m”为计量单位，长度按设计共箱母线的轴线长度计算。

14）低压(380V 以下)封闭式插接母线槽安装，分别按导体的额定电流大小以“m”为计量单位，长度按设计母线的轴线长度计算，分线箱以“台”为计量单位，分别以电流大小按设计数量计算。

15）重型母线安装包括铜母线、铝母线，分别按截面大小以母线的成品质量以“t”为计量单位。

16）重型铝母线接触面加工指铸造件需加工接触面时，可以按其接触面大小，分别以“片/单相”为计量单位。

17）硬母线配置安装预留长度按表 5-14 的规定计算。

表 5-14　硬母线配置安装预留长度　　单位:m/根

序号	项　目	预留长度	说　明
1	带形、槽形母线终端	0.3	从最后一个支持点算起
2	带形、槽形母线与分支线连接	0.5	分支线预留
3	带形母线与设备连接	0.5	从设备端子接口算起
4	多片重型母线与设备连接	1.0	从设备端子接口算起
5	槽形母线与设备连接	0.5	从设备端子接口算起

18）带形母线、槽形母线安装均不包括支持瓷瓶安装和钢构件配置安装，其工程量应分别按设计成品数量执行相应定额。

◆清单工程量计算规则

工程量清单项目设置及工程量计算规则，应按表 5-15 的规定执行。

表 5-15　母线安装(编码:030203)

项目编码	项目名称	项目特征	计量单位	工程量计算规则	工程内容
030203001	软母线	1. 型号 2. 规格 3. 数量(跨/三相)	m	按设计图示尺寸以单线长度计算	1. 绝缘子耐压试验及安装 2. 软母线安装 3. 跳线安装

续表

项目编码	项目名称	项目特征	计量单位	工程量计算规则	工程内容
030203002	组合软母线	1. 型号 2. 规格 3. 数量(组/三相)	m	按设计图示尺寸以单线长度计算	1. 绝缘子耐压试验及安装 2. 母线安装 3. 跳线安装 4. 两端铁构件制作、安装及支持瓷瓶安装 5. 油漆
030203003	带形母线	1. 型号 2. 规格 3. 材质			1. 支持绝缘子、穿墙套管的耐压试验、安装 2. 穿通板制作、安装 3. 母线安装 4. 母线桥安装 5. 引下线安装 6. 伸缩节安装 7. 过渡板安装 8. 刷分相漆
030203004	槽形母线	1. 型号 2. 规格		按图示尺寸以单线长度计算	1. 母线制作、安装 2. 与发电机变压器连接 3. 与断路器、隔离开关连接 4. 刷分相漆
030203005	共箱母线			按设计图示尺寸以长度计算	1. 安装 2. 进、出分线箱安装 3. 刷(喷)油漆(共箱母线)
030203006	低压封闭式插接母线槽	1. 型号 2. 容量(A)			
030203007	重型母线	1. 型号 2. 容量(A)	t	按设计图示尺寸以质量计算	1. 母线制作、安装 2. 伸缩器及导板制作、安装 3. 支承绝缘子安装 4. 铁构件制作、安装

相关知识

◆母线支架及安装要求

1. 放线检查

1）进入现场首先依照图纸进行检查，根据母线沿墙、跨柱、沿梁至屋架敷设的情况不同，核对是否符合图纸要求。

2）放线检查对母线敷设全方向有无障碍物，有无与建筑结构或设备、管道、通风等工程各安装部件交叉矛盾的现象。

3）检查预留孔洞、预埋铁件的尺寸、标高、方位，是否符合要求。

4）检查脚手架是否安全及操作是否符合要求。

2. 支架制作及安装

1）按图纸尺寸加工各式支架。支架要用∟50×5角钢制作。角钢断口必须锯断（或冲压断），不得采用气割。

2）支架埋入墙内部分必须开叉成燕尾状。

3）支架上的螺孔宜加工成长孔，以便于调整。螺孔中心距偏差不大于2mm。

4）支架安装距离，当裸母线为水平敷设时，不超过3m；垂直敷设时，不超过2m。

5）支架距离要均匀一致，两支架间距离偏差不得大于50mm。

6）支架埋入墙内深度要大于150mm，采用螺栓固定时要使用M12×150开尾螺栓。孔洞要用混凝土填实，灌注牢固。支架跨柱、沿梁或屋架安装时所用抱箍、螺栓、撑架等要紧固。应避免将支架直接焊接在建筑物结构上。

7）遇有混凝土板墙、梁、柱、屋架等无预留孔洞时，允许采用锚固螺栓方式安装固定支架。有条件，也可采用射钉枪。

例题分析

◆例 5-5

某工程设计要求直流盘4块，信号盘2块，共计6块，盘宽900mm，安装18根小母线，试计算小母线安装总长度。

解：

总长度：6×0.9×18＋18×6×0.05＝102.6(m)

工程量：102.6÷10＝10.26(m)

◆例 5-6

某工程需安装接地系统（图5-4），计算其工程量清单综合单价、合价及编制相应表格。

解：(1) 编制分部分项清单工程量（见表5-16）

角钢接地极　∟50×5×2500：3根

角钢接地母线　－40×4：5×4＋(1.35＋1.8)×2＋3.5＝29.7(m)

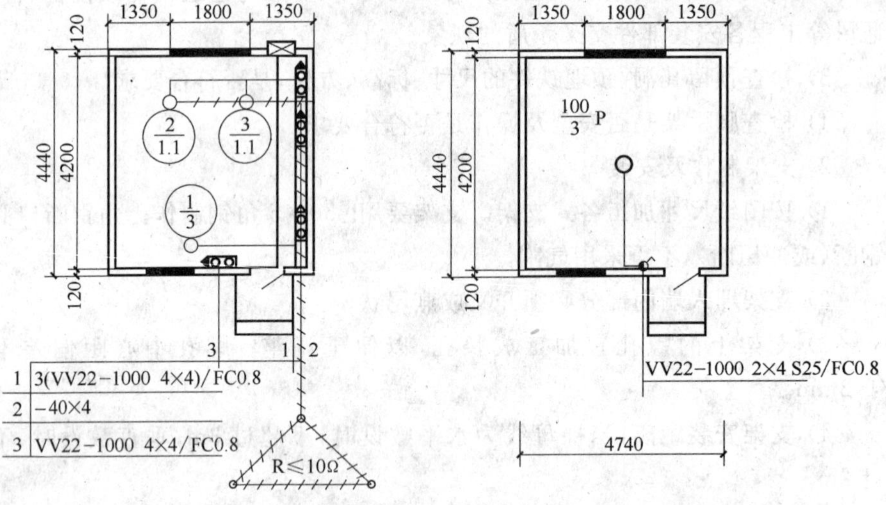

动力平面图　　　　照明平面图

说明

1.泵房电源引自维修间配电箱，户外电缆自埋敷设，户内电缆穿*DN*25钢管埋地0.2m敷设，户外接地母线埋深0.8m，接地装置安装参见国标图集03D501—4，电气设备正常不带电的金属外壳均应可靠接地。

2.房间为防爆照明，配线采用BV-750 2.5mm²，导线2根穿*DN*20镀锌钢管沿墙面或顶板明敷，照明开关墙上明装，中心装高1.3m；进线为电缆，过开关后换为BV导线，风机配线进线为电缆，过操作柱后采用BV-750 4mm²，导线4根穿*DN*20钢管沿地面暗敷，沿墙面明敷，操作柱均落地式安装。

◐ 防爆照明开关SW-10　◀OO 防爆操作柱LBZ-10ZD　○ 防爆灯具DB53-1001G/D

图 5-4　某泵房动力照明部分

表 5-16　分部分项工程量清单

工程名称：××工程　　　　　　　　　　　　第　页　共　页

序号	项目编码	项目名称	项目特征描述	计量单位	工程数量
1	030209001	接地装置	接地母线材质、规格；接地地极材质、规格	项	1
	030209001001	接地装置	接地母线材质、规格；接地地极材质、规格	项	1

(2) 编制分部分项工程量清单综合单价表(表 5-17)

表 5-17　分部分项工程量清单综合单价计算表

项目编号	030209001001	项目名称	接地装置	计量单位	项

清单综合单价组成明细

定额编号	定额内容	定额单位	数量	单价(元)			合价(元)			
				人工费	材料费	机械费	人工费	材料费	机械费	管理费和利润
2—690	角钢接地极	根	3	11.15	2.65	6.42	33.45	7.95	19.26	25.48

续表

项目编号		030209001001		项目名称	接地装置		计量单位		项	
清单综合单价组成明细										
定额编号	定额内容	定额单位	数量	单价(元)			合价(元)			
				人工费	材料费	机械费	人工费	材料费	机械费	管理费和利润
2—697	接地母线埋地敷设	10m	2.97	70.82	1.77	1.43	210.34	5.26	4.25	92.34
人工单价		小 计					243.79	13.21	23.51	117.82
23元/工日		未计价材料费					—			
清单项目综合单价(元)							398.33			

	主要材料名称、规格、型号	单位	数量	单价(元)	合价(元)	暂估单价(元)	暂估合价(元)
材料费明细	角钢接地极∟50×5×2500	根	3	35.00	105.00		
	接地母线—40×4	10m	2.97	42.00	124.74		
	其他材料费			—	—	—	
	材料费小计			—	229.74	—	

注:管理费率34%,利润率8%。

(3) 编制分部分项工程量清单合价表(表5-18)

表5-18 分部分项工程量清单合价

序号	项目编号	项目名称	项目特征描述	计量单位	工程数量	金额(元)	
						综合单价	合价
1	030209001	接地装置	接地母线材质、规格;接地地极材质、规格	项	1		
	030209001001	接地装置	接地母线材质、规格;接地地极材质、规格	项	1	398.33	398.33
		本页小计					
		合计					

第四节 控制设备及低压电器安装

要点

本节内容包括控制、继电、模拟及配电屏框安装,硅整流柜安装,晶闸管柜安装,直流屏安装及其他电气屏安装,控制台及控制箱安装,成套配电箱等电气控制设备安装等,还有常用低压电器安装,盘柜配线、端子板外部接线和焊(压)接线端子、穿通板制作与安装，基础槽钢、角钢和各种铁构件、支架的制作与安装等。

解释

◆定额说明

1）定额包括电气控制设备、低压电器的安装，盘、柜配线，焊（压）接线端子，穿通板制作、安装，基础槽、角钢及各种铁构件、支架制作、安装。

2）控制设备安装，除限位开关及水位电气信号装置外，其他均未包括支架制作、安装，发生时可执行相应定额。

3）控制设备安装未包括的工作内容：

① 二次喷漆及喷字。

② 电器及设备干燥。

③ 焊、压接线端子。

④ 端子板外部（二次）接线。

4）屏上辅助设备安装，包括标签框、光字牌、信号灯、附加电阻、连接片等，但不包括屏上开孔工作。

5）设备的补充油按设备考虑。

6）各种铁构件制作，均不包括镀锌、镀锡、镀铬、喷塑等其他金属防护费用，发生时应另行计算。

7）轻型铁构件系指结构厚度在3mm以内的构件。

8）铁构件制作、安装定额适用于定额范围内的各种支架、构件的制作、安装。

◆定额工程量计算规则

1）控制设备及低压电器安装均以“台”为计量单位。以上设备安装均未包括基础槽钢、角钢的制作安装，其工程量应按相应定额另行计算。

2）铁构件制作安装均按施工图设计尺寸，以成品质量“kg”为计量单位。

3）网门、保护网制作安装，按网门或保护网设计图示的框外围尺寸，以“m^2”为计量单位。

4）盘柜配线分不同规格，以“m”为计量单位。

5）盘、箱、柜的外部进出线预留长度按表5-19计算。

6）配电板制作安装及包铁皮，按配电板图示外形尺寸，以“m^2”为计量单位。

7）焊（压）接线端子定额只适用于导线。电缆终端头制作安装定额中已包括压接线端子，不得重复计算。

8）端子板外部接线按设备盘、箱柜、台的外部接线图计算，以“个头”为计量单位。

9）盘、柜配线定额只适用于盘上小设备元件的少量现场配线，不适用于工厂的设备修、配、改工程。

表 5-19　盘、箱、柜的外部进出线预留长度　　单位：m/根

序号	项　目	预留长度	说　明
1	各种箱、柜、盘、板、盒	高＋宽	盘面尺寸
2	单独安装的铁壳开关、自动开关、刀开关、启动器、箱式电阻器、变阻器	0.5	从安装对象中心算起
3	继电器、控制开关、信号灯、按钮、熔断器等小电器	0.3	从安装对象中心算起
4	分支接头	0.2	分支线预留

◆清单工程量计算规则

工程量清单项目设置及工程量计算规则，应按表 5-20 的规定执行。

表 5-20　控制设备及低压电器安装(编码:030204)

项目编码	项目名称	项目特征	计量单位	工程量计算规则	工程内容
030204001	控制屏	1. 名称、型号 2. 规格	台	按设计图示数量计算	1. 基础槽钢制作、安装 2. 屏安装 3. 端子板安装 4. 焊、压接线端子 5. 盘柜配线 6. 小母线安装 7. 屏边安装
030204002	继电、信号屏				
030204003	模拟屏				
030204004	低压开关柜				1. 基础槽钢制作、安装 2. 柜安装 3. 端子板安装 4. 焊、压接线端子 5. 盘柜配线 6. 屏边安装
030204005	配电(电源)屏				
030204006	弱电控制返回屏				1. 基础槽钢制作、安装 2. 屏安装 3. 端子板安装 4. 焊、压接线端子 5. 盘柜配线 6. 小母线安装 7. 屏边安装
030204007	箱式配电室	1. 名称、型号 2. 规格 3. 质量	套		1. 基础槽钢制作、安装 2. 本体安装
030204008	硅整流柜	1. 名称、型号 2. 容量(A)	台		1. 基础槽钢制作、安装 2. 盘柜安装
030204009	可控硅柜	1. 名称、型号 2. 容量(kW)			
030204010	低压电容器柜	1. 名称、型号 2. 规格			1. 基础槽钢制作、安装 2. 屏(柜)安装 3. 端子板安装 4. 焊、压接线端子 5. 盘柜配线 6. 小母线安装 7. 屏边安装
030204011	自动调节励磁屏				
030204012	励磁灭磁屏				
030204013	蓄电池屏(柜)				
030204014	直流馈电屏				
030204015	事故照明切换屏				

续表

项目编码	项目名称	项目特征	计量单位	工程量计算规则	工程内容
030204016	控制台	1. 名称、型号 2. 规格	台	按设计图示数量计算	1. 基础槽钢制作、安装 2. 台(箱)安装 3. 端子板安装 4. 焊、压接线端子 5. 盘柜配线 6. 小母线安装
030204017	控制箱				1. 基础型钢制作、安装 2. 箱体安装
030204018	配电箱				
030204019	控制开关	1. 名称 2. 型号 3. 规格	个		1. 安装 2. 焊压端子
030204020	低压熔断器	1. 名称、型号 2. 规格			
030204021	限位开关				
030204022	控制器		台		
030204023	接触器				
030204024	磁力启动器				
030204025	Y-△自耦减压启动器				
030204026	电磁铁(电磁制动器)				
030204027	快速自动开关				
030204028	电阻器				
030204029	油浸式频敏变阻器				
030204030	分流器	1. 名称、型号 2. 容量(A)	个(套)		
030204031	小电器	1. 名称 2. 型号 3. 规格			

相关知识

◆常用低压电器设备简介

常用的低压电器设备包括断路器、熔断器、刀开关、接触器及各种继电器等。

1. 低压断路器

低压断路器用于交、直流线路的过载、短路或欠电压保护，被广泛应用于建筑照明、动力配电线路、用电设备作为控制开关和保护设备，也可用于不频繁起动电动机以及操作或转换电路。

低压断路器原理如图 5-5 所示，当出现过载时，电流增大，发热元件 6 发热，使双金属片 8 弯曲，通过顶杆顶开锁扣 3，拉力弹簧 1 使之跳闸；出现短路时，电磁铁 5 产生强大吸力，使顶杆顶开锁扣 3 而跳闸。失电压或欠电压时，电磁铁 7 吸力降低，拉力弹簧 9 的弹力使顶杆顶开锁扣 3，使开关跳闸。

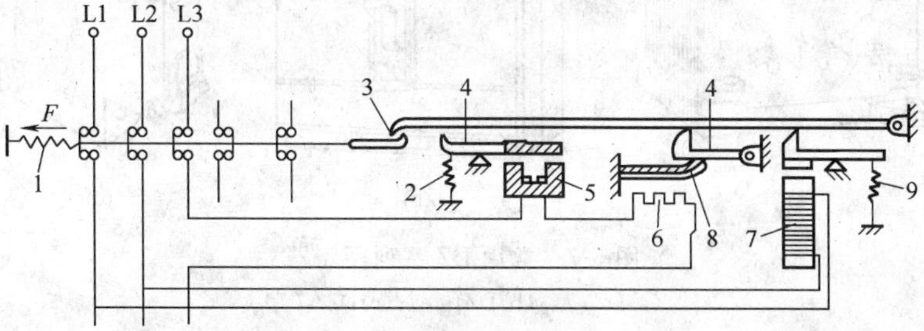

图 5-5 低压断路器原理图

1、2、9—拉力弹簧；3—锁扣；4—顶杆；5—电磁铁；6—发热元件；7—失电压电磁铁；8—双金属片

(1) 万能式断路器

万能式断路器所有部件都装在一个绝缘的金属框架内，常为开启式，作配电用和电动机保护用。万能式断路器可分为选择式和非选择式。选择式断路器的短延时一般为 0.1～0.6s。过电流脱扣器包括电磁式、热双金属式和电子式等几种。传动方式有手动、电动和弹簧储能操作。接线方式有固定式和插入式，利用插入式连接可做成抽屉式断路器。图 5-6 为 DW10 系列断路器。

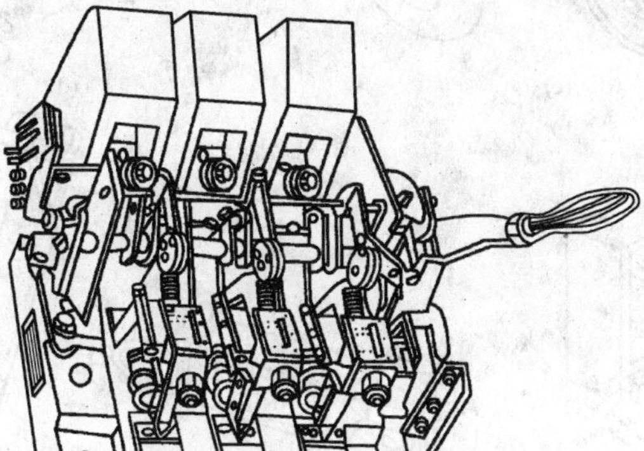

图 5-6 DW10 系列断路器

(2) 塑料外壳式断路器

该断路器除接线端子外，触点、灭弧室、脱扣器和操动机构都装于一个塑料外壳内，适用于配电支路负载端开关或电动机保护用开关，手动操动居多，额定

电流较大的(200A 以上)也可附带电动机构操动,多用于照明电路和民用建筑内电气设备的配电和保护。图 5-7 为常用 DZ 系列断路器。

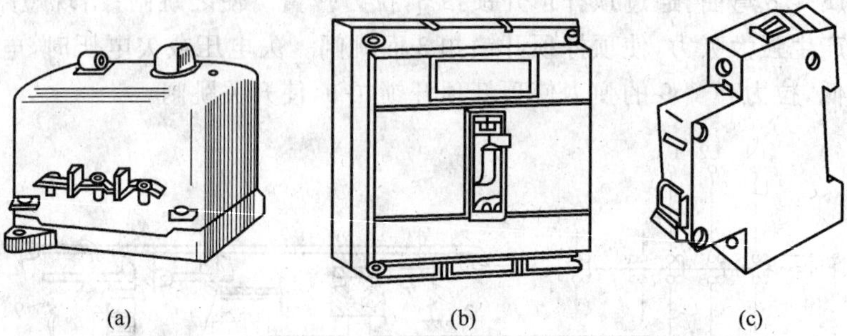

图 5-7　常用 DZ 系列断路器

(a)DZ5 型;(b)DZ10 型;(c)DZA7 型

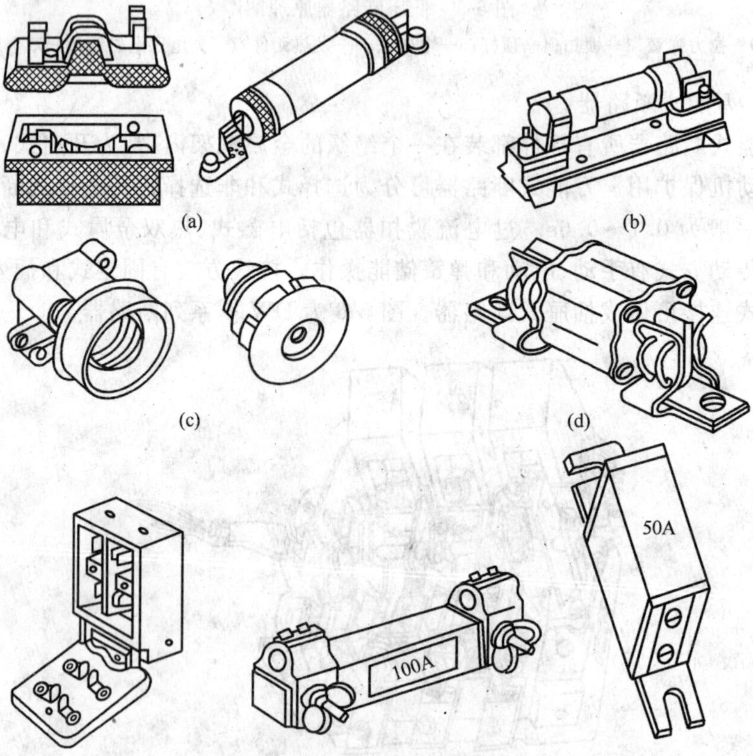

图 5-8　常用的几种熔断器

(a)RC1A 型瓷插式熔断器;(b)RM10 型无填料封闭管式熔断器;

(c)RL1 型螺旋熔断器;(d)RT0 型有填料封闭管式熔断器;(e)盒式熔断器;

(f)羊角式熔断器;(g)RS3 型快速熔断器

2. 熔断器

熔断器俗称保险丝,是最简便有效、价格最低廉的短路保护电器,种类包括瓷插式、管式、螺旋式等,主要组成是熔体和安装固定熔体的绝缘管或底座。其文字符号为 FU。图 5-8 为几种常用的熔断器。

熔断器串接在电路中,若电路出现短路或严重过载,通过熔断器的电流增大,大大超过其额定电流,使熔体迅速熔断,从而切断电源,保护线路和电气设备。

3. 刀开关

刀开关又称低压隔离开关。由于刀开关没有任何防护,通常只能安装在低压配电柜中。主要用于隔离电源和分断交直流电路。刀开关按闸刀的投放位置分为单投刀开关和双投刀开关;按操作手柄的位置分为正面操作和侧面操作开关。HD 系列单投刀开关和 HS 系列双投刀开关,如图 5-9 所示。其中,HD 系列单投刀开关最为常用。

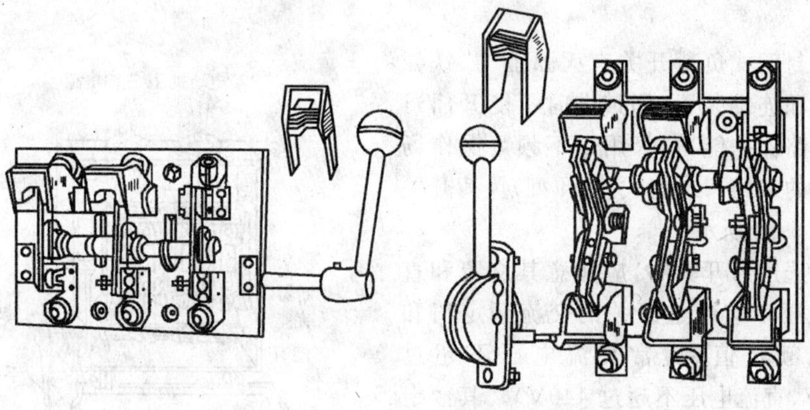

(a)　　(b)

图 5-9　HD 和 HS 系列刀开关

(a)HD 系列单投刀开关;(b)HS 系列双投刀开关

(1) 开启式负荷开关(胶盖刀开关)

开启式负荷开关容量小,常用的有 15A、30A,最大为 60A,没有灭弧能力,容易损伤刀片,只用于不频繁操作场合中的电路。开启式(HK 型)负荷开关如图 5-10 所示。

(2) 封闭式负荷开关(铁壳刀开关)

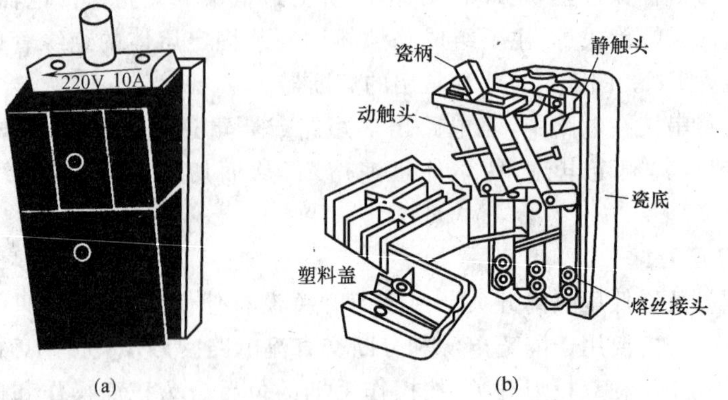

图 5-10　开启式(HK 型)负荷开关

(a)二极外形;(b)三极结构

封闭式负荷开关有灭弧能力、铁壳保护和连锁装置(即带电时不能开门),有短路保护能力,只用于不频繁操作场合中的线路。封闭式(HH 型)负荷开关如图 5-11 所示。

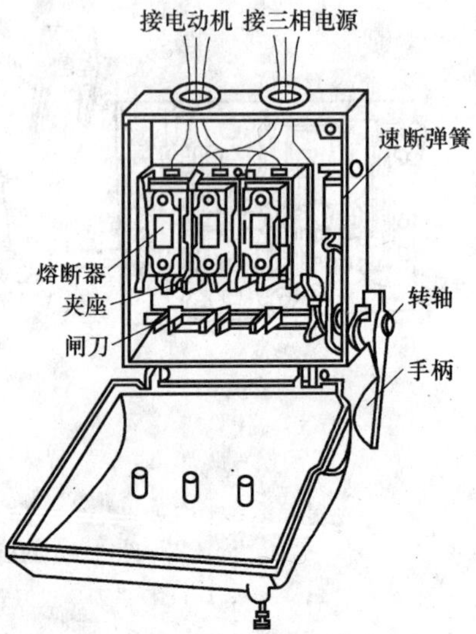

图 5-11　封闭式(HH 型)负荷开关

选用刀开关时,应注意其交流和直流电压不应超过开关的交流额定值和直流额定值(通常交流电压不超过 500V,直流电压不超过 440V)。其额定电流不应超过开关所在线路的计算负荷电流。开关分断的电流不应大于开关的允许分断电流。

4. 交流接触器

交流接触器是适用于控制频繁操作的电气设备,可用按钮操作,远距离控制电动机或电容器等负载,还可控制电动机的正反转。交流接触器自身具备灭弧罩,可以带负载接通或断开电路,动作迅速,安全可靠。

交流接触器主要由电磁系统、触点系统、灭弧装置和传动机构等部件组成,如图 5-12 所示。

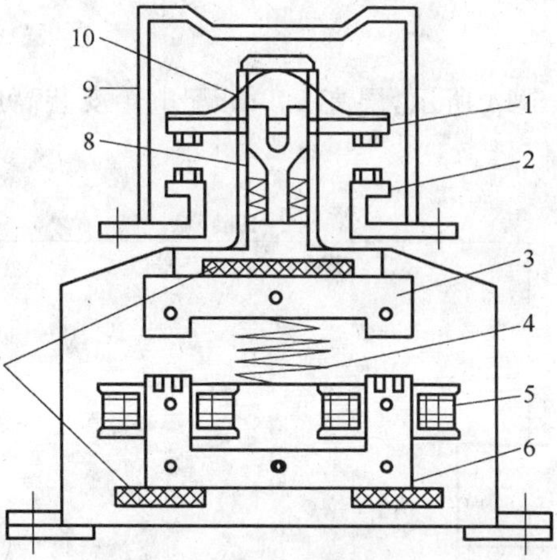

图 5-12　交流接触器结构

1—动触点；2—静触点；3—衔铁；4—弹簧；5—线圈；6—铁芯；7—垫毡；

8—触电弹簧；9—灭弧罩；10—触点压力弹簧

5. 热继电器

热继电器在电路中起过载保护作用，由发热元件、双金属片、传动机构和触头等组成。图 5-13 为热电器的结构。

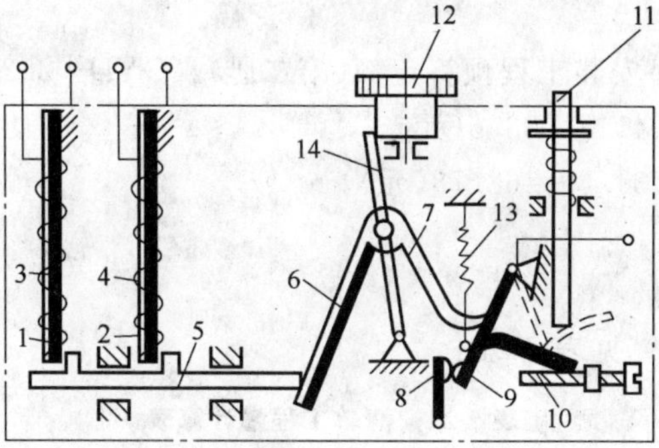

图 5-13　热继电器结构

1、2—主双金属片；3、4—加热元件；5—导板；6—温度补偿片；

7—推杆；8—静触点；9—动触点连杆；10—螺钉；11—复位按钮；

12—旋钮；13—弹簧；14—杠杆

例题分析

◆例 5-7

某配电工程如图 5-14 所示，层高 3.0m，配电箱安装高度 1.9m，求管线工程定额工程量及清单工程量。

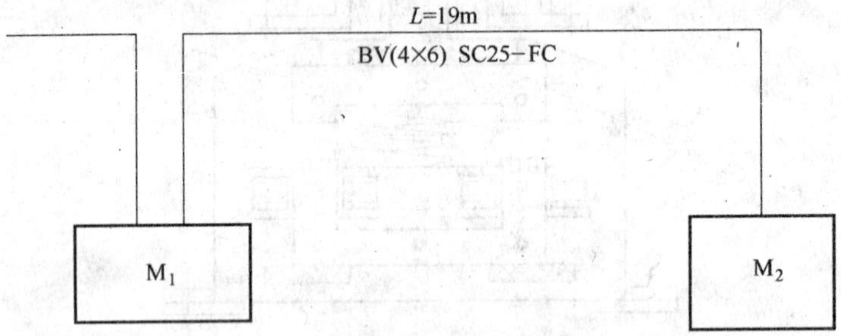

图 5-14　某配线工程图

解：(1) 基本工程量

配电箱 M_1 有进出两根立管，所以垂直部分有 3 根管，层高 3.0m，配电箱为 1.9m，所以垂直部分为：

$$3.0-1.9=1.1(\text{m})$$

$$19+(3.0-1.9)\times3=22.3(\text{m})$$

BV(4×6)SC25—FC 的长度：$22.3\times4=89.2(\text{m})$

(2) 定额工程量

配电箱：2 台

套用《全国统一安装工程预算定额(第二册)》(GYD—202—2000)2—264

① 人工费：2×41.8=83.6(元)

② 材料费：2×34.39=68.78(元)

③ 机械费：无

(3) 清单工程量

清单工程量计算见表 5-21。

表 5-21　清单工程量计算表

项目编码	项目名称	项目特征描述	计量单位	工程量
030204018001	配电箱	安装高度 1.8m	台	2
030212003001	电气配线	BV(4×6)SC25—FC	m	89.2

◆例 5-8

某工程厂房内的一台检修电源箱(箱高 0.9m、宽 0.6m、深 0.5m)，由一台动力配电箱 XL(F)—15(箱高 2.0m、宽 1.0m、深 0.9m)供给电源，该供电回路为 BV5×16(*DN*32)，如图 5-15 所示。*DN*32 的工程量为 28m，试计算 BV16 的工程量。

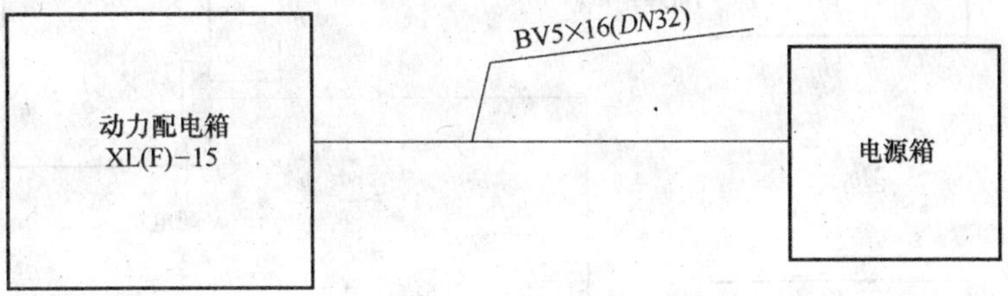

图 5-15　配电线路图

解：(1) 基本工程量

BV16 的工程量为：[28+(0.9+0.6)+(2.0+1.0)]×5=162.5(m)

(2) 清单工程量

清单工程量计算见表 5-22：

表 5-22　清单工程量计算表

项目编码	项目名称	项目特征描述	计量单位	工程量
030212003001	电气配线	BV5×16(*DN*32)	m	28×5=140

(3) 定额工程量

BV16 的工程量为：1.63(单位：100m)

套用《全国统一安装工程预算定额(第二册)》(GYD—202—2000)2—1202

① 人工费：25.54×1.63=41.63(元)

② 材料费：25.47×1.63=41.52(元)

③ 机械费：无

注：不包含主要材料费。

◆例 5-9

如图 5-16 所示为某工厂的配电图，该工厂的配电是由临近的变电所提供的，另外在工厂内部还有一套供紧急停电情况下使用的发电系统。试求该配电工程所用仪器的工程量。

解：(1) 基本工程量

如图 5-16 所示，所用仪器的工程量为：

1) 整流变压器：1 台

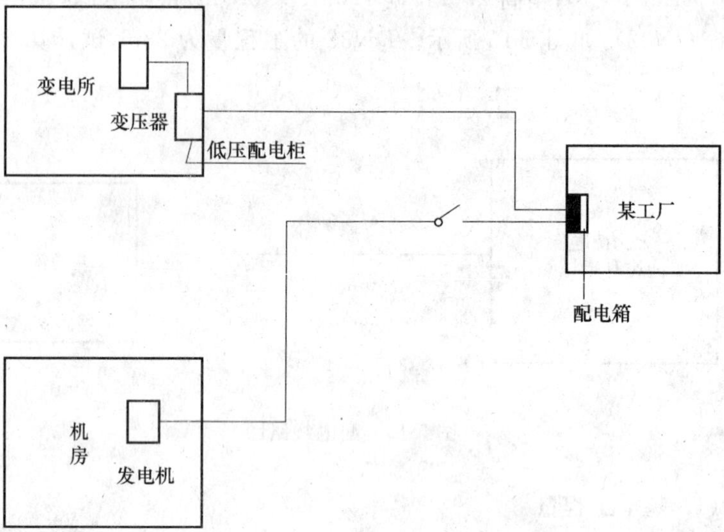

图 5-16　某工厂的配电图

2）低压配电柜：1 台

3）发电机：1 台

4）配电箱：1 台

（2）清单工程量

清单工程量计算见表 5-23。

表 5-23　清单工程量计算表

序号	项目编码	项目名称	项目特征描述	计量单位	工程量
1	030201003001	整流变压器	容量 100kV·A 以下	台	1
2	030206001001	发电机	空冷式发电机，容量 1500kW 以下	台	1
3	030204018001	配电箱	悬挂嵌入式，周长 2m	台	1
4	030204004001	低压配电柜	质量 30kg 以下	台	1

（3）定额工程量

1）整流变压器

套用《全国统一安装工程预算定额（第二册）》（GYD—202—2000）2—8

① 人工费：174.61 元

② 材料费：111.75 元

③ 机械费：62.18 元

2）发电机

套用《全国统一安装工程预算定额（第二册）》（GYD—202—2000）2—427

① 人工费:1235.77 元

② 材料费:397.75 元

③ 机械费:1701.34 元

3) 配电箱

套用《全国统一安装工程预算定额(第二册)》(GYD—202—2000)2—264

① 人工费:41.80 元

② 材料费:34.39 元

③ 机械费:无

4) 低压配电柜

套用《全国统一安装工程预算定额(第二册)》(GYD—202—2000)2—77

① 人工费:8.13 元

② 材料费:12.72 元

③ 机械费:无

第五节　蓄电池安装

要点

本节主要介绍蓄电池的定额说明、定额工程量计算规则以及清单工程量计算规则,读者应掌握两种计价规则在实际中的应用。

解释

◆定额说明

1) 定额适用于220V以下各种容量的碱性和酸性固定型蓄电池及其防震支架安装、蓄电池充放电。

2) 蓄电池防震支架按随设备供货考虑,安装按地坪打眼装膨胀螺栓固定。

3) 蓄电池电极连接条、紧固螺栓、绝缘垫,均按设备带有考虑。

4) 定额不包括蓄电池抽头连接用电缆及电缆保护管的安装,发生时应执行相应项目。

5) 碱性蓄电池补充电解液由厂家随设备供货。铅酸蓄电池的电解液已包括在定额内,不另行计算。

6) 蓄电池充放电电量已计入定额,不论酸性、碱性电池均按其电压和容量执行相应项目。

◆定额工程量计算规则

1) 铅酸蓄电池和碱性蓄电池安装,分别按容量大小以单体蓄电池"个"为计量单位，按施工图设计的数量计算工程量。定额内已包括了电解液的材料消耗，执行时不得调整。

2）免维护蓄电池安装以“组件”为计量单位。其具体计算如下例：

某项工程设计一组蓄电池为220V/500A·h，由12V的组件18个组成，那么就应该套用12V/500A·h的定额18组件。

3）蓄电池充放电按不同容量以“组”为计量单位。

◆清单工程量计算规则

工程量清单项目设置及工程量计算规则，应按表5-24的规定执行。

表5-24　蓄电池安装(编码:030205)

项目编码	项目名称	项目特征	计量单位	工程量计算规则	工程内容
030205001	蓄电池	1. 名称、型号 2. 容量	个	按设计图示数量计算	1. 防震支架安装 2. 本体安装 3. 充放电

相关知识

◆蓄电池的完好标准

1）运行正常，供电可靠。

① 蓄电池组能满足正常和事故供电的需要。

② 室温不得低于0℃，不得超过30℃；电解液温度不得超过35℃。

③ 各蓄电池电压、相对密度应接近相同，无明显落后的电池。

2）构件无损，质量符合要求。

① 外壳完整，盖板齐全、无裂纹缺损。

② 台架牢固，绝缘支柱良好。

③ 导线连接可靠，无明显腐蚀。

④ 建筑符合要求，通风系统良好，室内整洁无尘。

3）主体完整，附件齐全。

① 极板无弯曲、断裂、短路和生盐。

② 电解液质量符合要求，液面高度超出极板10～15mm。

③ 沉淀物无异状脱落，沉淀物与极板之间距离在10mm以上。

④ 备有温度计、相对温度计、电压表和劳动保护用品等。

例题分析

◆例5-10

安装70m的蓄电池防震支架(单层单排)，试计算定额工程量。

解：套用《全国统一安装工程预算定额(第二册)》(GYD－202－2000)2

—379

1）人工费：134.68×70/10＝942.76（元）

2）材料费：127.43×70/10＝892.01（元）

3）机械费：51.36×70/10＝359.52（元）

◆例 5-11

××工程设计安装蓄电池 16 个，试编制蓄电池的工程量清单。

解：蓄电池的工程量清单见表 5-25。

表 5-25　分部分项工程量清单

工程名称：××工程　　　　第　页　共　页

项目编码	项目名称	项目特征描述	计量单位	工程数量
030205001	蓄电池	名称、型号；容量	个	16

第六节　电机及滑触线安装

要点

本节主要介绍电机及滑触线的定额说明、定额工程量计算规则以及清单工程量计算规则，读者应掌握两种计价规则在实际中的应用方法。

解释

◆定额说明

1. 电机安装定额说明

1）定额中的专业术语“电机”系指发电机和电动机的统称。如小型电机检查接线定额，适用于同功率的小型发电机和小型电动机的检查接线，定额中的电机功率系指电机的额定功率。

2）直流发电机组和多台一串的机组，可按单台电机分别执行相应定额。

3）定额中电机检查接线定额，除发电机和调相机外，均不包括电机的干燥工作，发生时应执行电机干燥定额。定额中电机干燥定额系按一次干燥所需的人工、材料、机械消耗量考虑。

4）单台质量在 3t 以下的电机为小型电机，单台质量超过 3t 至 30t 以下的电机为中型电机，单台质量在 30t 以上的电机为大型电机。大中型电机不分交、直流电机，一律按电机质量执行相应定额。

5）微型电机分为三类：驱动微型电机（分马力电机）系指微型异步电动机、

微型同步电动机、微型交流换向器电动机、微型直流电动机等，控制微型电机系指自整角机、旋转变压器、交直流测速发电机、交直流伺服电动机、步进电动机、力矩电动机等，电源微型电机系指微型电动发电机组和单枢变流机等。其他小型电机(凡功率在0.75kW以下的电机)均执行微型电机定额。

6）各类电机的检查接线定额均不包括控制装置的安装和接线。

7）电机的接地线材质至今技术规范尚无新规定，定额仍是沿用镀锌扁钢(−25×4)编制的。如采用铜接地线时，主材(导线和接头)应更换，但安装人工和机械不变。

8）电机安装执行《机械设备安装工程》(GYD—201—2000)的电机安装定额，其电机的检查接线和干燥执行定额。

9）各种电机的检查接线，规范要求均需配有相应的金属软管，如设计有规定的，按设计规格和数量计算。譬如，设计要求用包塑金属软管、阻燃金属软管或采用铝合金软管接头等，均按设计计算。设计没有规定时，平均每台电机配金属软管1～1.5m(平均按1.25m)。电机的电源线为导线时，应执行定额第四章“压(焊)接线端子定额”。

2. 滑触线安装定额说明

1）起重机的电气装置系按未经生产厂家成套安装和试运行考虑的，因此起重机的电机和各种开关、控制设备、管线及灯具等，均按分部分项定额编制预算。

2）滑触线支架的基础铁件及螺栓，按土建预埋考虑。

3）滑触线及支架的油漆，均按涂一遍考虑。

4）移动软电缆敷设未包括轨道安装及滑轮制作。

5）滑触线的辅助母线安装，执行“车间带形母线”安装定额。

6）滑触线伸缩器和坐式电车绝缘子支持器的安装，已分别包括在“滑触线安装”和“滑触线支架安装”定额内，不另行计算。

7）滑触线及支架安装是按10m。以下标高考虑的，如超过10m时，按定额说明的超高系数计算。

8）铁构件制作，执行第四章《全国统一安装工程预算定额(第二册)》(GYD—202—2000)的相应项目。

◆定额工程量计算规则

1)发电机、调相机、电动机的电气检查接线，均以“台”为计量单位。直流发电机组和多台一串的机组，按单台电机分别执行定额。

2)起重机上的电气设备、照明装置和电缆管线等安装，均执行定额的相应定额。

3)滑触线安装以“m/单相”为计量单位，其附加和预留长度按表5-26的规定计算。

表 5-26　滑触线安装附加和预留长度　　单位：m/根

序号	项　目	预留长度	说　明
1	圆钢、铜母线与设备连接	0.2	从设备接线端子接口起算
2	圆钢、滑触线终端	0.5	从最后一个固定点起算
3	角钢滑触线终端	1.0	从最后一个支持点起算
4	扁钢滑触线终端	1.3	从最后一个固定点起算
5	扁钢母线分支	0.5	分支线预留
6	扁钢母线与设备连接	0.5	从设备接线端子接口起算
7	轻轨滑触线终端	0.8	从最后一个支持点起算
8	安全节能及其他滑触线终端	0.5	从最后一个固定点起算

4）电气安装规范要求每台电机接线均需要配金属软管，设计有规定的，按设计规格和数量计算；设计没有规定的，平均每台电机配相应规格的金属软管1.25m 和与之配套的金属软管专用活接头。

5）电机检查接线定额，除发电机和调相机外，均不包括电机干燥，发生时其工程量应按电机干燥定额另行计算。电机干燥定额系按一次干燥所需的工、料、机消耗量考虑，在特别潮湿的地方，电机需要进行多次干燥，应按实际干燥次数计算。在气候干燥、电机绝缘性能良好、符合技术标准而不需要干燥时，则不计算干燥费用。实行包干的工程，可参照以下比例，由有关各方协商而定：

① 低压小型电机 3kW 以下，按 25%的比例考虑干燥。

② 低压小型电机 3kW 以上至 220kW，按 30%～50%考虑干燥。

③ 大中型电机按 100%考虑一次干燥。

6）电机解体检查定额，应根据需要选用。如不需要解体时，可只执行电机检查接线定额。

7）电机定额的界线划分：单台电机质量在 3t 以下的，为小型电机；单台电机质量在 3～30t，以下的为中型电机；单台电机质量在 30t 以上的为大型电机。

8）小型电机按电机类别和功率大小执行相应定额，大、中型电机不分类别一律按电机质量执行相应定额。

9）与机械同底座的电机和装在机械设备上的电机安装，执行《机械设备安装工程》(GYD—201—2000)的电机安装定额；独立安装的电机，执行电机安装定额。

◆清单工程量计算规则

工程量清单项目设置及工程量计算规则，应按表 5-27、表 5-28 的规定执行。

表 5-27　电机检查接线及调试(编码:030206)

项目编码	项目名称	项目特征	计量单位	工程量计算规则	工程内容
030206001	发电机	1. 型号 2. 容量(kW)	台	按设计图示数量计算	1. 检查接线(包括接地) 2. 干燥 3. 调试
030206002	调相机				
030206003	普通小型直流电动机	1. 名称、型号 2. 容量(kW) 3. 类型			1. 检查接线(包括接地) 2. 干燥 3. 系统调试
030206004	可控硅调速直流电动机				
030206005	普通交流同步电动机	1. 名称、型号 2. 容量(kW) 3. 启动方式			
030206006	低压交流异步电动机	1. 名称、型号、类别 2. 控制保护方式			
030206007	高压交流异步电动机	1. 名称、型号 2. 容量(kW) 3. 保护类别			
030206008	交流变频调速电动机	1. 名称、型号 2. 容量(kW)			
030206009	微型电机、电加热器	1. 名称、型号 2. 规格			
030206010	电动机组	1. 名称、型号 2. 电动机台数 3. 连锁台数	组		
030206011	备用励磁机组	名称、型号			
030206012	励磁电阻器	1. 型号 2. 规格	台		1. 安装 2. 检查接线 3. 干燥

表 5-28　滑触线装置安装(编码:030207)

项目编码	项目名称	项目特征	计量单位	工程量计算规则	工程内容
030207001	滑触线	1. 名称 2. 型号 3. 规格 4. 材质	m	按设计图示单相长度计算	1. 滑触线支架制作、安装、刷油 2. 滑触线安装 3. 拉紧装置及挂式支持器制作、安装

相关知识

◆电机简介

1. 三相异步电动机

三相异步电动机包括两个部分:不动部分——定子;转动部分——转子。三相异步电动机外形如图 5-17 所示，三相笼式异步电动机结构如图 5-18 所示。

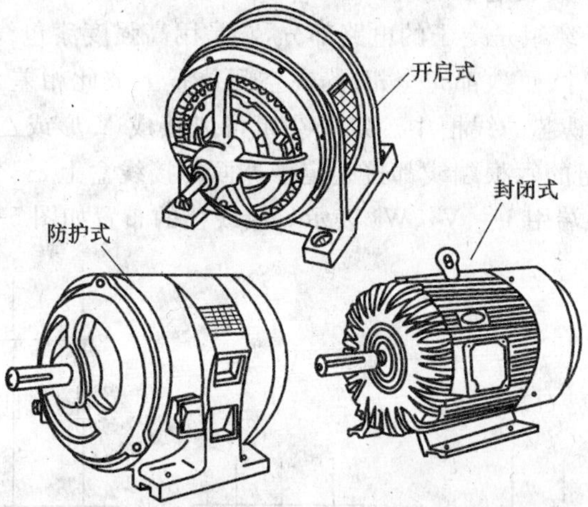

图 5-17　三相异步电动机外形图

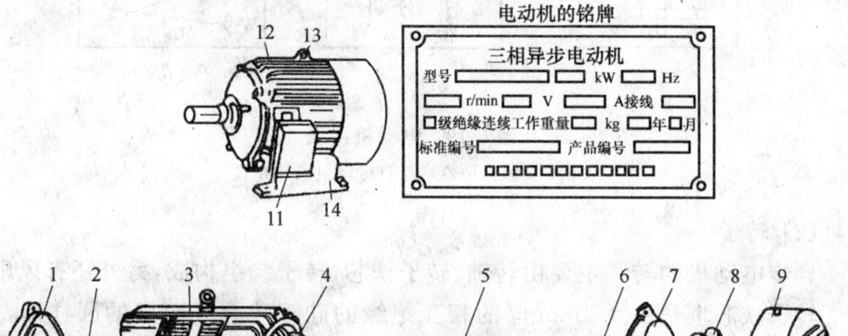

图 5-18　三相笼式异步电动机的结构

1—端盖；2—轴承；3—机座；4—定子；5—转子；6—轴承；7—端盖；8—风扇；
9—风扇罩；10—接线盒；11—接线盒；12—散热筋；13—吊环；14—机座

(1) 定子

异步电动机的定子主要由机座、定子铁芯、定子绕组构成。此外还包括端盖、接线盒等。

1) 机座由铸铁或铸钢制成，起固定和支撑的作用。

2) 定子铁芯在机座内，用 0.5mm 厚的硅钢片叠装成圆筒形，硅钢片之间相互绝缘用来减少涡流损耗。铁芯内是定子的磁路部分，表面有均匀分布的、与轴平行的线槽，用来嵌放定子绕组。

3）三相定子绕组是定子的电路部分，它是用高强度漆包线绕制而成的。每相绕组的几何尺寸、匝数都完全相同，在空间位置上彼此相差 120°，它们均匀对称地嵌放在定子铁芯的线槽中。定子绕组可以接成 Y 形或△形。为了便于改变接线，三相绕组的六根端线都接到定子外面的接线盒上，三个首端用 U_1、V_1、W_1 表示，三个末端用 U_2、V_2、W_2 表示。接线柱的布置如图 5-19 所示。

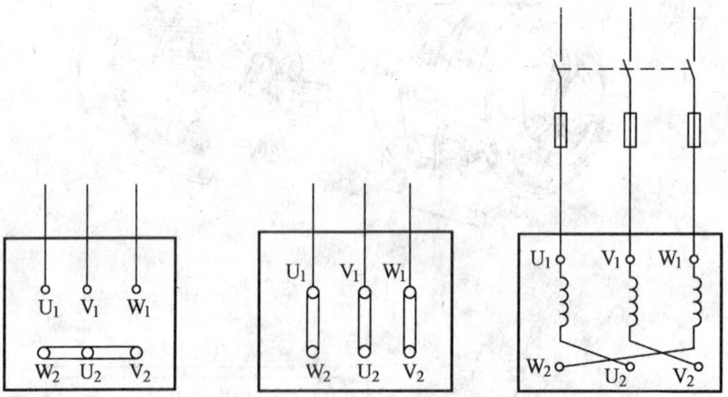

(a) (b) (c)

图 5-19　电动机接线

(a) Y 联结；(b)△联结；(c)绕组线端布置

(2) 转子

异步电动机的转子主要由转轴、转子铁芯、转子绕组构成，另外还有风扇等。

转子铁芯也是由 0.5mm 厚的相互绝缘的硅钢片叠装而成的圆柱体，并固定在转轴上。转子的外表面有均匀分布的槽。转子包括鼠笼式转子和绕线式转子。

1）鼠笼式转子的绕组是用裸导体（铜条或铝条）嵌放在槽内，用金属环连接两端，由于它的形状像个松鼠笼子，所以被称为鼠笼式转子。由于金属环使所有的导体处于短路状态，所以又称为端环或短路环，如图 5-20 所示。图 5-21 所示为鼠笼式铜条转子外形。

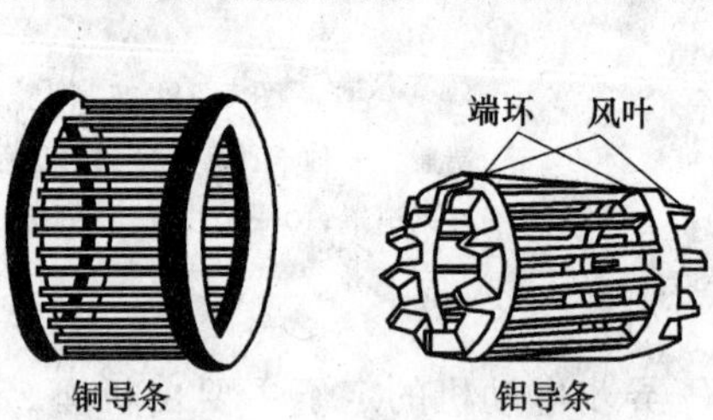

(a) (b)

图 5-20　转子绕组

(a)铜条转子绕组；(b)铸铝转子绕组

通常中小型鼠笼式异步电动机的转子绕组用铸铝浇制而成，为了简化生产工艺，降低生产成本，将槽内的导体、转子的两个端环以及风扇叶一起用铝铸成一个整体，如图 5-22 所示。大型电动机的转子绕组用铜条制成，因为转子绕组形状像鼠笼而称为鼠笼式电动机。

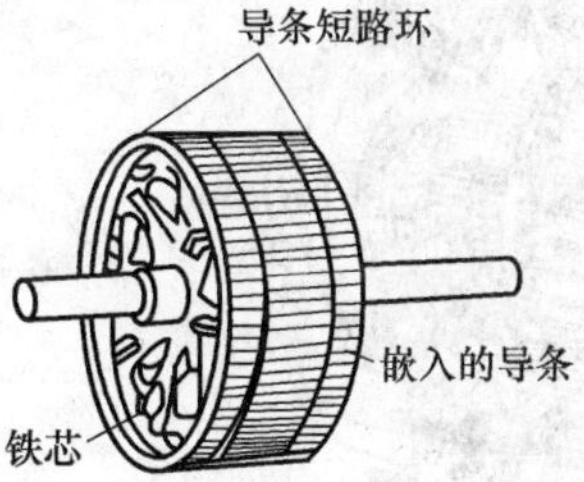

图 5-21　鼠笼式铜条转子外形

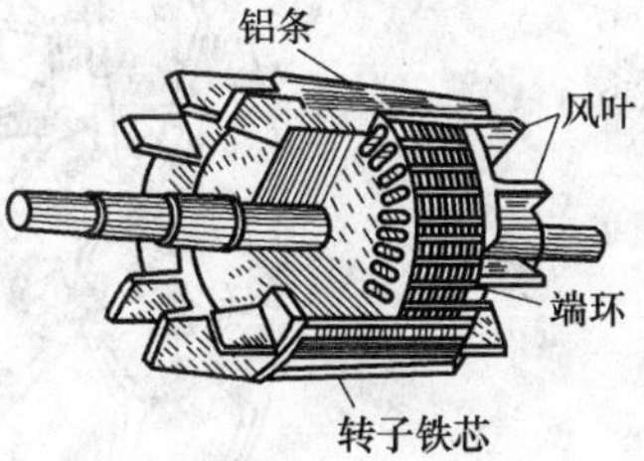

图 5-22　整体浇铸的铸铝转子外形

2）绕线式转子的绕组相似，也是三相对称绕组，通常接成星形，三个首端分别与三个铜制滑环连接，三个末端连接在一起。环与环、环与轴之间相互绝缘，再经过电刷和外加变阻器相连接，如图 5-23 所示。因为绕线式转子绕组回路中串联了附加电阻，可以人为地调节阻值的大小，所以具有良好的启动和调速性能。有的绕线式异步电动机还装有提刷短路装置，这样可以减少电刷的磨损。

绕线式异步电动机结构复杂，价格也较高，通常只用在有特殊需要的场合，例如起重设备。

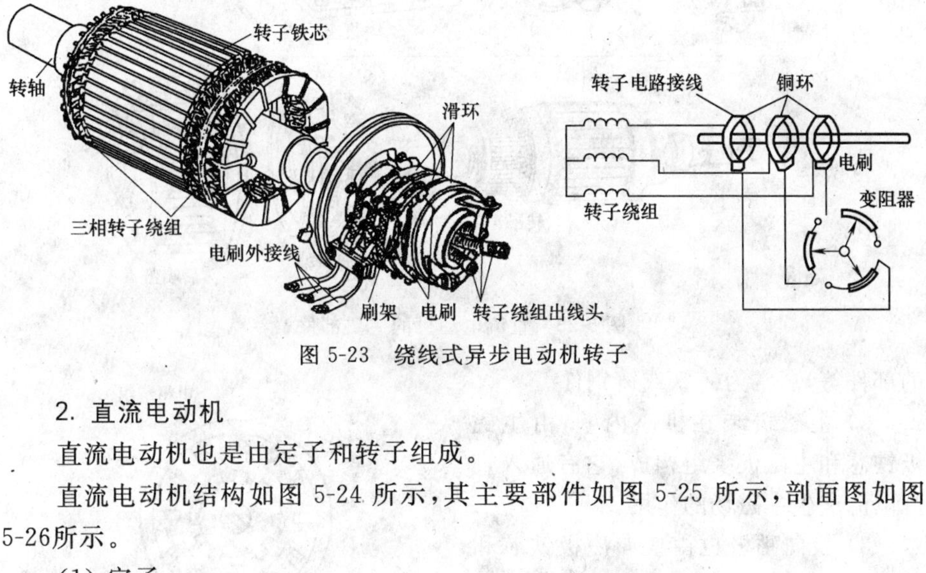

图 5-23　绕线式异步电动机转子

2. 直流电动机

直流电动机也是由定子和转子组成。

直流电动机结构如图 5-24 所示，其主要部件如图 5-25 所示，剖面图如图 5-26所示。

（1）定子

直流电动机的定子由机座、前端盖、后端盖、电刷装置等组成。

1）机座是电动机磁路的一部分，其上安装有主磁极、换向磁极和支承转子

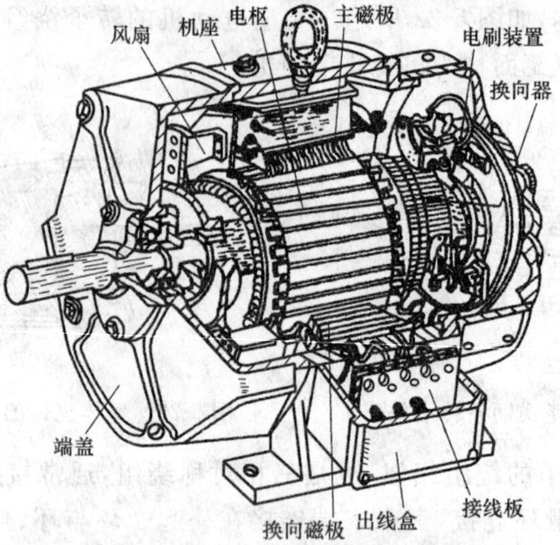

图 5-24　直流电动机结构图

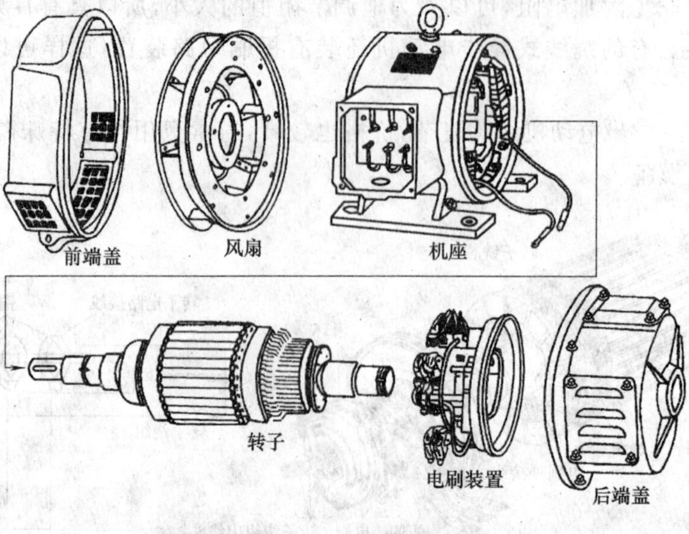

图 5-25　直流电动机的主要部件

的部件等，通常为铸铁或铸钢件。

2）主磁极装在机座内壁，由主磁极铁芯和主磁极绕组构成，它有通入直流电流产生主磁场的作用。

3）换向磁极也由换向磁极铁芯和换向磁极绕组构成。它的作用是产生换向磁场，从而改善直流电动机的换向性能，使电机运行时，电刷与换向器的

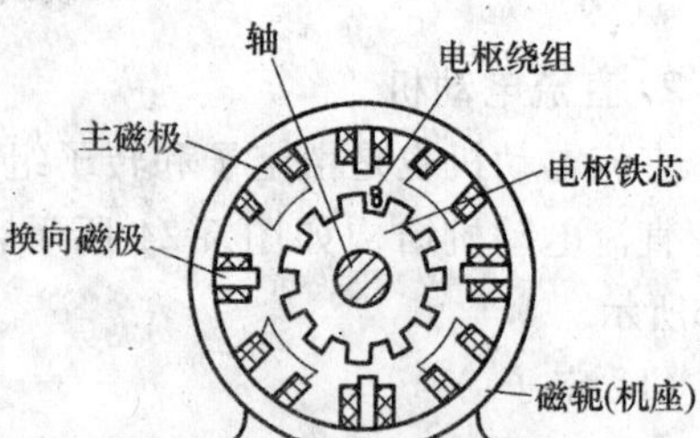

图 5-26　直流电动机剖面图

接触面上不致产生电火花。

4）前、后端盖用来安装轴承并支承整个转子。

5）电刷通常由石墨制成，它通过电刷与换向器表面之间的滑动接触，将电枢绕组中的电流引入或引出。

（2）转子

转子又称电枢，是直流电动机的旋转部分，包括转子铁芯、转子绕组、换向器、风扇等。

1）转子铁芯由 0.5mm 厚的相互绝缘的硅钢片叠装而成，其外表面有均匀分布的铁芯槽，用来嵌放转子绕组。

2）转子绕组通常是先绕制成型，然后嵌放入转子表面的铁芯槽内，再分别焊在对应的换向片上，如图 5-27(a)所示。

3）换向器的作用是将转子绕组中的交流电流和电动势转换成电刷间的直流电流和电动势，它由铜片和云母一片一片均匀间隔排列成圆形，再压装而成。换向器和电刷装置分别如图 5-27 和图 5-28 所示。

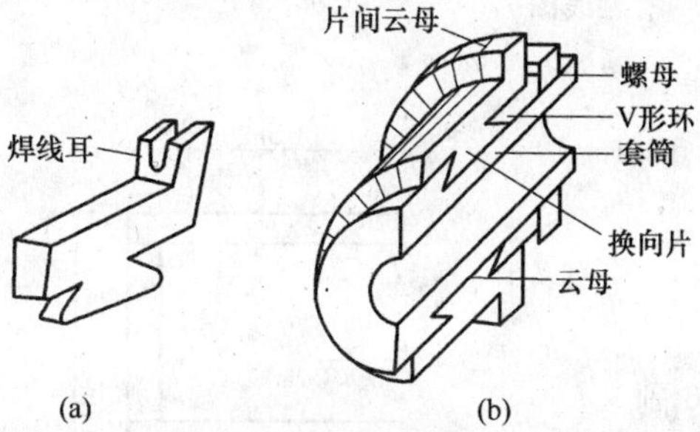

图 5-27　换向器

(a)换向片；(b)换向器剖面

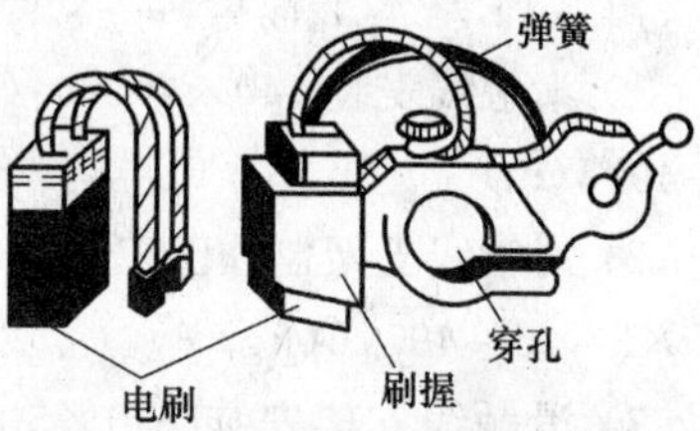

图 5-28　电刷装置

3. 同步电动机

同步电动机由固定电枢（即定子部分）和转子两部分组成，它实际上是一组直流电磁铁。转子部分的磁极对数和定子部分的磁极对数必须一致。

同步电动机按磁极结构的不同分为凸极式和隐极式，凸极式常用。凸极式同步电动机的结构简图如图 5-29 所示，同步电动机转子如图 5-30 所示。

例题分析

◆例 5-12

如图 5-31、图 5-32 所示××工程电气动力滑触线安装工程图，滑触线支架∟50×50×5，每米重 3.77kg，采用螺栓固定；滑触线∟40×40×4，每米重 2.422kg，两端设置指示灯。试计算其定额工程量及清单工程量。

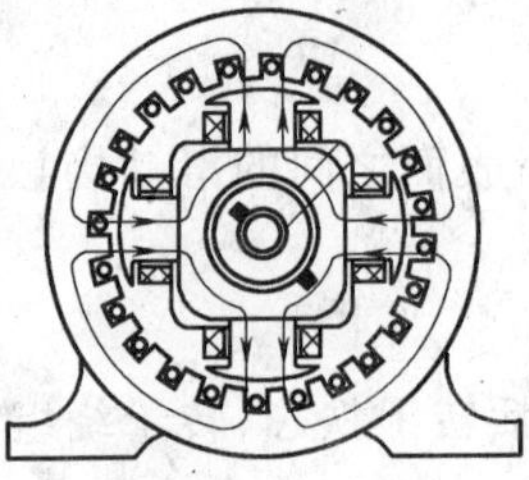

图 5-29　凸极式同步电动机结构简图

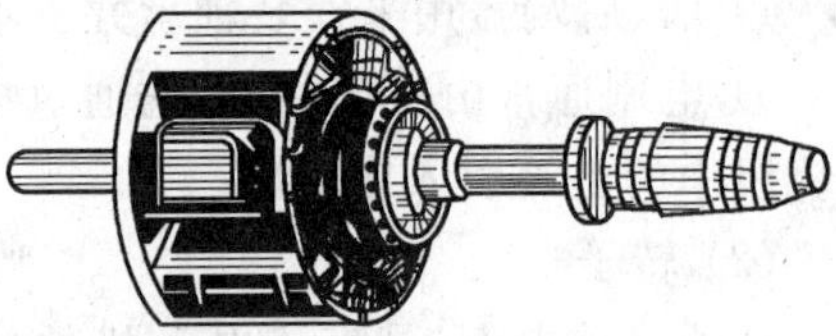

图 5-30　同步电动机的转子

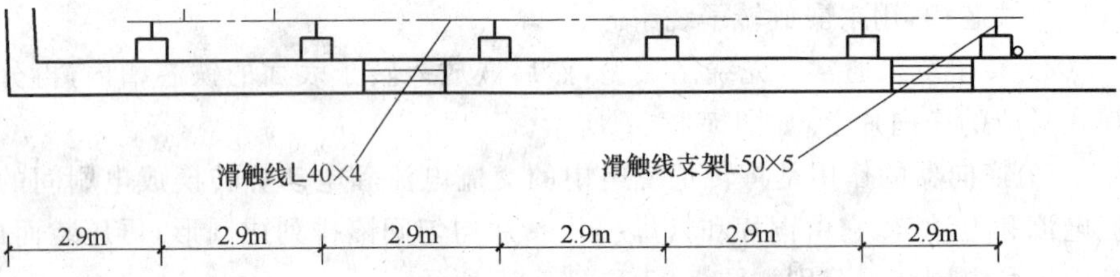

图 5-31　滑触线图

解：(1) 基本工程量

1) 滑触线安装∟40×40×4：(2.9×5＋1＋1)×3＝49.5(m)

2) 滑触线支架制作∟50×50×5：3.77×(0.7＋0.5×3)×6＝49.76(kg)

3) 滑触线支架安装∟50×50×5：6 副

4) 滑触线指示灯安装：2 套

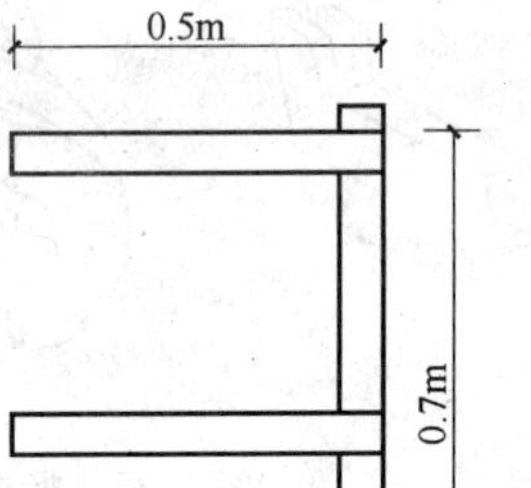

图 5-32　滑触线支架图

(2) 定额工程量

1) 滑触线安装∟40×40×4：套用《全国统一安装工程预算定额(第二册)》(GYD—202—2000)2－491

① 人工费：49.5/100×417.96＝206.89(元)

② 材料费：49.5/100×119.83＝59.32(元)

③ 机械费：49.5/100×39.24＝19.51(元)

2) 滑触线支架安装：套用《全国统一安装工程预算定额(第二册)》(GYD—202—2000)2－504

① 人工费：6/10×81.27＝48.76(元)

② 材料费：6/10×988.32＝592.99(元)

③ 机械费：无

3）滑触线指示灯安装：套用《全国统一安装工程预算定额（第二册）》（GYD—202—2000）2－508

① 人工费：2/10×5.8＝1.16（元）

② 材料费：2/10×39.49＝7.9（元）

③ 机械费：2/10×0.71＝0.14（元）

（3）清单工程量

清单工程量计算见表5-29。

表5-29　清单工程量计算表

项目编码	项目名称	项目特征描述	计量单位	工程量
030207001001	滑触线	∟40×40×4，每米重2.422kg	m	49.5

◆例5-13

某工程需安装电机，3kW，1台，1.1kW，2台。检查其接线并调试，计算其工程量综合单价、合价及编制相应表格。

解：（1）编制分部分项清单工程量

电机检查接线　　3kW，1台，1.1kW，2台

电机调试　　　　　　　　　　3台

分部分项工程量清单见表5-30。

表5-30　分部分项工程量清单

序号	项目编号	项目名称	项目特征描述	计量单位	工程数量
1	030206006	低压交流异步电动机	名称、型号、类别；控制保护方式	台	3
2	030206006001	防爆电动机3kW以下	防爆、3kW以下	台	3

（2）编制分部分项工程量清单综合单价表

分部分项工程量清单综合单价计算表见表5-31。

表5-31　分部分项工程量清单综合单价计算表

项目编号		030206006001	项目名称	防爆电动机3kW以下				计量单位		台
清单综合单价组成明细										
定额编号	定额内容	定额单位	数量	单价（元）			合价（元）			
				人工费	材料费	机械费	人工费	材料费	机械费	管理费和利润
2—448	防爆电动机3kW以下	台	3	81.73	34.32	9.45	245.19	102.96	28.35	158.13
人工单价		小计					245.19	102.96	28.35	158.13
23元/工日		未计价材料费					—			
清单项目综合单价（元）							178.21			

注：管理费率34%，利润率8%。

(3) 编制分部分项工程量清单合价表(见表 5-32)

表 5-32　分部分项工程量清单合价

序号	项目编号	项目名称	项目特征描述	计量单位	工程数量	金额(元)	
						综合单价	合价
1	030206006	低压交流异步电动机	名称、型号、类别；控制保护方式	台	3	—	—
2	030206006001	防爆电动机 3kW 以下	防爆、3kW 以下	台	3	178.21	534.63
本页小计				台	3	534.63	
合计				台	3	534.63	

第七节　电缆安装

要点

本节主要介绍电缆的定额说明、定额工程量计算规则以及清单工程量计算规则，读者应掌握两种计价规则在实际中的应用方法。

解释

◆定额说明

1) 电缆敷设定额适用于 10kV 以下的电力电缆和控制电缆敷设。定额系按平康地区和厂内电缆工程的施工条件编制的，未考虑在积水区、水底、井下等特殊条件下的电缆敷设。

2) 电缆在一般山地、丘陵地区敷设时，其定额人工乘以系数 1.3。该地段所需的施工材料如固定桩、夹具等按实另计。

3) 电缆敷设定额未考虑因波形敷设增加长度、弛度增加长度、电缆绕梁(柱)增加长度以及电缆与设备连接、电缆接头等必要的预留长度，该增加长度应计入工程量之内。

4) 这里的电力电缆头定额均按铝芯电缆考虑，铜芯电力电缆头按同截面电缆头定额乘以系数 1.2，双屏蔽电缆头制作、安装，人工乘以系数 1.05。

5) 电力电缆敷设定额均按三芯(包括三芯连地)考虑，5 芯电力电缆敷设定额乘以系数 1.3，6 芯电力电缆乘以系数 1.6，每增加一芯定额增加 30%，以此类推。单芯电力电缆敷设按同截面电缆定额乘以 0.67。截面 $400mm^2$ 以上至 $800mm^2$ 的单芯电力电缆敷设，按 $400mm^2$ 电力电缆定额执行。$240mm^2$ 以上的电缆头的接线端子为异型端子，需要单独加工，应按实际加工价计算(或调整定额价格)。

6) 电缆沟挖填方定额亦适用于电气管道沟等的挖填方工作。

7) 桥架安装:

① 桥架安装包括运输、组合、螺栓或焊接固定、弯头制作、附件安装、切割口防腐、桥式或托板式开孔、上管件隔板安装、盖板及钢制梯式桥架盖板安装。

② 桥架支撑架定额适用于立柱、托臂及其他各种支撑架的安装。定额已综合考虑了采用螺栓、焊接和膨胀螺栓三种固定方式。实际施工中,不论采用何种固定方式,定额均不作调整。

③ 玻璃钢梯式桥架和铝合金梯式桥架定额均按不带盖考虑。如这两种桥架带盖,则分别执行玻璃钢槽式桥架定额和铝合金槽式桥架定额。

④ 钢制桥架主结构设计厚度大于 3mm 时,定额人工、机械乘以系数 1.2。

⑤ 不锈钢桥架按钢制桥架定额乘以系数 1.1。

8) 定额中电缆敷设系综合定额,已将裸包电缆、铠装电缆、屏蔽电缆等因素考虑在内。因此,凡 10kV 以下的电力电缆和控制电缆均不分结构形式和型号,一律按相应的电缆截面和芯数执行定额。

9) 电缆敷设定额及其相配套的定额中均未包括主材(又称装置性材料),另按设计和工程量计算规则加上定额规定的损耗率计算主材费用。

10) 直径 ϕ100 以下的电缆保护管敷设执行配管配线有关定额。

11) 定额未包括的工作内容。

① 隔热层、保护层的制作、安装。

② 电缆冬期施工的加温工作和在其他特殊施工条件下的施工措施费和施工降效增加费。

◆定额工程量计算规则

1) 直埋电缆的挖、填土(石)方,除特殊要求外,可按表 5-33 计算土方量。

表 5-33　直埋电缆的挖、填土(石)方量

项　目	电缆根数	
	1～2	每增 1 根
每米沟长挖方量(m^3)	0.45	0.153

注:1. 2 根以内电缆的电缆沟,系按上口宽度 600mm、下口宽度 400mm、深度 900mm 计算的常规土方量(深度按规范的最低标准)。

2. 每增加 1 根电缆,其宽度增加 170mm。

3. 以上土方量系按埋深从自然地坪起算,如设计埋深超过 900mm 时,多挖的土方量应另行计算。

2) 电缆沟盖板揭、盖定额,按每揭或每盖一次以延长米计算,如又揭又盖,则按两次计算。

3) 电缆保护管长度,除按设计规定长度计算外,遇有下列情况,应按以下规定增加保护管长度：

① 横穿道路，按路基宽度两端各增加 2m；

② 垂直敷设时，管口距地面增加 2m；

③ 穿过建筑物外墙时，按基础外缘以外增加 1m；

④ 穿过排水沟时，按沟壁外缘以外增加 1m。

4）电缆保护管埋地敷设，其土方量凡有施工图注明的，按施工图计算；无施工图的，一般按沟深 0.9m、沟宽按最外边的保护管两侧边缘外各增加 0.3m 工作面计算。

5）电缆敷设按单根以延长米计算，一个沟内（或架上）敷设 3 根各长 100m 的电缆，应按 300m 计算，以此类推。

6）电缆敷设长度应根据敷设路径的水平和垂直敷设长度，按表 5-34 规定增加附加长度。

表 5-34　电缆敷设的附加长度

序号	项　　目	预留长度（附加）	说　　明
1	电缆敷设弛度、波形弯度、交叉	2.5%	按电缆全长计算
2	电缆进入建筑物	2.0m	规范规定最小值
3	电缆进入沟内或吊架时引上（下）预留	1.5m	规范规定最小值
4	变电所进线、出线	1.5m	规范规定最小值
5	电力电缆终端头	1.5m	检修余量最小值
6	电缆中间接头盒	两端各留 2.0m	检修余量最小值
7	电缆进控制、保护屏及模拟盘等	高＋宽	按盘面尺寸
8	高压开关柜及低压配电盘、箱	2.0m	盘下进出线
9	电缆至电动机	0.5m	从电机接线盒起算
10	厂用变压器	3.0m	从地坪起算
11	电缆绕过梁柱等增加长度	按实计算	按被绕物的断面情况计算增加长度
12	电梯电缆与电缆架固定点	每处 0.5m	规范最小值

注：电缆附加及预留的长度是电缆敷设长度的组成部分，应计入电缆长度工程量之内。

7）电缆终端头及中间头均以“个”为计量单位。电力电缆和控制电缆均按 1 根电缆有两个终端头考虑。中间电缆头设计有图示的，按设计确定；设计没有规定的，按实际情况计算（或按平均 250m 一个中间头考虑）。

8）桥架安装，以“10m”为计量单位。

9）吊电缆的钢索及拉紧装置，应按相应定额另行计算。

10）钢索的计算长度以两端固定点的距离为准，不扣除拉紧装置的长度。

11）电缆敷设及桥架安装，应按定额说明的综合内容范围计算。

◆**清单工程量计算规则**

工程量清单项目设置及工程量计算规则,应按表 5-35 的规定执行。

表 5-35 电缆安装(编码:030208)

<table>
<tr><th>项目编码</th><th>项目名称</th><th>项目特征</th><th>计量单位</th><th>工程量计算规则</th><th>工程内容</th></tr>
<tr><td>030208001</td><td>电力电缆</td><td rowspan="2">1. 型号
2. 规格
3. 敷设方式</td><td rowspan="4">m</td><td rowspan="4">按设计图示尺寸以长度计算</td><td rowspan="2">1. 揭(盖)盖板
2. 电缆敷设
3. 电缆头制作、安装
4. 过路保护管敷设
5. 防火堵洞
6. 电缆防护
7. 电缆防火隔板
8. 电缆防火涂料</td></tr>
<tr><td>030208002</td><td>控制电缆</td></tr>
<tr><td>030208003</td><td>电缆保护管</td><td>1. 材质
2. 规格</td><td>保护管敷设</td></tr>
<tr><td>030208004</td><td>电缆桥架</td><td>1. 型号、规格
2. 材质
3. 类型</td><td rowspan="2">1. 制作、除锈、刷油
2. 安装</td></tr>
<tr><td>030208005</td><td>电缆支架</td><td>1. 材质
2. 规格</td><td>t</td><td>按设计图示质量计算</td></tr>
</table>

相关知识

◆**电缆敷设方式**

电缆敷设方式包括直接埋地敷设、电缆沟敷设、电缆管道内敷设、室内电缆支架、桥架上敷设等。

1. 电缆埋地敷设

电缆埋地敷设是沿已选定的路线挖沟,然后把电缆埋入沟中,如图 5-33 所示。此方法用于电缆根数较少,且敷设距离较长的情况。埋地敷设的电缆,宜采用有外护层的铠装电缆,电缆埋设深度不应小于 0.7m,穿越农田时不应小于 1m,并应在电缆上下各均匀铺设 100mm 厚的细砂或软土,然后覆盖混凝土保护板或类似的保护层,覆盖的保护层应超过电缆两侧各 50mm。寒冷地区的电缆应埋设于冻土层以下。

2. 电缆在电缆沟或隧道内敷设

当电缆与地下管网交叉不多,地下水位较低,且无高温介质和熔化金属液体流入可能的地区,同一路径的电缆根数较多时,宜采用电缆沟或电缆隧道敷设。图 5-34 所示为电缆沟内敷设,首先砌筑电缆沟,沟壁预埋电缆支架,再将电缆敷设在支架上,然后盖上钢筋混凝土盖板。

3. 电缆穿管敷设

电缆穿管敷设是先将保护管敷设(明设或暗设)好,再将电缆穿入管内。管

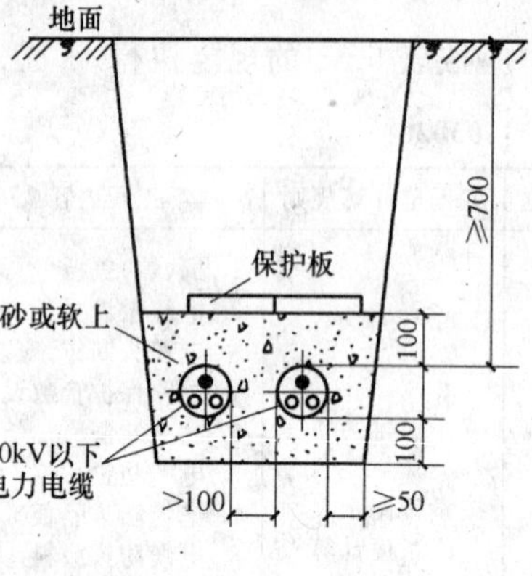

图 5-33 电缆直埋示意图

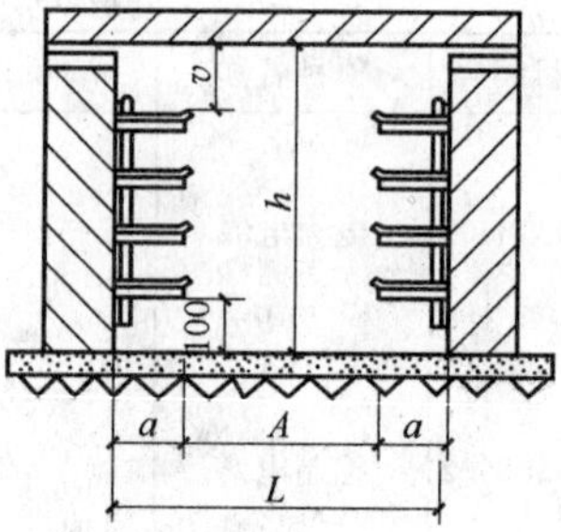

图 5-34 电缆在电缆沟内敷设

的内径应大于电缆外径的 1.5 倍。

4. 电缆沿支架敷设

电缆沿支架敷设是先将支架螺栓预埋在墙上，并把在施工现场制作好的支架固定在预埋螺栓上，然后将电缆固定在电缆支架上。

5. 电缆桥架敷设电缆

桥架敷设电缆，适用于电缆数量较多或较集中的场所。所谓电缆桥架是指由托盘、梯架的直线段、弯通、附件及支、吊架等构成，用以支承电缆的具有连续的刚性结构系统的总称，其结构类型包括无孔托盘、有孔托盘、梯架、组装式托盘等。

例题分析

◆**例 5-14**

某电缆工程采用电缆沟敷设，沟长 300m，共 24 根电缆 VV29(3×120＋2×35)，分四层，双边，支架镀锌。试列出项目和工程量。

解：(1) 基本工程量

电缆沟支架制作安装工程量：300×2＝600(m)

电缆敷设工程量：(300＋1.5＋1.5×2＋0.5×2＋3)×24＝7404(m)

(2) 清单工程量

清单工程量计算见表 5-36。

表 5-36 清单工程量计算表

项目编码	项目名称	项目特征描述	计量单位	工程量
030208001001	电力电缆	采用电缆沟敷设，共 24 根 VV29(3×120＋2×35)	m	7404

(3) 定额工程量

套用《全国统一安装工程预算定额(第二册)》(GYD－202－2000)2－621

① 人工费:638.78/100×7404＝47295.27(元)

② 材料费:455.50/100×7404＝33725.22(元)

③ 机械费:525.03/100×7404＝38873.22(元)

工程量汇总表见表5-37。

表5-37 工程量汇总表

工程项目	单位	数量	说明
电缆沟支架制作安装4层	m	600	双边300×2＝600
电缆沿沟内敷设	m	7404	不考虑定额损耗

注:电缆进建筑预留1.5m,电缆终端电缆头预留1.5m,两个,共3m,水平到垂直2次,0.5×2,进入低压柜电缆预留3m,4层,双边,每边8根。

◆例5-15

建筑内某低压配电柜与配电箱之间的水平距离为19m,配电线路采用五芯电力电缆VV－3×25＋2×16,在电缆沟内敷设,电缆沟的深度为0.9m、宽度为0.6m,配电柜为落地式,配电箱为悬挂嵌入式,箱底边距地面为1.4m,试编制电力电缆的工程量清单。

解:清单工程量:19＋0.9＋0.9＋1.4＝22.2(m)

电力电缆的工程量清单见表5-38。

表5-38 分部分项工程量清单

工程名称:××工程　　　　第 页 共 页

项目编码	项目名称	项目特征描述	计量单位	工程量
030208001001	电力电缆安装	1kV－VV3×25＋2×16;电缆沟盖盖板;干包式电缆终端头制作安装	m	22.2

◆例5-16

如图5-35所示,某工厂车间电源配电箱DLX(2.0m×1m)安装在15号基础槽钢上,车间内另设备用配电箱1台(1m×0.8m)墙上暗装,其电源由DLX以2R－VV4×50＋1×16穿电镀管*DN*90沿地面敷设引来(电缆、电镀管长32m)。试计算工程量并编制工程量清单。

解:(1) 基本工程量

1) 铜芯电力电缆敷设

(32＋2×2＋1.5×2)×(1＋2.5%)＝39.98(m)

注:电缆进出配电箱的预留长度为2m/台;电缆终端头的预留长度为1.5m/个;2.5%为

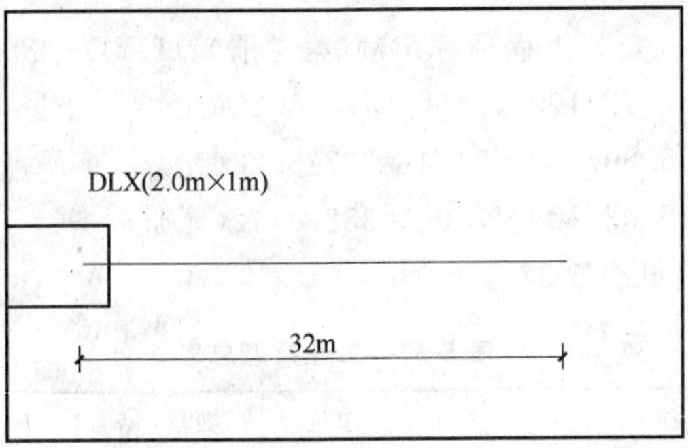

图 5-35　配电箱安装示意图

电缆敷设的附加长度系数。

2）干包终端头制作：2个

（2）清单工程量

清单工程量计算见表5-39。

表5-39　清单工程量计算表

序号	项目编码	项目名称	项目特征描述	单位	工程数量
	030208001001	电力电缆	铜芯电力电缆	m	39..98

（3）定额工程量

1）铜芯电力电缆敷设：

套用《全国统一安装工程预算定额（第二册）》（GYD－202－2000）2－618

① 人工费：163.24/100×34.85＝56.89（元）

② 材料费：164.03/100×34.85＝57.16（元）

③ 机械费：5.15/100×34.85＝1.79（元）

2）干包终端头制作：

套用《全国统一安装工程预算定额（第二册）》（GYD－202－2000）2－626

① 人工费：12.77×2＝25.54（元）

② 材料费：67.14×2＝134.28（元）

③ 机械费：无

第八节　防雷及接地装置安装

要点

雷电是一种常见的自然现象，雷击会造成极大危害，例如人畜伤亡，建（构）

筑物被摧毁倒塌，击穿电气绝缘或引发火灾等。所以，加强防雷保护工作是十分重要的。

通常，雷击可分为三类：直接雷击、感应雷害和雷电压高电位引入，可分别采用避雷针、避雷带（网）和避雷器等装置预防。

解释

◆定额说明

1）定额适用于建筑物、构筑物的防雷接地，变配电系统接地、设备接地以应避雷针的接地装置。

2）户外接地母线敷设定额系按自然地坪和一般土质综合考虑的，包括地沟的挖填土和夯实工作，执行定额时不应再计算土方量。如遇有石方、矿渣、积水、障碍物等情况时可另行计算。

3）定额不适于采用爆破法施工敷设接地线、安装接地极，也不包括高土壤电阻率地区采用换土或化学处理的接地装置及接地电阻的测定工作。

4）定额中，避雷针的安装、半导体少长针消雷装置安装，均已考虑了高空作业的因素。

5）独立避雷针的加工制作执行“一般铁构件”制作定额。

6）防雷均压环安装定额是按利用建筑物圈梁内主筋作为防雷接地连接线考虑的。如果采用单独扁钢或圆钢明敷作均压环时，可执行“户内接地母线敷设”定额。

7）利用铜绞线作接地引下线时，配管、穿铜绞线执行定额中同规格的相应项目。

◆定额工程量计算规则

1）接地极制作安装以“根”为计量单位，其长度按设计长度计算。设计无规定时，每根长度按 2.5m 计算。若设计有管帽时，管帽另按加工件计算。

2）接地母线敷设，按设计长度以“m”为计量单位计算工程量。接地母线、避雷线敷设，均按“延长米”计算，其长度按施工图设计水平和垂直规定长度另加 3.9％的附加长度（包括转弯、上下波动、避绕障碍物、搭接头所占长度）计算。计算主材费时应另增加规定的损耗率。

3）接地跨接线以“处”为计量单位。按规程规定，凡需接地跨接线的工程内容，每跨接一次按一处计算。户外配电装置构架均需接地，每副构架按“一处”计算。

4）避雷针的加工制作、安装，以“根”为计量单位，独立避雷针安装以“基”为计量单位。长度、高度、数量均按设计规定。独立避雷针的加工制作应执行“一般铁件”制作定额或按成品计算。

5）半导体少长针消雷装置安装以“套”为计量单位，按设计安装高度分别执行相应定额。装置本身由设备制造厂成套供货。

6）利用建筑物内主筋作接地引下线安装，以“10m”为计量单位，每一柱子内按焊接两根主筋考虑。如果焊接主筋数超过两根时，可按比例调整。

7）断接卡子制作安装以“套”为计量单位，按设计规定装设的断接卡子数量计算。接地检查井内的断接卡子安装按每井一套计算。

8）高层建筑物屋顶的防雷接地装置应执行“避雷网安装”定额，电缆支架的接地线安装应执行“户内接地母线敷设”定额。

9）均压环敷设以“m”为单位计算，主要考虑利用圈梁内主筋作为均压环接地连线，焊接按两根主筋考虑。超过两根时，可按比例调整。长度按设计需要作均压接地的圈梁中心线长度，以“延长米”计算。

10）钢、铝窗接地以“处”为计量单位（高层建筑六层以上的金属窗设计一般要求接地），按设计规定接地的金属窗数进行计算。

11）柱子主筋与圈梁连接以“处”为计量单位，每处按两根主筋与两根圈梁钢筋分别焊接连接考虑。如果焊接主筋和圈梁钢筋超过两根时，可按比例调整；需要连接的柱子主筋和圈梁钢筋“处”数按规定设计计算。

◆清单工程量计算规则

工程量清单项目设置及工程量计算规则，应按表5-40的规定执行。

表5-40　防雷及接地装置（编码：030209）

项目编码	项目名称	项目特征	计量单位	工程量计算规则	工程内容
030209001	接地装置	1. 接地母线材质、规格 2. 接地极材质、规格	项	按设计图示尺寸以长度计算	1. 接地极（板）制作、安装 2. 接地母线敷设 3. 按土或化学处理 4. 接地跨接线 5. 构架接地
030209002	避雷装置	1. 受雷体名称、材质、规格、技术要求（安装部位） 2. 引下线材质、规格、技术要求（引下形式） 3. 接地极材质、规格、技术要求 4. 接地母线材质、规格、技术要求 5. 均压环材质、规格、技术要求	项	按设计图示数量计算	1. 避雷针（网）制作、安装 2. 引下线敷设、断接卡子制作、安装 3. 拉线制作、安装 4. 接地极（板、桩）制作、安装 5. 极间连线 6. 油漆（防腐） 7. 换土或化学处理 8. 钢铝窗接地 9. 均压环敷设 10. 柱主筋与圈梁焊接
030209003	半导体少长针消雷装置	1. 型号 2. 高度	套	按设计图示数量计算	安装

相关知识

◆避雷针的安装

避雷针的安装可参照全国通用电气装置标准图集执行(D562,D565)。图5-36和图 5-37 分别为避雷针在山墙上安装和在屋面上安装。

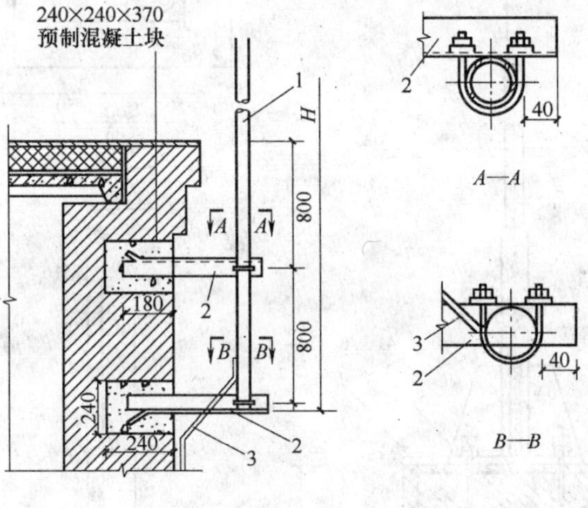

图 5-36　避雷针在山墙上安装

1—避雷针;2—支架;3—引下线

避雷针安装注意事项如下:

1) 建筑物上的避雷针和建筑物顶部的其他金属物体应连接成一个整体。

2) 为了防止雷击避雷针时雷电波沿电线传入室内,危及人身安全,所以不得在避雷针构架上架设低压线路或通信线路。装有避雷针的构架上的照明灯电源线,必须采用直埋于地下的带金属护层的电缆或穿入金属管的导线。电缆护层或金属管必须接地,埋地长度应在 10m 以上,方可与配电装置的接地网相连或与电源线、低压配电装置相连。

3) 避雷针及其接地装置,应采取自下而上的施工程序。首先安装集中接地装置,然后安装引下线,最后安装接闪器。

例题分析

◆例 5-17

某建筑防雷及接地装置如图 5-38～图 5-41 所示,试计算其工程量,并列出工程量清单。

解:(1) 基本工程量

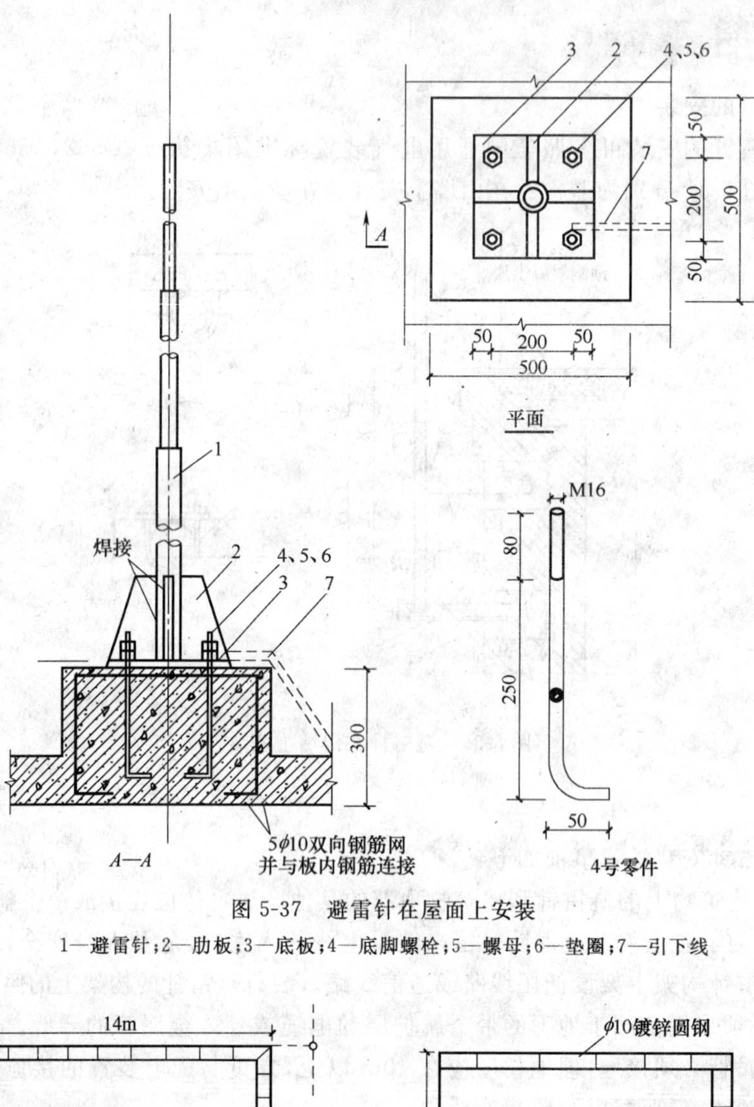

图 5-37　避雷针在屋面上安装

1—避雷针；2—肋板；3—底板；4—底脚螺栓；5—螺母；6—垫圈；7—引下线

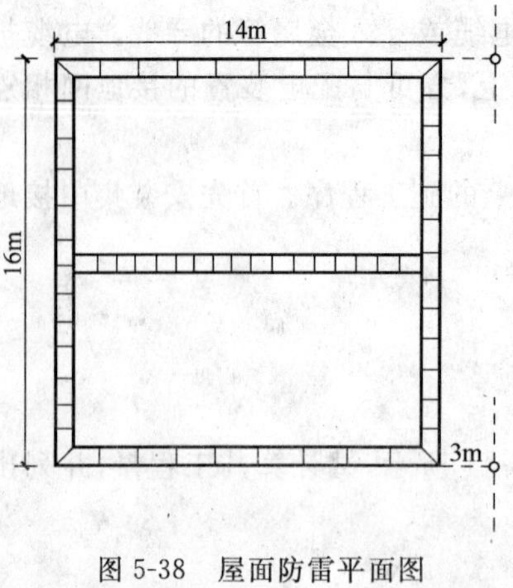

图 5-38　屋面防雷平面图

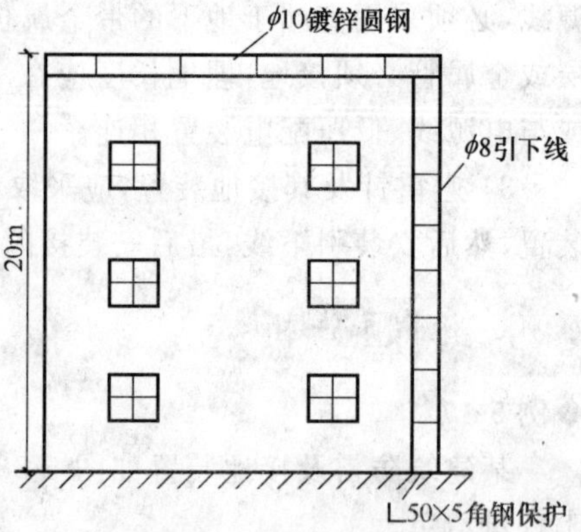

图 5-39　引下线安装图

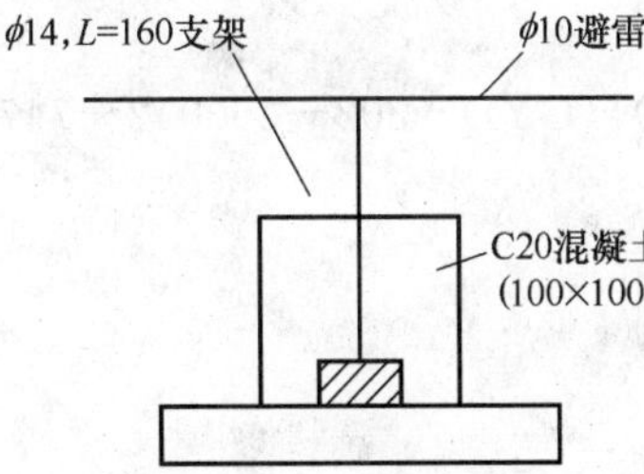

图 5-40　避雷带安装图

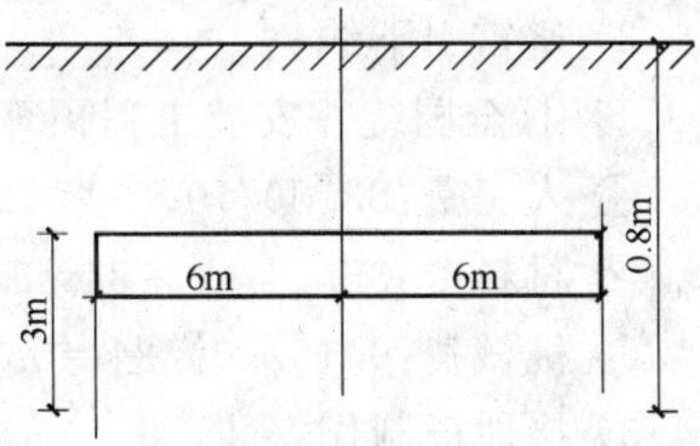

图 5-41　接地极安装图

1）避雷带线路长度：16×2＋14×2＝60(m)

注：避雷网除沿着屋顶周围装设外，在屋顶上还用圆钢或扁钢纵横连接成网。在房屋的沉降处应多留 100～200mm。

2）避雷引下线：

(20＋1)×2－2×4＝34(m)

3）接地极挖土方：(3.0×2＋6×4)×0.36＝10.8(m^3)

4）接地极制作安装：2 根(ϕ50，l＝25m 钢管)

5）接地母线埋设：3.0×2＋6×4＋0.8×2＋4×0.5＝33.6(m)

6）断接卡子制作安装：2×1＝2(个)

7）断接卡子引线：2×1.5＝3(m)

8）混凝土块制作：

避雷带线路总长÷1(混凝土块间隔)＝60÷1＝60(个)

9）接地电阻测试：2 次

(2) 清单工程量

清单工程量计算见表 5-41。

表 5-41　清单工程量计算表

序号	项目编码	项目名称	项目特征描述	计量单位	工程量
1	030209002001	避雷装置	避雷网沿屋顶周围敷设，圆钢或扁钢连成网	项	1
2	030209001001	接地装置	接地母线埋设	项	1

(3) 定额工程量

1）避雷网安装：

套用《全国统一安装工程预算定额(第二册)》(GYD－202－2000)2－748

① 人工费：21.36/10×60＝128.16(元)

② 材料费：11.41/10×60＝68.46(元)

③ 机械费:4.64/10×60=27.84(元)

2) 避雷引下线:

套用《全国统一安装工程预算定额(第二册)》(GYD-202-2000)2-747

① 人工费:83.59/10×34=284.21(元)

② 材料费:36.14/10×34=122.88(元)

③ 机械费:0.15/10×34=0.51(元)

3) 接地极制作安装:

套用《全国统一安装工程预算定额(第二册)》(GYD-202-2000)2-688

① 人工费:14.40×2=28.80(元)

② 材料费:3.23×2=6.46(元)

③ 机械费:9.63×2=19.26(元)

4) 接地母线敷设:

套用《全国统一安装工程预算定额(第二册)》(GYD-202-2000)2-697

① 人工费:70.82/10×33.6=237.96(元)

② 材料费:1.77/10×33.6=5.95(元)

③ 机械费:1.43/10×33.6=4.80(元)

◆例 5-18

图 5-42 所示为某住宅楼的屋顶避雷装置平面布置图,试计算工程量并套用定额。

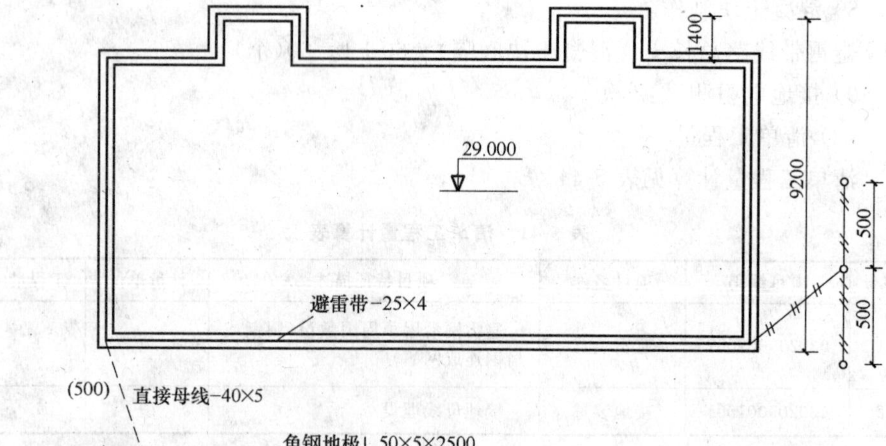

图 5-42　避雷装置平面布置图

说明:避雷带应镀锌与屋面预留钢筋头引下线焊牢。引下线用卡子沿墙固定,与接地极焊牢,接地电阻≤30Ω。采用一ϕ25 镀锌扁铁做避雷线。

解:(1) 清单工程量

清单工程量计算见表 5-42。

表 5-42 清单工程量计算表

序号	项目编码	项目名称	项目特征描述	计量单位	工程量
1	030209001001	接地装置	接地极制作安装 (角钢∟50×5×2500) 接地母线敷设	项	1
2	030209002001	避雷装置	避雷带制作安装 (一ϕ25 镀锌扁铁) 扁铁引下线 ϕ25 断接卡子制作安装	项	1

(2) 定额工程量

1) 避雷带,镀锌扁铁一ϕ25:

(26+9.2)×2+1.4×2=73.2(m)

套用《全国统一安装工程预算定额(第二册)》(GYD－202－2000)2－748

① 人工费:21.36×73.2÷10=156.36(元)

② 材料费:11.41×73.2÷10=83.52(元)

③ 机械费:4.64×73.2÷10=33.96(元)

2) 扁铁引下线,镀锌扁铁一ϕ25:

(29.00+1)×2－2×2=56(m)

注:2m 为引下线接至断接卡子后,断接卡子引线至地的长度;1m 为女儿墙高度。

套用《全国统一安装工程预算定额(第二册)》(GYD－202－2000)2－744

① 人工费:4.18×56÷10=23.41(元)

② 材料费:3.57×56÷10=19.99(元)

③ 机械费:2.85×56÷10=15.96(元)

3) 接地极制作安装:6 根(角钢地极∟50×5×2500)

套用《全国统一安装工程预算定额(第二册)》(GYD－202－2000)2－690

① 人工费:11.15×6=66.9(元)

② 材料费:2.65×6=15.9(元)

③ 机械费:6.42×6=38.52(元)

4) 接地极挖土方不计

5) 接地母线埋设

0.5×2+0.5×4+0.8×2=4.6(m)

套用《全国统一安装工程预算定额(第二册)》(GYD－202－2000)2－698

① 人工费:98.92×4.6÷10＝45.50(元)

② 材料费:3.04×4.6÷10＝1.40(元)

③ 机械费:3.21×4.6÷10＝1.48(元)

6) 断接卡子制作安装:2×1＝2(套)

套用《全国统一安装工程预算定额(第二册)》(GYD－202－2000)2－747

① 人工费:83.59×2÷10＝16.72(元)

② 材料费:36.14×2÷10＝7.23(元)

③ 机械费:0.15×2÷10＝0.03(元)

7) 断接卡子引线:2×2＝4(m)

8) 接地电阻测试二次,每组测试一次。

套用《全国统一安装工程预算定额(第二册)》(GYD－202－2000)2－885

① 人工费:92.88×2＝185.76(元)

② 材料费:1.86×2＝3.72(元)

③ 机械费:100.80×2＝201.6(元)

◆例 5-19

某化验室的平面图如图 5-43 所示,在 21m 及 28m 房顶上共装避雷针 5 根,分三处引下与接地组连接(避雷针为钢管、长 5m;接地极两组 6 根),房顶上的避雷线采用支持卡子敷设。试计算工程量,并套用定额。

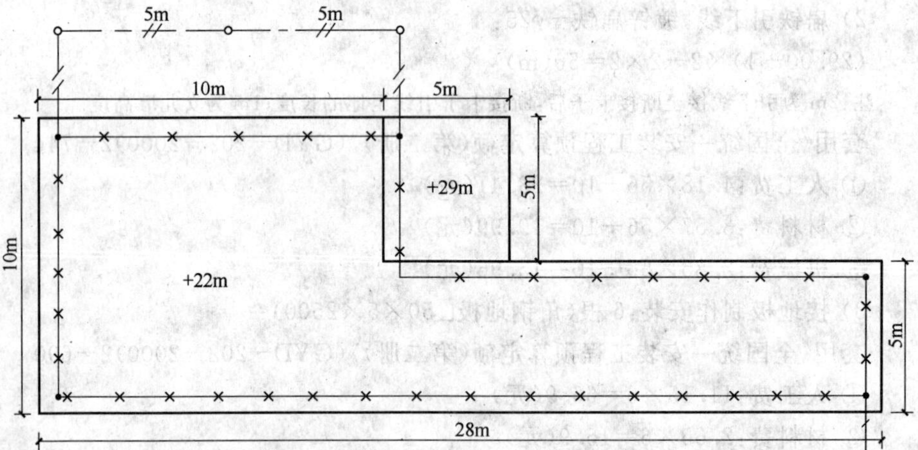

图 5-43　某化验室屋顶避雷装置平面布置图

解:(1) 基本工程量

1) 钢管避雷针制作 5m: 5 根

2) 钢管避雷针安装 5m: 5 根

3) 避雷线

28+5+18+5+10+10+7×2=90(m)

4) 引下线敷设 $\phi8$ 圆钢

22+29+22-3×2=67(m)

5) 断接卡子制安:3×1=3(套)

6) 断接卡子以下引下明设:3×2.5=7.5(m)

7) 保护竹管敷设:3×2=6(m)

8) 接地极挖土方:

5×2+5+5×2+5+5+0.5×4=37(m)

37×0.36=13.32(m^3)

9) 接地极制安:$\phi2''$钢管: 6 根

10) 接地母线埋设

5×2+5+5+5×2+5+0.9×3=35.0+2.7=37.7(m)

11) 接地电阻测验: 2 次

(2) 清单工程量

清单工程量见表 5-43。

表 5-43　清单工程量计算表

序号	项目编码	项目名称	项目特征描述	计量单位	工程量
1	030209002001	避雷装置	钢管避雷针,$\phi8$ 圆钢引下线,断接卡子制安,避雷线沿支持卡子敷设,接地极制安,户外接地母线敷设	项	1
2	030209001001	接地装置	接地极制作安装,接地母线敷设	项	1
3	030211008001	接地极测试	接地电阻测试	系统	2

(3) 定额工程量

1) 圆钢避雷针制作 5m: 5 根

套用《全国统一安装工程预算定额(第二册)》(GYD-202-2000)2-710

① 人工费:14.16×5=70.8(元)

② 材料费:24.14×5=120.7(元)

③ 机械费:0.41×5=2.05(元)

2) 钢管避雷针安装 5m: 5 根

套用《全国统一安装工程预算定额(第二册)》(GYD－202－2000)2－711

① 人工费:24.85×5＝124.25(元)

② 材料费:1.56×5＝7.8(元)

③ 机械费:3.21×5＝16.05(元)

3) 避雷线沿支持卡子敷设:9.0(10m)

套用《全国统一安装工程预算定额(第二册)》(GYD－202－2000)2－748

① 人工费:21.36×9.0＝192.24(元)

② 材料费:11.41×9.0＝102.69(元)

③ 机械费:4.64×9.0＝41.76(元)

4) $\phi 8$ 圆钢引下线:6.7(10m)

套用《全国统一安装工程预算定额(第二册)》(GYD－202－2000)2－744

① 人工费:4.18×6.7＝28.01(元)

② 材料费:3.57×6.7＝23.92(元)

③ 机械费:2.85×6.7＝19.10(元)

5) 断接卡子制安:0.3 套

套用《全国统一安装工程预算定额(第二册)》(GYD－202－2000)2－747

① 人工费:83.59×0.3＝25.08(元)

② 材料费:36.14×0.3＝10.84(元)

③ 机械费:0.15×0.3＝0.05(元)

6) 接地极挖土方不计

7) 接地极制安:6 根

套用《全国统一安装工程预算定额(第二册)》(GYD－202－2000)2－688

① 人工费:14.40×6＝86.4(元)

② 材料费:3.23×6＝19.38(元)

③ 机械费:9.63×6＝57.78(元)

8) 户外接地母线敷设:3.77(10m)

套用《全国统一安装工程预算定额(第二册)》(GYD－202－2000)2－697

① 人工费:70.82×3.77＝266.99(元)

② 材料费:1.77×3.77＝6.67(元)

③ 机械费:1.43×3.77＝5.39(元)

9) 接地电阻测验:2 次

套用《全国统一安装工程预算定额(第二册)》(GYD－202－2000)2－886

① 人工费:232.20×2＝464.4(元)

② 材料费:4.64×2＝9.28(元)

③ 机械费:252.00×2＝504(元)

第九节　10kV以下架空配电线路安装

要点

电力网中的线路可以分为送电线路(又称输电线路)和配电线路。架设在升压变电站与降压变电站之间的线路，称为送电线路，是专门用于输送电能的。从降压变电站至各用户之间的10kV及以下线路，称为配电线路，是用于分配电能的。配电线路中又分为高压配电线路和低压配电线路。1kV以下线路为低压架空线路，1～10kV为高压架空线路。

架空电力线路主要由导线、电杆、横担、金具、绝缘子、导线、基础及接地装置等构成，如图5-44所示。架空电力线路的造价低、架设方便、便于检修，所以应用广泛。目前工厂、建筑工地、由公用变压器供电的居民小区的低压输电线路大部分采用架空电力线路。

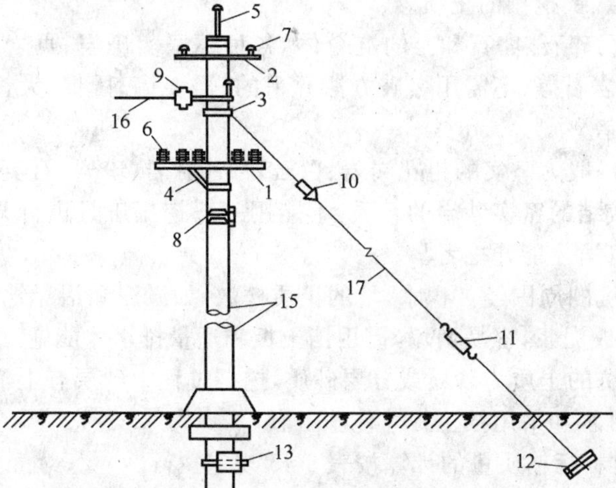

图5-44　架空电力线路的组成

1—低压横担；2—高压横担；3—拉线抱箍；4—横担支撑；5—高压杆头；6—低压针式绝缘子；7—高压针式绝缘子；8—低压碟式绝缘子；9—悬式碟式绝缘子；10—拉紧绝缘子；11—花篮螺栓；12—地锚(拉线盒)；13—卡盘；14—底盘；15—电杆；16—导线；17—拉线

解释

◆定额说明

1）定额按平地施工条件考虑，如在其他地形条件下施工时，其人工和机械按表 5-44 地形系数予以调整。

表 5-44　地形系数

地形类别	丘陵(市区)	一般山地、泥沼地带
调整系数	1.20	1.60

2）地形划分的特征：

① 平地：地形比较平坦、地面比较干燥的地带。

② 丘陵：地形有起伏的矮岗、土丘等地带。

③ 一般山地：一般山岭或沟谷地带、高原台地等。

④ 泥沼地带：经常积水的田地或泥水淤积的地带。

3）预算编制中，全线地形分几种类型时，可按各种类型长度所占百分比求出综合系数进行计算。

4)土质分类：

① 普通土：种植土、黏砂土、黄土和盐碱土等，主要利用锹、铲即可挖掘的土质。

② 坚土：土质坚硬难挖的红土、板状黏土、重块土、高岭土，必须用铁镐、条锄挖松，再用锹、铲挖掘的土质。

③ 松砂石：碎石、卵石和土的混合体，各种不坚实砾岩、页岩、风化岩，节理和裂缝较多的岩石等(不需用爆破方法开采的)需要镐、撬棍、大锤、楔子等工具配合才能挖掘者。

④ 岩石：一般为坚实的粗花岗岩、白云岩、片麻岩、玢岩、石英岩、大理岩、石灰岩、石灰质胶结的密实砂岩的石质，不能用一般挖掘工具进行开挖，必须采用打孔、爆破或打凿才能开挖者。

⑤ 泥水：坑的周围经常积水，坑的土质松散，如淤泥和沼泽地等挖掘时因水渗入和浸润而成泥浆，容易坍塌，需用挡土板和适量排水才能施工者。

⑥ 流砂：坑的土质为砂质或分层砂质，挖掘过程中砂层有上涌现象，容易坍塌，挖掘时需排水和采用挡土板才能施工者。

5）主要材料运输质量的计算按表 5-45 规定执行。

表 5-45　主要材料运输质量计算

材料名称		单　位	运输质量(kg)	备注
混凝土制品	人工浇制	—	2600	包括钢筋
	离心浇制	—	2860	包括钢筋
线材	导线	kg	$m \times 1.15$	有线盘
	钢绞线	kg	$m \times 1.07$	无线盘
木杆材料		—	450	包括木横担
金具、绝缘子		kg	$m \times 1.07$	—
螺栓		kg	$m \times 1.01$	—

注：1. m 为理论质量。

2. 未列入者均按净重计算。

6）线路一次施工工程量按5根以上电杆考虑；如为5根以内者，其全部人工、机械乘以系数1.3。

7）如果出现钢管杆的组立，按同高度混凝土杆组立的人工、机械乘以系数1.4，材料不调整。

8）导线跨越架设：

① 每个跨越间距：均按50m以内考虑，大于50m而小于100m时，按2处计算，以此类推。

② 在同跨越档内，有多种（或多次）跨越物时，应根据跨越物种类分别执行定额。

③ 跨越定额仅考虑因跨越而多耗的人工、机械台班和材料，在计算架线工程量时，不扣除跨越档的长度。

9）杆上变压器安装不包括变压器调试、抽芯、干燥工作。

◆定额工程量计算规则

1）工地运输，是指定额内未计价材料从集中材料堆放点或工地仓库运至杆位上的工程运输，分人力运输和汽车运输，以"t·km"为计量单位。

运输量计算公式如下：

$$工程运输量=施工图用量\times(1+损耗率) \tag{5-1}$$

$$预算运输质量=工程运输量+包装物质量(不需要包装的可不计算包装物质量) \tag{5-2}$$

运输质量可按表5-45的规定进行计算。

2）无底盘、卡盘的电杆坑，其挖方体积为：

$$V=0.8\times0.8\times h \tag{5-3}$$

式中　h——坑深，m。

3）电杆坑的马道土、石方量按每坑$0.2m^3$计算。

4）施工操作裕度按底拉盘底宽每边增加0.1m。

5）各类土质的放坡系数按表5-46计算。

表5-46　各类土质的放坡系数

土质	普通土、水坑	坚土	松砂石	泥水、流砂、岩石
放坡系数	1∶0.3	1∶0.25	1∶0.2	不放坡

6）冻土厚度大于300mm时，冻土层的挖方量按挖坚土定额乘以系数2.5。其他土层仍按土质性质执行定额。

7）土方量计算公式：

$$V=\frac{h}{6\times[ab+(a+a_1)(b+b_1)+a_1b_1]} \tag{5-4}$$

式中　V——土(石)方体积 m^3；

h——坑深，m；

$a(b)$——坑底宽，m；$a(b)$=底拉盘底宽+2×每边操作裕度；

$a_1(b_1)$——坑底宽，m；$a_1(b_1)=a(b)+2h\times$边坡系数。

8）杆坑土质按一个坑的主要土质而定。如一个坑大部分为普通土，少量为坚土，则该坑应全部按普通土计算。

9）带卡盘的电杆坑，如原计算的尺寸不能满足卡盘安装时，因卡盘超长而增加的土(石)方量另计。

10）底盘、卡盘、拉线盘按设计用量以“块”为计量单位。

11）杆塔组立，分别杆塔形式和高度，按设计数量以“根”为计量单位。

12）拉线制作安装按施工图设计规定，分别不同形式，以“组”为计量单位。

13）横担安装按施工图设计规定，分不同形式和截面，以“根”为计量单位，定额按单根拉线考虑。若安装 V 形、Y 形或双拼形拉线时，按 2 根计算。拉线长度按设计全根长度计算，设计无规定时可按表 5-47 计算。

表 5-47　拉线长度　　　　单位：m/根

项　目		普通拉线	V(Y)形拉级	弓形拉线
杆高(m)	8	11.47	22.94	9.33
	9	12.61	25.22	10.10
	10	13.74	27.48	10.92
	11	15.10	30.20	11.82
	12	16.14	32.28	12.62
	13	18.69	37.38	13.42
	14	19.68	39.36	15.12
水平拉线		26.47	—	—

14）导线架设，分别导线类型和不同截面以“km/单线”为计量单位计算。导线预留长度按表 5-48 计算。

表 5-48　导线预留长度　　　　单位：m/根

项目名称		长　度
高压	转角	2.5
	分支、终端	2.0
低压	分支、终端	0.5
	交叉跳线转角	1.5
与设备连线		0.5
进户线		2.5

导线长度按线路总长度和预留长度之和计算。计算主材费时应另增加规定的损耗率。

15）导线跨越架设，包括越线架的搭拆和运输，以及因跨越（障碍）施工难度增加而增加的工作量，以“处”为计量单位。每个跨越间距按 50m 以内考虑，大于 50m 而小于 100m 时按 2 处计算，以此类推。在计算架线工程量时，不扣除跨越档的长度。

16）杆上变配电设备安装以“台”或“组”为计量单位，定额内包括杆和钢支架及设备的安装工作。但钢支架主材、连引线、线夹、金具等应按设计规定另行计算，设备的接地安装和调试应按本册相应定额另行计算。

◆清单工程量计算规则

工程量清单项目设置及工程量计算规则，应按表 5-49 的规定执行。

表 5-49　10kV 以下架空配电线路（编码：030210）

项目编码	项目名称	项目特征	计量单位	工程量计算规则	工程内容
030210001	电杆组立	1. 材质 2. 规格 3. 类型 4. 地形	根	按设计图示数量计算	1. 工地运输 2. 土(石)方挖填 3. 底盘、拉盘、卡盘安装 4. 木电杆防腐 5. 电杆组立 6. 横担安装 7. 拉线制作、安装
030210002	导线架设	1. 型号(材质) 2. 规格 3. 地形	km	按设计图示尺寸以长度计算	1. 导线架设 2. 导线跨越及进户线架设 3. 进户横担安装

相关知识

◆架空配电线路常用数据

1. 架空配电线路的一般规定

架空配电线路的一般规定列于表 5-50～表 5-56。

表 5-50　架空导线允许载流量

导线截面面积（mm^2）＼允许载流量（A）＼导线材料	铝绞线	钢芯铝线	导线截面面积（mm^2）＼允许载流量（A）＼导线材料	铝绞线	钢芯铝线
16	105		95	325	335
25	135		120	375	380
35	170	170	150	440	445
50	215	220	185	500	515
70	265	275			

表 5-51 架空配电线路与电力配电线路交叉接近距离

线路电压(kV)	最小垂直距离(m)	最小水平距离(m)	线路电压(kV)	最小垂直距离(m)	最小水平距离(m)
1 以下	2	—	145	4	6
1～10	2.5	2.5	220	4	7
35～100	3	5	—	—	—

表 5-52 架空配电线路最大弧垂与通信线路的最小垂直距离

分类 \ 电压(kV) \ 最小垂直距离(m)	1 以下	1～10
架空配电线路有防雷保护	2	2
架空配电线路无防雷保护	4	4

表 5-53 架空配电线路与通信线路的最小允许交叉角

通信线等级	交叉角
Ⅰ	≥45°
Ⅱ	≥30°
Ⅲ	不做具体规定

表 5-54 架空配电线路排列顺序

配电线路种类	线路排列相序
高压线路	面向负荷从左侧起,导线排列相序为 A、B、C
低压线路	面向负荷从左侧起,导线排列相序为 A、O、B、C

表 5-55 架空线路档距 单位:m

地区 \ 电压	高压	低压
城区	40～50	30～45
居住区	35～50	30～40
郊区	50～100	40～60

表 5-56 导线及避雷线的安全系数

导线种类 \ 股别	单股	多股	
		一般地区	重要地区
铝绞线、钢芯铝线及铝合金绞线	2.5	2.5	3.0
铜绞线、铁线		2.0	2.5

2. 架空线路导线架设

架空线路的导线与地面的距离,不应小于表 5-57 所列数值。

表 5-57　导线与地面或水面的最小距离　　单位:m

线路经过地区	线路电压	
	1～10kV	1kV 以下
居民区	6.5	6
非居民区	5.5	5
不能通航也不能浮运的河、湖(至冬季冰面)	5	5
不能通航也不能浮运的河、湖(至 50 年一遇洪水位)	3	3
交通困难地区	4.5(3)	4(3)

注:括号内为绝缘线数值。

架空线路的导线与道路行道树间的距离,不应小于表 5-58 所列数值。

表 5-58　导线与街道行道树间的最小距离　　单位:m

最大弧垂情况的垂直距离		最大风偏情况的水平距离	
1～10kV	1kV 以下	1～10kV	1kV 以下
1.5(0.8)	1.0(0.2)	2.0(1.0)	1.0(0.5)

注:括号内为绝缘导线数值。

架空线路的导线与建筑物之间的距离,不应小于表 5-59 所列数值。

表 5-59　导线与建筑物间的最小距离　　单位:m

线路经过地区	线路电压	
	1～10kV	1kV 以下
导线与建筑物的垂直距离在最大计算弧垂情况下	裸导线　3 绝缘导线　2.5	裸导线　2.5 绝缘导线　2
线路边线与永久建筑物之间的距离在最大风偏情况下	裸导线　1.5 绝缘导线 0.75 (相邻建筑物无门窗或实墙)	裸导线　1 绝缘导线　0.2 (相邻建筑物无门窗或实墙)

注:1. 在无风情况下,导线与不在规划范围内城市建筑物之间的水平距离,不应小于上述数值的一半。

2. 导线与城市多层建筑物或规划建筑线间的距离,指水平距离。

3. 导线与不在规划范围内的城市建筑物间的距离,指净空距离。

架空线路的导线与山坡、峭壁、岩石之间的距离,在最大计算风偏情况下,不应小于表 5-60 所列数值。表 5-61、表 5-62 为其他情况下配电线路的最小垂直距离。

表 5-60　导线与山坡、岩石间的最小净空距离　　单位:m

线路经过地区	线路电压	
	1～10kV	1kV 以下
步行可以到达的山坡	4.5	3.0
步行不能到达的山坡、峭壁和岩石	1.5	1.0

表 5-61　配电线路与铁路、公路、河流交叉的最小垂直距离　　单位:m

交叉设施	最小允许距离	备　注
铁路	7.5	—
公路	6	—
电车路	3/9	至承力索或接触线/至路面
弱电流线路	1	—
电力线路	1/2/3/4/5	电压(kV):1 以下/6～10/35～110/154～220/330
河道	6/1	五年一遇洪水位/至最高航行水位的最高船桅顶
索道	1	—

表 5-62　配电线路与各种架空电力线路交叉跨越最小垂直距离　单位:m

配电线路电压	电力线路(kV)				
	1 以下	1～10	35～110	220	330
10kV	2	2	3	4	5
1kV 以下	1	2	3	4	5

3. 电线杆组立要求

同杆架设线路横担间的最小垂直距离见表 5-63。

表 5-63　同杆架设线路横担间的最小垂直距离　　单位:mm

架设方式	直线杆	分支或转角杆
10kV 与 10kV	800	500
10kV 与 1kV 以下	1200	1000
1kV 以下与 1kV 以下	600	300

例题分析

◆例 5-20

如图 5-45 所示一外线工程,电杆 15m,间距均为 55m,丘陵地区施工,室外杆上变压器容量为 315kV·A,变压器台杆高 18m。试求各项定额工程量。

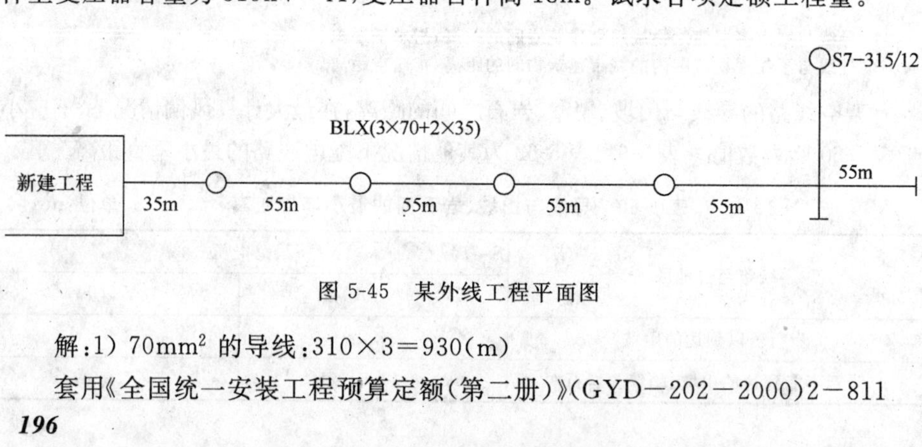

图 5-45　某外线工程平面图

解:1) 70mm^2 的导线:310×3=930(m)

套用《全国统一安装工程预算定额(第二册)》(GYD－202－2000)2－811

① 人工费:197.83/1000×930=183.98(元)

② 材料费:186.07/1000×930=173.05(元)

③ 机械费:33.19/1000×930=30.87(元)

2) 35mm² 的导线长度:310×2=620(m)

套用《全国统一安装工程预算定额(第二册)》(GYD-202-2000)2-810

① 人工费:101.47/1000×620=62.91(元)

② 材料费:91.52/1000×620=56.74(元)

③ 机械费:23.07/1000×620=14.30(元)

3) 立混凝土电杆:5 根

套用《全国统一安装工程预算定额(第二册)》(GYD-202-2000)2-772

① 人工费:44.12 元/根

② 材料费:3.92 元/根

③ 机械费:18.46 元/根

4) 普通拉线制作安装:3 根

套用《全国统一安装工程预算定额(第二册)》(GYD-202-2000)2-804

① 人工费:10.45×3=31.35(元)

② 材料费:2.47×3=7.41(元)

③ 机械费:无

5) 进户线横担安装:1 根

套用《全国统一安装工程预算定额(第二册)》(GYD-202-2000)2-798

① 人工费:5.57 元/根

② 材料费:0.70 元/根

③ 机械费:无

6) 杆上变压器组装 315kV·A:1 台

套用《全国统一安装工程预算定额(第二册)》(GYD-202-2000)2-832

① 人工费:280.03 元/台

② 材料费:81.38 元/台

③ 机械费:153.81 元/台

◆例 5-21

如图 5-46 所示一架空线路图,混凝土电杆高 14m,间距 50m,属于丘陵地区架设施工,选用 BLX-(3×70+1×35),室外杆上变压器容量为 320kV·A,变压器台杆高 18m。试计算清单工程量。

解:(1) 基本工程量

70mm² 的导线长度:(50×4+18)×3=654(m)

35mm² 的导线长度:(50×4+18)×1=218(m)

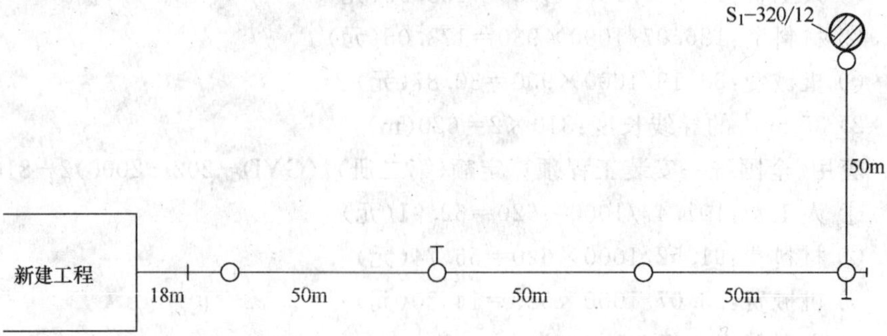

图 5-46　外线工程平面图

普通拉线制作：4 组

立混凝土电杆：4 根

杆上变台组织 320kV · A：1 台

进户线铁横担安装：1 组

(2) 清单工程量

清单工程量计算见表 5-64。

表 5-64　清单工程量计算表

序号	项目编码	项目名称	项目特征描述	计量单位	工程量
1	03021001001	电杆组立	混凝土电杆，丘陵山区架设	根	4
2	03021002001	导线架设	选用 BLX－(3×70＋1×35)	km	0.872

第十节　电气调整试验

要点

本节主要介绍电气调整试验的定额说明、定额工程量计算规则以及清单工程量计算规则，读者应掌握两种计价规则在实际中的应用。

解释

◆定额说明

1）定额内容包括电气设备的本体试验和主要设备的分系统调试。成套设备的整套起动调试按专业定额另行计算。主要设备的分系统内所含的电气设备元件的本体试验已包括在该分系统调试定额之内。如变压器的系统调试中已包括该系统中的变压器、互感器、开关、仪表和继电器等一、二次设备的本体调试和回路试验。绝缘子和电缆等单体试验，只在单独试验时使用，不得重复计算。

2）定额的调试仪表使用费系按“台班”形式表示的，与《全国统一安装工程施工仪器仪表台班费用定额》(GFD—201—1999)配套使用。

3）送配电设备调试中的1kV以下定额适用于所有低压供电回路，如从低压配电装置至分配电箱的供电回路；但从配电箱直接至电动机的供电回路已包括在电动机的系统调试定额内。送配电设备系统调试包括系统内的电缆试验、瓷瓶耐压等全套调试工作。供电桥回路中的断路器、母线分段断路器皆作为独立的供电系统计算，定额皆按一个系统一侧配一台断路器考虑的。若两侧皆有断路器时，则按两个系统计算。如果分配电箱内只有刀开关、熔断器等不含调试元件的供电回路，则不再作为调试系统计算。

4）由于电气控制技术的飞跃发展，原定额的成套电气装置(如桥式起重机电气装置等)的控制系统已发生了根本的变化，至今尚无统一的标准，故定额取消了原定额中的成套电气设备的安装与调试。起重机电气装置、空调电气装置、各种机械设备的电气装置，如堆取料机、装料车、推煤车等成套设备的电气调试，应分别按相应的分项调试定额执行。

5）定额不包括设备的烘干处理和设备本身缺陷造成的元件更换修理和修改，亦未考虑因设备元件质量低劣对调试工作造成的影响。定额系按新的合格设备考虑的，如遇以上情况时，应另行计算。经修配改或拆迁的旧设备调试，定额乘以系数1.1。

6）本定额只限电气设备自身系统的调整试验，未包括电气设备带动机械设备的试运工作，发生时应按专业定额另行计算。

7）调试定额不包括试验设备、仪器仪表的场外转移费用。

8）本调试定额系按现行施工技术验收规范编制的，凡现行规范(指定额编制时的规范)未包括的新调试项目和调试内容均应另行计算。

9）调试定额已包括熟悉资料、核对设备、填写试验记录、保护整定值的整定和调试报告的整理工作。

10）电力变压器如有“带负荷调压装置”，调试定额乘以系数1.12。三卷变压器、整流变压器、电炉变压器调试按同容量的电力变压器调试定额乘以系数1.2。3～10kV母线系统调试含一组电压互感器，1kV以下母线系统调试定额不含电压互感器，适用于低压配电装置的各种母线(包括软母线)的调试。

◆定额工程量计算规则

1）电气调试系统的划分以电气原理系统图为依据。电气设备元件的本体试验均包括在相应定额的系统调试之内，不得重复计算。绝缘子和电缆等单体试验，只在单独试验时使用。在系统调试定额中，各工序的调试费用如需单独计算时，可按表5-65所列比率计算。

表 5-65 电气调试系统各工序的调试费用比率

比率(%) 项目 / 工序	发电机调相机系统	变压器系统	送配电设备系统	电动机系统
一次设备本体试验	30	30	40	30
附属高压二次设备试验	20	30	20	30
一次电流及二次回路检查	20	20	20	20
继电器及仪表试验	30	20	20	20

2）电气调试所需的电力消耗已包括在定额内，一般不另计算。但10kW以上电机及发电机的启动调试用的蒸汽、电力和其他动力能源消耗及变压器空载试运转的电力消耗，另行计算。

3）供电桥回路的断路器、母线分段断路器，均按独立的送配电设备系统计算调试费。

4）送配电设备系统调试，系按一侧有一台断路器考虑的，若两侧均有断路器时，则应按两个系统计算。

5）送配电设备系统调试，适用于各种供电回路（包括照明供电回路）的系统调试。凡供电回路中带有仪表、继电器、电磁开关等调试元件的（不包括闸刀开关、保险器），均按调试系统计算。移动式电器和以插座连接的家电设备，业经厂家调试合格、不需要用户自调的设备，均不应计算调试费用。

6）变压器系统调试，以每个电压侧有一台断路器为准。多于一个断路器的，按相应电压等级送配电设备系统调试的相应定额另行计算。

7）干式变压器、油浸式电抗器调试，执行相应容量变压器调试定额，乘以系数0.8。

8）特殊保护装置，均以构成一个保护回路为一套，其工程量计算规定如下（特殊保护装置未包括在各系统调试定额之内，应另行计算）：

① 发电机转子接地保护，按全厂发电机共用一套考虑。

② 距离保护，按设计规定所保护的送电线路断路器台数计算。

③ 高频保护，按设计规定所保护的送电线路断路器台数计算。

④ 零序保护，按发电机、变压器、电动机的台数或送电线路断路器的台数计算。

⑤ 故障录波器的调试，以一块屏为一套系统计算。

⑥ 失灵保护，按设置该保护的断路器台数计算。

⑦ 失磁保护，按所保护的电机台数计算。

⑧ 变流器的断线保护，按变流器台数计算。

⑨ 小电流接地保护，按装设该保护的供电回路断路器台数计算。

⑩ 保护检查及打印机调试，按构成该系统的完整回路为一套计算。

9）自动装置及信号系统调试，均包括继电器、仪表等元件本身和二次回路的调整试验。具体规定如下：

① 备用电源自动投入装置，按连锁机构的个数确定备用电源自投装置系统数。一个备用厂用变压器，作为三段厂用工作母线备用的厂用电源，计算备用电源自动投入装置调试时，应为三个系统。装设自动投入装置的两条互为备用的线路或两台变压器，计算备用电源自动投入装置调试时，应为两个系统。备用电动机自动投入装置亦按此计算。

② 线路自动重合闸调试系统，按采用自动重合闸装置的线路自动断路器的台数计算系统数。

③ 自动调频装置的调试，以一台发电机为一个系统。

④ 同期装置调试，按设计构成一套能完成同期并车行为的装置为一个系统计算。

⑤ 蓄电池及直流监视系统调试，一组蓄电池按一个系统计算。

⑥ 事故照明切换装置调试，按设计能完成交直流切换的一套装置为一个调试系统计算。

⑦ 周波减负荷装置调试，凡有一个周率继电器，不论带几个回路，均按一个调试系统计算。

⑧ 变送器屏以屏的个数计算。

⑨ 中央信号装置调试，按每一个变电所或配电室为一个调试系统计算工程量。

10）接地网的调试规定如下：

① 接地网接地电阻的测定。一般的发电厂或变电站连为一体的母网，按一个系统计算；自成母网不与厂区母网相连的独立接地网，另按一个系统计算。大型建筑群各有自己的接地网（接地电阻值设计有要求），虽然在最后也将各接地网联在一起，但应按各自的接地网计算，不能作为一个网，具体应按接地网的试验情况而定。

② 避雷针接地电阻的测定。每一避雷针均有单独接地网（包括独立的避雷针、烟囱避雷针等）时，均按一组计算。

③ 独立的接地装置按组计算。如一台柱上变压器有一个独立的接地装置，即按一组计算。

11）避雷器、电容器的调试，按每三相为一组计算，单个装设的亦按一组计算，上述设备如设置在发电机、变压器、输配电线路的系统或回路内，仍应按相应定额另外计算调试费用。

12）高压电气除尘系统调试，按一台升压变压器、一台机械整流器及附属设备为一个系统计算，分别按除尘器范围（m^2）执行定额。

13）硅整流装置调试，按一套硅整流装置为一个系统计算。

14）普通电动机的调试，分别按电机的控制方式、功率、电压等级，以“台”为计量单位。

15）可控硅调速直流电动机调试以“系统”为计量单位。其调试内容包括可控硅整流装置系统和直流电动机控制回路系统两个部分的调试。

16）交流变频调速电动机调试以“系统”为计量单位。其调试内容包括变频装置系统和交流电动机控制回路系统两个部分的调试。

17）微型电机系指功率在 0.75kW 以下的电机，不分类别，一律执行微电机综合调试定额，以“台”为计量单位。电机功率在 0.75kW 以上的电机调试，应按电机类别和功率分别执行相应的调试定额。

18）一般的住宅、学校、办公楼、旅馆、商店等民用电气工程的供电调试应按下列规定：

① 配电室内带有调试元件的盘、箱、柜和带有调试元件的照明主配电箱，应按供电方式执行相应的“配电设备系统调试”定额。

② 每个用户房间的配电箱（板）上虽装有电磁开关等调试元件，但如果生产厂家已按固定的常规参数调整好，不需要安装单位进行调试就可直接投入使用的，不得计取调试费用。

③ 民用电度表的调整校验属于供电部门的专业管理，一般皆由用户向供电局订购调试完毕的电度表，不得另外计算调试费用。

19）高标准的高层建筑、高级宾馆、大会堂、体育馆等具有较高控制技术的电气工程（包括照明工程），应按控制方式执行相应的电气调试定额。

◆清单工程量计算规则

工程量清单项目设置及工程量计算规则，应按表 5-66 的规定执行。

表 5-66　电气调整试验（编码：030211）

<table>
<tr><th>项目编码</th><th>项目名称</th><th>项目特征</th><th>计量单位</th><th>工程量计算规则</th><th>工程内容</th></tr>
<tr><td>030211001</td><td>电力变压器系统</td><td>1. 型号
2. 容量（kV·A）</td><td rowspan="3">系统</td><td rowspan="4">按设计图示数量计算</td><td rowspan="2">系统调试</td></tr>
<tr><td>030211002</td><td>送配电装置系统</td><td>1. 型号
2. 电压等级（kV）</td></tr>
<tr><td>030211003</td><td>特殊保护装置</td><td rowspan="3">类型</td><td rowspan="3">调试</td></tr>
<tr><td>030211004</td><td>自动投入装置</td><td>套</td></tr>
<tr><td>030211005</td><td>中央信号装置、事故照明切换装置、不间断电源</td><td>系统</td><td>按设计图示系统计算</td></tr>
</table>

续表

项目编码	项目名称	项目特征	计量单位	工程量计算规则	工程内容
030211006	母线	电压等级	段	按设计图示数量计算	调试
030211007	避雷器、电容器		组		
030211008	接地装置	类别	系统	按设计图示系统计算	接地电阻测试
030211009	电抗器、消弧线圈、电除尘器	1. 名称、型号 2. 规格	台	按设计图示数量计算	调试
030211010	硅整流设备、可控硅整流装置	1. 名称、型号 2. 电流(A)			

相关知识

◆电气调整试验清单工程量计算规则的相关说明

调整试验项目是指一个系统的调整试验，它是由多台设备、组件(配件)、网络连在一起，经过调整试验才能完成某一特定的生产过程，这个工作(调试)无法综合考虑在某一实体(仪表、设备、组件、网络)上，因此不能用物理计量单位或一般的自然计量单位来计量，只能用“系统”为计量单位。

电气调试系统的划分以设计的电气原理系统图为依据。具体划分可参照《全国统一安装工程预算工程量计算规则》(GYDGZ—201—2000)的有关规定。

例题分析

◆例 5-22

已知××电气工程中的电气调整试验，试编制电气调整试验的工程量清单。

解：电气调整试验的工程量清单见表 5-67。

表 5-67 分部分项工程量清单

工程名称：××工程　　　　第　页　共　页

项目编码	项目名称	项目特征描述	计量单位	工程内容
030211001001	送配电装置系统	型号；电压等级(kV)	系统	系统调试

◆例 5-23

如图 5-47 所示，是某办公楼屋顶避雷针安装示意图，共装 5 根避雷针，分二处引下与接地组连接(避雷针为钢管，长 4m，接地极两组，6 根)，房顶上的避雷线采用支持卡子敷设，试计算其接地电阻测验的定额工程量。

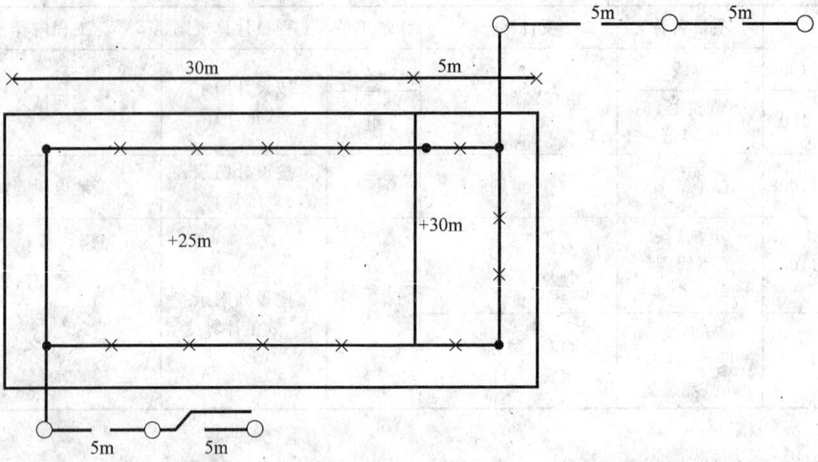

图 5-47　某办公楼避雷针安装工程示意图

解:定额工程量:

接地电阻测验:2 次,每组 1 次

套用《全国统一安装工程预算定额(第二册)》(GYD－202－2000)2－885

① 人工费:92.88×2＝185.76(元)

② 材料费:1.86×2＝3.72(元)

③ 机械费:100.80×2＝201.6(元)

第十一节　配管、配线安装

要点

配管配线是指电气工程中从配电控制设备(或电源)到用电设备、器具之间的管线敷设工程。

解释

◆定额说明

1) 配管工程均未包括接线箱、盒及支架的制作、安装。钢索架设及拉紧装置的制作、安装,插接式母线槽支架制作、槽架制作及配管支架应执行铁构件制作定额。

2) 连接设备导线预留长度见表 5-68。

表 5-68　连接设备导线预留长度(每一根线)

序号	项　　目	预留长度	说　明
1	各种开关箱、柜、板	高+宽	盘面尺寸
2	单独安装(无箱、盘)的铁壳开关、闸刀开关、起动器、母线槽进出线盒等	0.3m	以安装对象中心算
3	由地坪管子出口引至动力接线箱	1m	以管口计算
4	电源与管内导线连接(管内穿线与软、硬母线接头)	1.5m	以管口计算
5	出户线	1.5m	以管口计算

◆定额工程量计算规则

1) 各种配管应区别不同敷设方式、敷设位置、管材材质、规格,以“延长米”为计量单位,不扣除管路中间的接线箱(盒)、灯头盒、开关盒所占长度。

2) 定额中未包括钢索架设及拉紧装置、接线箱(盒)、支架的制作安装,其工程量应另行计算。

3) 管内穿线的工程量,应区别线路性质、导线材质、导线截面,以单线“延长米”为计量单位计算。线路分支接头线的长度已综合考虑在定额中,不得另行计算。

照明线路中的导线截面大于或等于 6mm^2 以上时,应执行动力线路穿线相应项目。

4) 线夹配线工程量,应区别线夹材质(塑料、瓷质)、线式(两线、三线)、敷设位置(在木、砖、混凝土)以及导线规格,以线路“延长米”为计量单位计算。

5) 绝缘子配线工程量,应区别绝缘子形式(针式、鼓形、碟式)、绝缘子配线位置(沿屋架、梁、柱、墙,跨屋架、梁、柱、木结构、顶棚内、砖、混凝土结构,沿钢支架及钢索)、导线截面积,以线路“延长米”为计量单位计算。

绝缘子暗配,引下线按线路支持点至天棚下缘距离的长度计算。

6) 槽板配线工程量,应区别槽板材质(木质、塑料)、配线位置(在木结构、砖、混凝土)、导线截面、线式(二线、三线),以线路“延长米”为计量单位计算。

7) 塑料护套线明敷工程量,应区别导线截面、导线芯数(二芯、三芯)、敷设位置(在木结构、砖混凝土结构,沿钢索),以单根线路“延长米”为计量单位计算。

8) 线槽配线工程量,应区别导线截面,以单根线路“延长米”为计量单位计算。

9) 钢索架设工程量,应区别圆钢、钢索直径($\phi6$、$\phi9$),按图示墙(柱)内缘距离,以“延长米”为计量单位计算,不扣除拉紧装置所占长度。

10) 母线拉紧装置及钢索拉紧装置制作安装工程量,应区别母线截面、花篮螺栓直径(12mm、16mm、18mm),以“套”为计量单位计算。

11）车间带形母线安装工程量，应区别母线材质（铝、铜）、母线截面、安装位置（沿屋架、梁、柱、墙，跨屋架、梁、柱），以“延长米”为计量单位计算。

12）动力配管混凝土地面刨沟工程量，应区别管子直径，以“延长米”为计量单位计算。

13）接线箱安装工程量，应区别安装形式（明装、暗装）、接线箱半周长，以“个”为计量单位计算。

14）接线盒安装工程量，应区别安装形式（明装、暗装、钢索上）以及接线盒类型，以“个”为计量单位计算。

15）灯具，明、暗开关，插座、按钮等的预留线，已分别综合在相应定额内，不另行计算。配线进入开关箱、柜、板的预留线，按表5-68规定的长度，分别计入相应的工程量。

◆**清单工程量计算规则**

工程量清单项目设置及工程量计算规则，应按表5-69的规定执行。

表5-69　配管、配线（编码：030212）

项目编码	项目名称	项目特征	计量单位	工程量计算规则	工程内容
030212001	电气配管	1. 名称 2. 材质 3. 规格 4. 配置形式及部位	m	按设计图示尺寸以延长米计算。不扣除管路中间的接线箱（盒）、灯头盒、开关盒所占长度	1. 刨沟槽 2. 钢索架设（拉紧装置安装） 3. 支架制作、安装 4. 电线管路敷设 5. 接线盒（箱）、灯头盒、开关盒、插座盒安装 6. 防腐油漆 7. 接地
030212002	线槽	1. 材质 2. 规格		按设计图示尺寸以延长米计算	1. 安装 2. 油漆
030212003	电气配线	1. 配线形式 2. 导线型号、材质、规格 3. 敷设部位或线制		按设计图示尺寸以单线延长米计算	1. 支持体（夹板、绝缘子、槽板等）安装 2. 支架制作、安装 3. 钢索架设（拉紧装置安装） 4. 配线 5. 管内穿线

相关知识

◆**电气配管简介**

电气配管分为明、暗敷设两种形式，明配管是指将线管敷设于建筑结构外表面，例如线管沿墙壁、天棚、梁、柱等外表面，或在吊顶内、钢结构支架、钢索等处明敷设。明配管应选用专用套管或套接管连接，且要求横平竖直、整齐美观。暗配管则是指将线管敷设于建筑结构内部，例如在建筑施工过程中将线管埋设在地面、墙壁、楼板、梁、柱等内部，宜选择长度最短，并且弯曲较少的路径敷设。暗配管具有防水、防潮湿、寿命长等优点，而且不影响室内装修美观，但工程一次性投资较大，施工周期较长。目前暗配线管常用管材品种繁多，例如电线管、焊接钢管、防爆钢管（镀锌钢管）、可挠金属套管、KBG 薄壁电线管、刚性阻燃管、半硬阻燃塑料管和金属软管等。

例题分析

◆例 5-24

塑料槽板配线，木结构，二线铜芯聚氯乙烯绝缘聚氯乙烯护套圆型电缆(BVV)6mm²，长 600m。试计算定额工程量。

解：

套用《全国统一安装工程预算定额（第二册）》(GYD－202－2000)2－1306

1）塑料槽板配线，木结构，二线，BVV6mm²。

① 人工费：1.38×(600÷2)＝414(元)

② 材料费：0.31×(600÷2)＝93(元)

③ 机械费：无

2）主材：

① 绝缘导线 BVV6mm²：1.2×2.26×300＝813.6(元)

② 塑料槽板 38－63：21×1.05×300＝6615(元)

③ 机械费：无

◆例 5-25

塑料槽板配线，砖混结构，三线，BVV2.5mm²，长 900m。试计算清单工程量。

解：

1）塑料槽板配线（三线），砖混结构，BVV2.5mm²。

① 人工费：4.06×(900÷3)＝1218(元)

② 材料费：0.8×(900÷3)＝240(元)

③ 机械费：无

2）主材：

① 绝缘导线 BVV2.5mm²：0.8×2.26×300＝542.4(元)

② 塑料槽板 38－63：21×1.05×300＝6615(元)

③ 机械费：无

3）综合：

① 直接费合计：8615.4(元)

② 管理费：8615.4×34%＝2929.24(元)

③ 利润：8615.4×8%＝689.23(元)

④ 总计：8615.4＋2929.24＋689.23＝12233.87(元)

⑤ 综合单价：12233.87÷900＝13.59(元)

结果见表 5-70 和表 5-71。

表 5-70　分部分项工程量清单计价表

项目编号	项目名称	项目特征描述	计量单位	工程数量	金额(元)		
					综合单价	合价	其中：直接费
030212002015	塑料槽板配线	砖混结构，三线，BVV2.5mm²	m	900	13.59	12233.87	8615.4

表 5-71　分部分项工程量清单综合单价计算表

项目编号		030212002015		项目名称		塑料槽板配线		计量单位		m
清单综合单价组成明细										
定额编号	定额内容	定额单位	数量	单价(元)			合价(元)			
				人工费	材料费	机械费	人工费	材料费	机械费	管理费和利润
2—1311	塑料槽板(三线)配线 BVV2.5mm² 砖混	100m	9.0	406.12	79.70	—	1218	240	—	3618.47
人工单价		小　计					1218	240	—	3618.47
23元/工日		未计价材料费					—			
清单项目综合单价(元)							13.59			
材料费明细	主要材料名称、规格、型号				单位	数量	单价(元)	合价(元)	暂估单价(元)	暂估合价(元)
	绝缘导线 BVV2.5mm²				m	226	0.8	180.8		
	塑料槽板 38—63				m	105	21	2205		
	其他材料费						—	—	—	
	材料费小计						—	2385.8	—	

◆例 5-26

一照明配电箱如图 5-48 所示，高为 1.2m，楼板厚度为 0.24m，求垂直部分明敷管长和暗敷管长。

解：(1) 清单工程量

1) 采用明配管，管道垂直长度为：

1.4＋0.12＋0.24＝1.76(m)

2) 采用暗配管，管道垂直长度为：

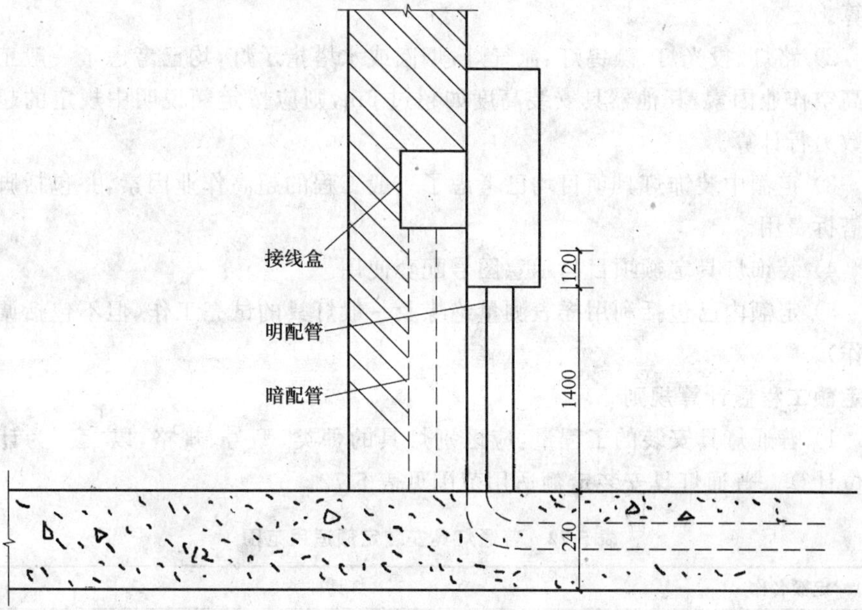

图 5-48　某照明配电箱配管分布图

1.4＋0.5×1.2＋0.24＝2.24(m)

(2) 定额工程量

配电箱:1 台

套用《全国统一安装工程预算定额(第二册)》(GYD－202－2000)2－266

① 人工费:65.2×1＝65.2(元)

② 材料费:31.25×1＝31.25(元)

③ 机械费:3.75×1＝3.75(元)

第十二节　照明器具安装

要点

照明器具安装是照明安装工程中的重要组成部分，照明安装工程包括配管配线、灯具安装、开关、插座安装及其他电器安装工程(例如安全变压器、电铃、风扇、盘管风机三速开关等)。

解释

◆定额说明

1) 各型灯具的引导线，除注明者外，均已综合考虑在定额内，执行时不得换算。

2）路灯、投光灯、碘钨灯、氙气灯：烟囱或水塔指示灯，均已考虑了一般工程的高空作业因素，其他器具安装高度如超过 5m，则应按定额说明中规定的超高系数另行计算。

3）定额中装饰灯具项目均已考虑了一般工程的超高作业因素，并包括脚手架搭拆费用。

4）装饰灯具定额项目与示意图号配套使用。

5）定额内已包括利用摇表测量绝缘及一般灯具的试亮工作（但不包括调试工作）。

◆定额工程量计算规则

1）普通灯具安装的工程量，应区别灯具的种类、型号、规格，以“套”为计量单位计算。普通灯具安装定额适用范围见表 5-72。

表 5-72　普通灯具安装定额适用范围

定额名称	灯具种类
圆球吸顶灯	材质为玻璃的螺口、卡口圆球独立吸顶灯
半圆球吸顶灯	材质为玻璃的独立的半圆球吸顶灯、扁圆罩吸顶灯、平圆形吸顶灯
方形吸顶灯	材质为玻璃的独立的矩形罩吸顶灯、方形罩吸顶灯、大口方罩吸顶灯
软线吊灯	利用软线为垂吊材料，独立的，材质为玻璃、塑料、搪瓷，形状如碗、伞、平盘灯罩组成的各式软线吊灯
吊链灯	利用吊链作辅助悬吊材料，独立的，材质为玻璃、塑料罩的各式吊链灯
防水吊灯	一般防水吊灯
一般弯脖灯	圆球弯脖灯，风雨壁灯
一般墙壁灯	各种材质的一般壁灯、镜前灯
软线吊灯头	一般吊灯头
声光控座灯头	一般声控、光控座灯头
座灯头	一般塑胶、瓷质座灯头

2）吊式艺术装饰灯具的工程量，应根据装饰灯具示意图集所示，区别不同装饰物以及灯体直径和灯体垂吊长度，以“套”为计量单位计算。灯体直径为装饰物的最大外缘直径，灯体垂吊长度为灯座底部到灯梢之间的总长度。

3）吸顶式艺术装饰灯具安装的工程量，应根据装饰灯具示意图集所示，区别不同装饰物、吸盘的几何形状、灯体直径、灯体周长和灯体垂吊长度，以“套”为计量单位计算。灯体直径为吸盘最大外缘直径，灯体半周长为矩形吸盘的半周长，吸顶式艺术装饰灯具的灯体垂吊长度为吸盘到灯梢之间的总长度。

4）荧光艺术装饰灯具安装的工程量，应根据装饰灯具示意图集所示，区别不同安装形式和计量单位计算。

① 组合荧光灯光带安装的工程量，应根据装饰灯具示意图集所示，区别安装形式、灯管数量，以"延长米"为计量单位计算。灯具的设计数量与定额不符时，可以按设计量加损耗量调整主材。

② 内藏组合式灯安装的工程量，应根据装饰灯具示意图集所示，区别灯具组合形式，以"延长米"为计量单位计算。灯具的设计数量与定额不符时，可根据设计数量加损耗量调整主材。

③ 发光棚安装的工程量，应根据装饰灯具示意图集所示，以"m^2"为计量单位计算。发光棚灯具按设计用量加损耗量计算。

④ 立体广告灯箱、荧光灯光沿的工程量，应根据装饰灯具示意图集所示，以"延长米"为计量单位计算。灯具设计用量与定额不符时，可根据设计数量加损耗量调整主材。

5）几何形状组合艺术灯具安装的工程量，应根据装饰灯具示意图集所示，区别不同安装形式及灯具的不同形式，以"套"为计量单位计算。

6）标志、诱导装饰灯具安装的工程量，应根据装饰灯具示意图集所示，区别不同安装形式，以"套"为计量单位计算。

7）水下艺术装饰灯具安装的工程量，应根据装饰灯具示意图集所示，区别不同安装形式，以"套"为计量单位计算。

8）点光源艺术装饰灯具安装的工程量，应根据装饰灯具示意图集所示，区别不同安装形式、不同灯具直径，以"套"为计量单位计算。

9）草坪灯具安装的工程量，应根据装饰灯具示意图集所示，区别不同安装形式，以"套"为计量单位计算。

10）歌舞厅灯具安装的工程量，应根据装饰灯具示意图所示，区别不同灯具形式，分别以"套"、"延长米"、"台"为计量单位计算。

装饰灯具安装定额适用范围见表 5-73。

表 5-73　装饰灯具安装定额适用范围

定额名称	灯具种类(形式)
吊式艺术装饰灯具	不同材质、不同灯体垂吊长度、不同灯体直径的蜡烛灯、挂片灯、串珠(穗)灯、串棒灯、吊杆式组合灯、玻璃罩(带装饰)灯
吸顶式艺术装饰灯具	不同材质、不同灯体垂吊长度、不同灯体几何形状的串珠(穗)灯、串棒灯、挂片、挂碗、挂吊蝶灯、玻璃(带装饰)灯
荧光艺术装饰灯具	不同安装形式、不同灯管数量的组合荧光灯光带，不同几何组合形式的内藏组合式灯，不同几何尺寸、不同灯具形式的发光棚，不同形式的立体广告灯箱、荧光灯光沿
几何形状组合艺术灯具	不同固定形式、不同灯具形式的繁星灯、钻石星灯、礼花灯、玻璃罩钢架组合灯、凸片灯、反射挂灯、筒形钢架灯、U 形组合灯、弧形管组合灯

续表

定额名称	灯具种类(形式)
标志、诱导装饰灯具	不同安装形式的标志灯、诱导灯
水下艺术装饰灯具	简易型彩灯、密封型彩灯、喷水池灯、幻光型灯
点光源艺术装饰灯具	不同安装形式、不同灯体直径的筒灯、牛眼灯、射灯、轨道射灯
草坪灯具	各种立柱式、墙壁式的草坪灯
歌舞厅灯具	各种安装形式的变色转盘灯、雷达射灯、幻影转彩灯、维纳斯旋转彩灯、卫星旋转效果灯、飞碟旋转效果灯、多头转灯、滚筒灯、频闪灯、太阳灯、雨灯、歌星灯、边界灯、射灯、泡泡发生器、迷你满天星彩灯、迷你单立灯(盘彩灯)、多头宇宙灯、镜面球灯、蛇光管

11)荧光灯具安装的工程量,应区别灯具的安装形式、灯具种类、灯管数量,以"套"为计量单位计算。

荧光灯具安装定额适用范围见表5-74。

表5-74　荧光灯具安装定额适用范围

定额名称	灯具种类
组装型荧光灯	单管、双管、三管吊链式、吸顶式,现场组装独立荧光灯
成套型荧光灯	单管、双管、三管、吊链式、吊管式、吸顶式、成套独立荧光灯

12)工厂灯及防水防尘灯安装的工程量,应区别不同安装形式,以"套"为计量单位计算。

工厂灯及防水防尘灯安装定额适用范围见表5-75。

表5-75　工厂灯及防水防尘灯安装定额适用范围

定额名称	灯具种类
直杆工厂吊杆	配照(GC_1—A),广照(GC_3—A),深照(GC_5—A),斜照(GC_7—A),圆球(GC_{17}—A),双罩(GC_{19}—A)
吊链式工厂灯	配照(GC_1—B),深照(GC_3—B),斜照(GC_5—C),圆球(GC_7—B),双罩(GC_{19}—A),广照(GC_{19}—B)
吸顶式工厂灯	配照(GC_1—C),广照(GC_3—C),深照(GC_5—C),斜照(GC_7—C),双罩(GC_{19}—C)
弯杆式工厂灯	配照(GC_1—D/E),广照(GC_3—D/E),深照(GC_5—D/E),斜照(GC_7—D/E),双罩(GC_{19}—C),局部深罩(GC_{26}—F/H)
悬挂式工厂灯	配照(GC_{21}—2),深照(GC_{23}—2)
防水防尘灯	广照(GC_9—A,B,C),广照保护网(CG_{11}—A,B,C),散照(GC_{15}—A,B,C,D,E,F,G)

13)工厂其他灯具安装的工程量,应区别不同灯具类型、安装形式、安装高度,以"套"、"个"、"延长米"为计量单位计算。

工厂其他灯具安装定额适用范围见表5-76。

表 5-76 工厂其他灯具安装定额适用范围

定额名称	灯具种类
防潮灯	扇形防潮灯(GC—31),防潮灯(GC—33)
腰形舱顶灯	腰形舱顶灯(CCD—1)
碘钨灯	DW型,220V,300～1000W
管形氙气灯	自然冷却式,200V/380V,20kW以内
投光灯	TG型室外投光灯
高压水银灯镇流器	外附式镇流器具125～450W
安全灯	AOB—1,2,3型和AOC—1,2型安全灯
防爆灯	CBC—200型防爆灯
高压水银防爆灯	CBC—125/250型高压水银防爆灯
防爆荧光灯	CBC—1/2单/双管防爆型荧光灯

14）医院灯具安装的工程量,应区别灯具种类,以“套”为计量单位计算。

医院灯具安装定额适用范围见表5-77。

表 5-77 医院灯具安装定额适用范围

定额名称	灯具种类
病房指示灯	病房指示灯
病房暗脚灯	病房暗脚灯
无影灯	3～12孔管式无影灯

15）路灯安装工程,应区别不同臂长、不同灯数,以“套”为计量单位计算。

工厂厂区内、住宅小区内路灯安装执行本定额。城市道路的路灯安装执行《全国统一市政工程预算定额》(GYD—309—2001)。

路灯安装定额范围见表5-78。

表 5-78 路灯安装定额范围

额定名称	灯具种类
大马路弯灯	臂长1200mm以下,臂长1200mm以上
庭院路灯	三火以下,七火以下

16）开关、按钮安装的工程量,应区别开关、按钮安装形式,开关、按钮种类,开关极数以及单控与双控,以“套”为计量单位计算。

17）插座安装的工程量,应区别电源相数、额定电流、插座安装形式、插座插孔个数,以“套”为计量单位计算。

18）安全变压器安装的工程量,应区别安全变压器容量,以“台”为计量单位计算。

19）电铃、电铃号码牌箱安装的工程量，应区别电铃直径、电铃号牌箱规格（号），以“套”为计量单位计算。

20）门铃安装工程量计算，应区别门铃安装形式，以“个”为计量单位计算。

21）风扇安装的工程量，应区别风扇种类，以“台”为计量单位计算。

22）盘管风机三速开关、请勿打扰灯，须刨去插座安装的工程量，以“套”为计量单位计算。

◆清单工程量计算规则

工程量清单项目设置及工程量计算规则，应按表5-79的规定执行。

表5-79 照明器具安装（编码：030213）

项目编码	项目名称	项目特征	计量单位	工程量计算规则	工程内容
030213001	普通吸顶灯及其他灯具	1. 名称、型号 2. 规格	套	按设计图示数量计算	1. 支架制作、安装 2. 组装 3. 油漆
030213002	工厂灯	1. 名称、安装 2. 规格 3. 安装形式及高度			1. 支架制作、安装 2. 安装 3. 油漆
030213003	装饰灯	1. 名称 2. 型号 3. 规格 4. 安装高度			1. 支架制作、安装 2. 安装
030213004	荧光灯	1. 名称 2. 型号 3. 规格 4. 安装形式			安装
030213005	医疗专用灯	1. 名称 2. 型号 3. 规格			
030213006	一般路灯	1. 名称 2. 型号 3. 灯杆材质及高度 4. 灯架形式及臂长 5. 灯杆形式（单、双）			1. 基础制作、安装 2. 立灯杆 3. 杆座安装 4. 灯架安装 5. 引下线支架制作、安装 6. 焊压接线端子 7. 铁构件制作、安装 8. 除锈、刷油 9. 灯杆编号 10. 接地

续表

项目编码	项目名称	项目特征	计量单位	工程量计算规则	工程内容
030213007	广场灯安装	1. 灯杆的材质及高度 2. 灯架的型号 3. 灯头数量 4. 基础形式及规格	套	按设计图示数量计算	1. 基础浇筑(包括土石方) 2. 立灯杆 3. 杆座安装 4. 灯架安装 5. 引下线支架制作、安装 6. 焊压接线端子 7. 铁构件制作、安装 8. 除锈、刷油 9. 灯杆编号 10. 接地
030213008	高杆灯安装	1. 灯杆高度 2. 灯架型式(成套或组装、固定或升降) 3. 灯头数量 4. 基础形式及规格	套	按设计图示数量计算	1. 基础浇筑(包括土石方) 2. 立杆 3. 灯架安装 4. 引下线支架制作、安装 5. 焊压接线端子 6. 铁构件制作、安装 7. 除锈、刷油 8. 灯杆编号 9. 升降机构接线调试 10. 接地
030213009	桥栏杆灯	1. 名称 2. 型号 3. 规格 4. 安装形式	套	按设计图示数量计算	1. 支架、铁构件制作、安装，油漆 2. 灯具安装
030213010	地道涵洞灯	1. 名称 2. 型号 3. 规格 4. 安装形式	套	按设计图示数量计算	1. 支架、铁构件制作、安装，油漆 2. 灯具安装

相关知识

◆照度标准数据

1. 照度标准的一般规定

1）照度标准应按以下系列分级：

0.5lx、1lx、3lx、5lx、10lx、15lx、20lx、30lx、50lx、75lx、100lx、150lx、200lx、300lx、500lx、750lx、1000lx、1500lx、2000lx、3000lx、5000lx 分级。

2）照度标准值是指工作或生活场所参考平面上的平均照度值。

3）维护系数表见表 5-80。

2. 居住建筑照明照度标准

居住建筑照明标准值宜符合表 5-81 的规定。

表 5-80　维护系数

环境污染特征		房间或场所举例	灯具最少擦拭次数（次/年）	维护系数值
室内	清洁	卧室、办公室、餐厅、阅览室、教室、病房、客房、仪器仪表装配间、电子元器件装配间、检验室等	2	0.80
	一般	商店营业厅、候车室、影剧院、机械加工车间、机械装配车间、体育馆等	2	0.70
	严重污染	厨房、锻工车间、铸工车间、水泥车间等	3	0.60
室外		雨篷、站台	2	0.65

表 5-81　居住建筑照明标准值

房间或场所		参考平面及其高度	照度标准值(lx)	Ra
起居室	一般活动	0.75m 水平面	100	80
	书写、阅读		300 *	
卧室	一般活动	0.75m 水平面	75	80
	床头、阅读		150 *	
餐厅		0.75m 餐桌面	150	80
厨房	一般活动	0.75m 水平面	100	80
	操作台	台面	150 *	
卫生间		0.75m 水平面	100	80

注：* 宜用混合照明。

3. 公共建筑照明照度标准

1）图书馆建筑照明标准值应符合表 5-82 的规定。

表 5-82　图书馆建筑照明标准值

房间或场所	参考平面及其高度	照度标准值(lx)	UGR	Ra
一般阅览室	0.75m 水平面	300	19	80
国家、省市及其他重要图书馆的阅览室	0.75m 水平面	500	19	80
老年阅览室	0.75m 水平面	500	19	80
珍善本、舆图阅览室	0.75m 水平面	500	19	80
陈列室、目录厅(室)、出纳厅	0.75m 水平面	300	19	80
书库	0.25m 垂直面	50	—	80
工作间	0.75m 水平面	300	19	80

2）办公建筑照明标准值应符合表 5-83 的规定。

3）商业建筑照明标准值应符合表 5-84 的规定。

表 5-83　办公建筑照明标准值

房间或场所	参考平面及其高度	照度标准值(lx)	*UGR*	*Ra*
普通办公室	0.75m 水平面	300	19	80
高档办公室	0.75m 水平面	500	19	80
会议室	0.75m 水平面	300	19	80
接待室、前台	0.75m 水平面	300	—	80
营业厅	0.75m 水平面	300	22	80
设计室	实际工作面	500	19	80
文件整理、复印、发行室	0.75m 水平面	300	—	80
资料、档案室	0.75m 水平面	200	—	80

表 5-84　商业建筑照明标准值

房间或场所	参考平面及其高度	照度标准值(lx)	*UGR*	*Ra*
一般商业营业厅	0.75m 水平面	300	22	80
高档商业营业厅	0.75m 水平面	500	22	80
一般超市营业厅	0.75m 水平面	300	22	80
高档超市营业厅	0.75m 水平面	500	22	80
收款台	台面	500	—	80

4）影剧院建筑照明标准值应符合表 5-85 的规定。

表 5-85　影剧院建筑照明标准值

房间或场所		参考平面及其高度	照度标准值(lx)	*UGR*	*Ra*
门厅		地面	200	—	80
观众厅	影院	0.75m 水平面	100	22	80
	剧场	0.75m 水平面	200	22	80
观众休息厅	影院	地面	150	22	80
	剧场	地面	200	22	80
排演厅		地面	300	22	80
化妆室	一般活动区	0.75m 水平面	150	22	80
	化妆台	1.1m 高处垂直面	500	—	80

5）旅馆建筑照明标准值符合表 5-86 的规定。

表 5-86　旅馆建筑照明标准值

房间或场所		参考平面及其高度	照度标准值(lx)	*UGR*	*Ra*
客房	一般活动区	0.75m 水平面	75	—	80
	床头	0.75m 水平面	150	—	80
	写字台	台面	300	—	80
	卫生间	0.75m 水平面	150	—	80

续表

房间或场所	参考平面及其高度	照度标准值(lx)	UGR	Ra
中餐厅	0.75m 水平面	200	22	80
西餐厅、酒吧间、咖啡厅	0.75m 水平面	100	—	80
多功能厅	0.75m 水平面	300	22	80
门厅、总服务台	地面	300	—	80
休息厅	地面	200	22	80
客房层走廊	地面	50	—	80
厨房	台面	200	—	80
洗衣房	0.75m 水平面	200	—	80

6）医院建筑照明标准应符合表 5-87 的规定。

表 5-87　医院建筑照明标准值

房间或场所	参考平面及其高度	照度标准值(lx)	UGR	Ra
治疗室	0.75m 水平面	300	19	80
化验室	0.75m 水平面	500	19	80
手术室	0.75m 水平面	750	19	80
诊室	0.75m 水平面	300	19	80
候诊室、挂号厅	0.75m 水平面	200	22	80
病房	地面	100	19	80
护士站	0.75m 水平面	300	—	80
药房	0.75m 水平面	500	19	80
重症监护室	0.75m 水平面	300	19	80

7）学校建筑照明标准值应符合表 5-88 的规定。

表 5-88　学校建筑照明标准值

房间或场所	参考平面及其高度	照度标准值(lx)	UGR	Ra
教　室	课桌面	300	19	80
实验室	实验桌面	300	19	80
美术教室	桌面	500	19	90
多媒体教室	0.75m 水平面	300	19	80
教室黑板	黑板面	500	—	80

8）博物馆建筑陈列室展品照明标准值不应大于表 5-89 的规定。

表 5-89　博物馆建筑照明标准值

类　别	参考平面及其高度	照度标准值(lx)
对光特别敏感的展品：纺织品、织绣品、绘画、纸制物品、彩绘、陶（石）器、染色皮革、动物标本等	展品面	50

续表

类　别	参考平面及其高度	照度标准值(lx)
对光敏感的展品：油画、蛋清画、不染色皮革、角制品、骨制品、象牙制品、竹木制品和漆器等	展品面	150
对光不敏感的展品：金属制品、石质器物、陶瓷器、宝石玉器、岩矿标本、玻璃制品、搪瓷制品、珐琅器等	展品面	300

注：1. 陈列室一般照明应按展品照度标准值的20%～30%选取。
2. 陈列室一般照明，*UGR* 不宜大于19。
3. 辨色要求一般的场所，*Ra* 不应低于80；辨色要求高的场所，*Ra* 不应低于90。

9）展览馆展厅照明标准值应符合表5-90的规定。

表5-90　展览馆展厅照明标准值

房间或场所	参考平面及其高度	照度标准值(lx)	*UGR*	*Ra*
一般展厅	地面	200	22	80
高档展厅	地面	300	22	80

注：高于6m的展厅，*Ra* 可降低到60。

10）交通建筑照明标准值应符合表5-91的规定。

表5-91　交通建筑照明标准值

房间或场所		参考平面及其高度	照度标准值(lx)	*UGR*	*Ra*
售票台		台面	500	—	80
问讯处		0.75m水平面	200	—	80
候车(机、船)室	普通	地面	150	22	80
	高档	地面	200	22	80
中央大厅、售票大厅		工作面	200	22	80
海关、护照检查		工作面	500	—	80
安全检查		地面	300	—	80
换票、行李托运		0.75m水平面	300	19	80
行李认领、到达大厅、出发大厅		地面	200	22	80
通道、连接区、扶梯		地面	150	—	80
有棚站台		地面	75	—	20
无棚站台		地面	50	—	20

11）体育建筑照明标准值应符合下列规定：

① 无彩电转播的体育建筑照度标准值应符合表5-92的规定。

表5-92　无彩电转播的体育建筑照度标准值

运动项目	参考平面及其高度	照度标准值(lx)	
		训练	比赛
篮球、排球、羽毛球、网球、手球、田径(室内)、体操、艺术体操、技巧、武术	地面	300	750

续表

运动项目			参考平面及其高度	照度标准值(lx)	
				训练	比赛
棒球、垒球			地面	—	750
保龄球			置瓶区	300	500
举重			台面	200	750
击剑			台面	500	750
柔道、中国摔跤、国际摔跤			地面	500	1000
拳击			台面	500	2000
乒乓球			台面	750	1000
游泳、蹼泳、跳水、水球			水面	300	750
花样游泳			水面	500	750
冰球、速度滑冰、花样滑冰			冰面	300	1500
围棋、中国象棋、国际象棋			台面	300	750
桥牌			桌面	300	500
射击	靶心		靶心垂直面	1000	1500
	射击位		地面	300	500
足球、曲棍球	观看距离	120m	地面	—	300
		160m		—	500
		200m		—	750
观众席			座位面	—	100
健身房			地面	200	—

注:足球和曲棍球的观看距离是指观众席最后一排到场地边线的距离。

② 有彩电转播的体育建筑照度标准值应符合表5-93的规定。

表5-93 有彩电转播的体育建筑照度标准值

运动项目	参考平面及其高度	照度标准值(lx)		
		最大摄影距离(m)		
		25	75	150
A组:田径、柔道、游泳、摔跤等项目	1.0m垂直面	500	750	1000
B组:篮球、排球、羽毛球、网球、手球、体操、花样滑冰、速滑、垒球、足球等项目	1.0m垂直面	750	1000	1500
C组:拳击、击剑、跳水、乒乓球、冰球等项目	1.0m垂直面	1000	1500	—

③ 体育建筑照明质量标准值应符合表5-94的规定。

表 5-94　体育建筑照明质量标准值

类别	UGR	Ra
无彩电转播	50	65
有彩电转播	50	80

注:UGR 值仅适用于室外体育场地。

4. 工业建筑照明照度标准

工业建筑一般照明标准值应符合表 5-95 的规定。

表 5-95　工业建筑一般照明标准值

房间或场所		参考平面及其高度	照度标准值(lx)	UGR	Ra	备　注
(1)通用房间或场所						
试验室	一般	0.75m 水平面	300	22	80	可另加局部照明
	精细	0.75m 水平面	500	19	80	可另加局部照明
检验	一般	0.75m 水平面	300	22	80	可另加局部照明
	精细,有颜色要求	0.75m 水平面	750	19	80	可另加局部照明
计量室、测量室		0.75m 水平面	500	19	80	可另加局部照明
变配电站	配电装置室	0.75m 水平面	200	—	60	—
	变压器室	地面	100	—	20	—
电源设备室,发电机室		地面	200	25	60	—
控制室	一般控制室	0.75m 水平面	300	22	80	—
	主控制室	0.75m 水平面	500	19	80	—
电话站、网络中心		0.75m 水平面	500	19	80	—
计算机站		0.75m 水平面	500	19	80	防光幕反射
动力站	风机房、空调机房	地面	100	—	60	—
	泵房	地面	100	—	60	—
	冷冻站	地面	150	—	60	—
	压缩空气站	地面	150	—	60	—
	锅炉房、煤气站的操作层	地面	100	—	60	锅炉水位表照度不小于 50lx
仓库	大件库(如钢坯、钢材、大成品、气瓶)	1.0m 水平面	50	—	20	—
	一般件库	1.0m 水平面	100	—	60	货架垂直照度不小于 50lx
	精细件库(如工具、小零件)	1.0m 水平面	100	—	620	油表照度不小于 50lx

续表

房间或场所		参考平面及其高度	照度标准值(lx)	UGR	Ra	备　注
(2)机、电工业						
机械加工	粗加工	0.75m 水平面	200	22	60	可另加局部照明
	一般加工(公差≥0.1mm)	0.75m 水平面	300	22	60	应另加局部照明
	精密加工(公差<0.1mm)	0.75m 水平面	500	19	60	应另加局部照明
机电仪表装配	大件	0.75m 水平面	200	25	80	可另加局部照明
	一般件	0.75m 水平面	300	25	80	可另加局部照明
	精密	0.75m 水平面	500	22	80	应另加局部照明
	特精密	0.75m 水平面	750	19	80	应另加局部照明
电线、电缆制造		0.75m 水平面	300	25	60	—
线圈绕制	大线圈	0.75m 水平面	300	25	80	—
	中等线圈	0.75m 水平面	500	22	80	可另加局部照明
	精细线圈	0.75m 水平面	750	19	80	应另加局部照明
线圈浇注		0.75m 水平面	300	25	80	—
焊接	一般	0.75m 水平面	200	—	60	—
	精密	0.75m 水平面	300	—	60	—
钣金		0.75m 水平面	300	—	60	—
冲压、剪切		0.75m 水平面	300	—	60	—
热处理		地面至 0.5m 水平面	200	—	20	—
铸造	熔化、浇铸	地面至 0.5m 水平面	200	—	20	—
	造型	地面至 0.5m 水平面	300	25	60	—
精密铸造的制模、脱壳		地面至 0.5m 水平面	500	25	60	—
锻工		地面至 0.5m 水平面	200	—	20	—
电镀		0.75m 水平面	300	—	80	—
喷漆	一般	0.75m 水平面	300	—	80	—
	精细	0.75m 水平面	500	22	80	—
酸洗、腐蚀、清洗		0.75m 水平面	300	—	80	—
抛光	一般性装饰	0.75m 水平面	300	22	80	防频闪
	精细	0.75m 水平面	500	22	80	防频闪
复合材料加工、铺叠、装饰		0.75m 水平面	500	22	80	—
机电修理	一般	0.75m 水平面	200	—	60	可另加局部照明
	精细	0.75m 水平面	300	22	60	可另加局部照明

续表

房间或场所		参考平面及其高度	照度标准值(lx)	*UGR*	*Ra*	备　注
(3)电子工业						
电子元器件		0.75m 水平面	500	19	80	应另加局部照明
电子零部件		0.75m 水平面	500	19	80	应另加局部照明
电子材料		0.75m 水平面	300	22	80	应另加局部照明
酸、碱、药液及粉配制		0.75m 水平面	300	—	80	—
(4)纺织、化纤工业						
纺织	选毛	0.75m 水平面	300	22	80	可另加局部照明
	清棉、和毛、梳毛	0.75m 水平面	150	22	80	—
	前纺:梳棉、并条、粗纺	0.75m 水平面	200	22	80	—
	纺纱	0.75m 水平面	300	22	80	—
	织布	0.75m 水平面	300	22	80	—
织袜	穿综箱、缝纫、量呢、检验	0.75m 水平面	300	22	80	可另加局部照明
	修补、剪毛、染色、印花、裁剪、熨烫	0.75m 水平面	300	22	80	可另加局部照明
化纤	投料	0.75m 水平面	100	—	60	—
	纺丝	0.75m 水平面	150	22	80	—
	卷丝	0.75m 水平面	200	22	80	—
	平衡间、中间储存、干燥间、废丝间、油剂高位槽间	0.75m 水平面	75	—	60	—
	集束间、后加工车间、打包间、油剂调配间	0.75m 水平面	100	25	60	—
	组件清洗间	0.75m 水平面	150	25	60	—
	拉伸、变形、分级包装	0.75m 水平面	150	25	60	操作面可另加局部照明
	化验、检验	0.75m 水平面	200	22	80	可另加局部照明
(5)制药工业						
制药生产:配制、清洗、灭菌、超滤、制粒、压片、混匀、烘干、灌装、轧盖等		0.75m 水平面	300	22	80	—
制药生产流转通道		地面	200	—	80	—

续表

房间或场所		参考平面及其高度	照度标准值(lx)	*UGR*	*Ra*	备　注
(6)橡胶工业						
炼胶车间		0.75m 水平面	300	—	80	—
压延压出工段		0.75m 水平面	300	—	80	—
成型裁断工段		0.75m 水平面	300	22	80	—
硫化工段		0.75m 水平面	300	—	80	—
(7)电力工业						
火电厂锅炉房		地面	100	—	40	—
发电机房		地面	200	—	60	—
主控室		0.75m 水平面	500	19	80	—
(8)钢铁工业						
炼铁	炉顶平台、各层平台	平台面	30	—	40	—
	出铁场、出铁机室	地面	100	—	40	—
	卷扬机室、碾泥室、煤气清洗配水室	地面	50	—	40	—
炼钢及连铸	炼钢主厂房和平台	地面	150	—	40	—
	连铸浇注平台、切割区、出坯区	地面	150	—	40	—
	静整清理线	地面	200	25	60	—
轧钢	钢坯台、轧机区	地面	150	—	40	—
	加热炉周围	地面	50	—	20	—
	重绕、横剪及纵剪机组	0.75m 水平面	150	25	40	—
	打印、检查、精密、分类、验收	0.75m 水平面	200	22	80	—
(9)制浆造纸工业						
备料		0.75m 水平面	150	—	60	—
蒸煮、选洗、漂白		0.75m 水平面	200	—	60	—
打浆、纸机底部		0.75m 水平面	200	—	60	—
纸机网部、压榨部、烘缸、压光、卷取、涂布		0.75m 水平面	300	—	60	—
复卷、切纸		0.75m 水平面	300	25	60	—
选纸		0.75m 水平面	500	22	60	—
碱回收		0.75m 水平面	200	—	40	—

续表

房间或场所		参考平面及其高度	照度标准值(lx)	UGR	Ra	备　注
(10)食品及饮料工业						
食品	糕点、糖果	0.75m 水平面	200	22	80	—
	肉制品、乳制品	0.75m 水平面	300	22	80	—
饮料		0.75m 水平面	300	22	80	—
啤酒	糖化	0.75m 水平面	200	—	80	—
	发酵	0.75m 水平面	150	—	80	—
	包装	0.75m 水平面	150	25	80	—
(11)玻璃工业						
备料、退火、熔制		0.75m 水平面	150	—	60	—
窑炉		地面	100	—	20	—
(12)水泥车间						
主要生产车间(粉碎、原料粉磨、烧成、水泥粉磨、包装)		地面	100	—	20	—
储存		地面	75	—	40	—
输送走廊		地面	30	—	20	—
粗坯成型		0.75m 水平面	300	—	60	
(13)皮革工业						
原皮、水浴		0.75m 水平面	200	—	60	—
轻毂、整理、成品		0.75m 水平面	200	22	60	可另加局部照明
干燥		地面	100	—	20	—
(14)卷烟工业						
制丝车间		0.75m 水平面	200	—	60	—
卷烟、接过滤嘴、包装		0.75m 水平面	300	22	80	—
(15)化学、石油工业						
厂区经常操作的区域，例如泵压缩机、阀门、电操作柱		操作位高度	100	—	20	—
装置区现场控制和检测点，例如指示仪表、液位计等		测控点高度	75	—	60	—
人行通道、平台、设备顶部		地面或台面	30	—	20	—
装卸站	装卸设备顶部和底部操作位	操作位高度	75	—	20	—
	平台	平台	30	—	20	—

续表

房间或场所		参考平面及其高度	照度标准值(lx)	UGR	Ra	备注
(16)木业和家具制造						
一般机器加工		0.75m 水平面	200	22	60	防频闪
精细机器加工		0.75m 水平面	500	19	80	防频闪
锯木区		0.75m 水平面	300	25	60	防频闪
模型区	0.75m 水平面	0.75m 水平面	300	22	60	—
	0.75m 水平面	0.75m 水平面	750	22	60	—
胶合、组装		0.75m 水平面	300	25	60	—
磨光、异形细木工		0.75m 水平面	750	22	80	—

注:需增加局部照明的作业面,增加的局部照明值宜按该场所一般照明的照度值的 1.0～3.0 倍选取。

5. 公用场所照明照度标准

1) 公用场所照明标准值应符合表 5-96 的规定。

表 5-96 公用场所照明标准值

房间或场所		参考平面及其高度	照度标准值(lx)	UGR	Ra
门厅	普通	地面	100	—	60
	高档	地面	200	—	80
走廊、流动区域	普通	地面	50	—	60
	高档	地面	100	—	80
楼梯、平台	普通	地面	30	—	60
	高档	地面	75	—	80
自动扶梯		地面	150	—	60
厕所、盥洗室、浴室	普通	地面	75	—	60
	高档	地面	150	—	80
电梯前厅	普通	地面	75	—	60
	高档	地面	150	—	80
休息室		地面	100	22	80
储藏室、仓库		地面	100	—	60
车库	地面	地面	75	29	60
	地面	地面	200	25	60

2) 应急照明的照度标准值应符合下列规定:

① 备用照明的照度标准值除另有规定外,不低于该场所一般照明照度标准值的 10%。

② 安全照明的照度值不低于该场所一般照明照度标准值的5%。

③ 疏散通道的疏散照明的照度值不低于0.5lx。

例题分析

◆例 5-27

半圆球吸顶灯安装，灯罩直径 D＝250mm，30套。试计算定额工程量。

解：

套用《全国统一安装工程预算定额(第二册)》(GYD－202－2000)2－1384

1) 半圆球吸顶灯安装，D＝250mm。

① 人工费：5.02×30＝150.6(元)

② 材料费：11.98×30＝359.4(元)

③ 机械费：无

2) 主材：

半圆球吸顶灯(D＝250mm)：50×1.01×30＝1515(元)

◆例 5-28

如图5-49所示，某仓库的内部嵌入式安装一台照明配电箱XMR-10(箱高0.5m，宽0.6m，深0.4m)；套防水防尘灯，GC1-A-150；采用3个单联跷板暗开关控制；单相三孔暗插座2个；室内照明线路为刚性阻燃塑料管PVC15暗配，管内穿BV-2.5导线，照明回路为2根线，插座回路为3根线。室内配管(PVC15)的工程量为：照明回路(2个)共48m，插座回路(1个)共18m。试计算其工程量。

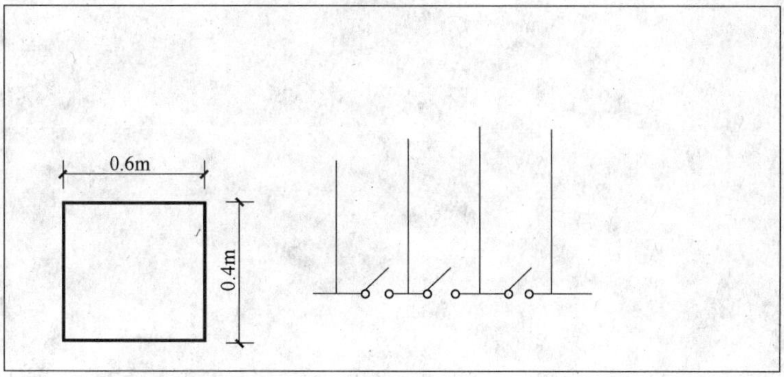

图5-49　电气照明配电图

解：(1) 清单工程量

上例中工程量计算如下(清单工程量不包括预留量)：

1) 电气配管(PVC15)：48＋18＝66(m)

2) 管内穿线(BV-2.5)：48×2＋18×3＝150(m)

（因为照明回路为 2 根线，插座回路为 3 根线）

(2) 定额工程量

1) 电气配管 0.66(100m)

套用《全国统一安装工程预算定额(第二册)》(GYD－202－2000)2－1110

① 人工费：214.55×0.66＝141.60(元)

② 材料费：126.10×0.66＝83.23(元)

③ 机械费：23.48×0.66＝15.50(元)

注：不包含主要材料费。

2) 电气配线 1.514(100m)(包括预留量)

套用《全国统一安装工程预算定额(第二册)》(GYD－202－2000)2－1172

① 人工费：23.22×1.514＝35.16(元)

② 材料费：17.81×1.514＝26.96(元)

③ 机械费：无

注：不包括主要材料费。

第六章　电气工程造价工作的编制与审查

第一节　设计概算文件的组成

要点

设计概算是指在初步设计或扩大初步设计阶段，由设计单位依据初步设计图纸、定额、指标、其他工程费用定额等，对工程投资进行的概略计算。它是初步设计文件的重要组成部分，是确定工程设计阶段的投资依据。经过批准的设计概算是控制工程建设投资的最高限额。

设计概算分为单位工程概算、单项工程综合概算和建设项目总概算。其编制内容及相互关系如图 6-1 所示。

- 建设工程总概算
  - 单项工程综合概算
    - 各单位建筑工程概算
    - 各单位设备及安装工程概算
  - 工程建设其他费用概算
  - 预备费、建设期贷款利息、经营性项目铺底流动资金

图 6-1　设计概算的编制内容及相互关系

解释

◆设计概算文件的组成

1）三级编制（总概算、综合概算、单位工程概算）形式设计概算文件的组成：

① 封面、签署页及目录。

② 编制说明。

③ 总概算表。

④ 其他费用表。

⑤ 综合概算表。

⑥ 单位工程概算表。

⑦ 附件：补充单位估价表。

2）二级编制（总概算、单位工程概算）形式设计概算文件的组成：

① 封面、签署页及目录。

② 编制说明。

③ 总概算表。

④ 其他费用表。

⑤ 单位工程概算表；

⑥ 附件：补充单位估价表。

◆**设计概算文件常用表格**

1）设计概算封面、签署页、目录、编制说明式样见表 6-1～表 6-4。

2）概算表格格式见表 6-5～表 6-17：

总概算表（表 6-5）为采用三级编制形式的总概算的表格。

总概算表（表 6-6）为采用二级编制形式的总概算的表格。

表 6-1　设计概算封面式样

（工程名称） **设　计　概　算** 档　案　号： 共　册　　第　册 （编制单位名称） **（工程造价咨询单位执业章）** 年　　月　　日

其他费用表(表6-7)。

其他费用计算表(表6-8)。

综合概算表(表6-9)为单项工程综合概算的表格。

建筑工程概算表(表6-10)为单位工程概算的表格。

设备及安装工程概算表(表6-11)为单位工程概算的表格。

补充单位估价表(表6-12)。

主要设备、材料数量及价格表(表6-13)。

进口设备材料货价及从属费用计算表(表6-14)。

工程费用计算程序表(表6-15)。

3) 调整概算对比表:

总概算对比表(表6-16)。

综合概算对比表(表6-17)。

表6-2　设计概算签署页式样

(工程名称)

设　计　概　算

档　案　号:

共　册　　第　册

编　制　人:__________[执业(从业)印章]__________

审　核　人:__________[执业(从业)印章]__________

审　定　人:__________[执业(从业)印章]__________

法定负责人:____________________________________

表 6-3　设计概算目录式样

序号	编号	名　　称	页　　次
1		编制说明	
2		总概算表	
3		其他费用表	
4		预备费计算表	
5		专项费用计算表	
6		×××综合概算表	
7		×××综合概算表	
		……	
8		×××单项工程概算表	
9		×××单项工程概算表	
		……	
10		补充单位估价表	
11		主要设备材料数量及价格表	
12		概算相关资料	

表 6-4　编制说明式样

编制说明

1　工程概况。

2　主要技术经济指标。

3　编制依据。

4　工程费用计算表。

1)建筑工程工程费用计算表；

2)工艺安装工程工程费用计算表；

3)配套工程工程费用计算表；

4)其他工程工程费计算表。

5　引进设备材料有关费率取定及依据：国外运输费、国外运输保险费、海关税费、增值税、国内运杂费、其他有关税费。

6　其他有关说明的问题。

7　引进设备材料从属费用计算表。

表 6-5　总概算表(三级编制形式)

总概算编号:________　工程名称:________　单位:万元　共　页　第　页

序号	概算序号	工程项目或费用名称	建筑工程费	设备购置费	安装工程费	其他费用	合计	其中:引进部分		占总投资比例(%)
								美元	折合人民币	
一		工程费用								
1		主要工程								
		××××××								
		××××××								
2		辅助工程								
		××××××								
3		配套工程								
		××××××								
二		其他费用								
1		××××××								
2		××××××								
三		预备费								
四		专项费用								
1		××××××								
2		××××××								
		建设项目概算总投资								

编制人:　审核人:　审定人:

表 6-6　总概算表(二级编制形式)

总概算编号：________　工程名称：________　单位：万元　共　页　第　页

序号	概算序号	工程项目或费用名称	建筑工程费	设备购置费	安装工程费	其他费用	合计	其中：引进部分		占总投资比例(%)
								美元	折合人民币	
一		工程费用								
1		主要工程								
(1)	×××	××××××								
(2)	×××	××××××								
2		辅助工程								
(1)	×××	××××××								
3		配套工程								
(1)	×××	××××××								
二		其他费用								
1		××××××								
2		××××××								
三		预备费								
四		专项费用								
1		××××××								
2		××××××								
		建设项目概算总投资								

编制人：　　　　审核人：　　　　审定人：

表 6-7　其他费用表

工程名称：____________　　　　单位：万元　　共　页　第　页

序号	费用项目编号	费用项目名称	费用计算基数	费率(%)	金额	计算公式	备注
1							
2							
3							
4							
5							

编制人：　　　　　　　　　　审核人：

表 6-8　其他费用计算表

其他费用编号：＿＿＿＿＿＿　费用名称：＿＿＿＿＿＿　单位：万元　共　页　第　页

序号	费用项目编号	费用项目名称	费用计算基数	费率(%)	金额	计算公式	备注

编制人：　　　　　　　　审核人：

表 6-9　综合概算表

综合概算编号：______　　工程名称(单项工程)：________　　单位：万元　　共　页　第　页

序号	概算序号	工程项目或费用名称	设计规模或主要工程量	建筑工程费	设备购置费	安装工程费	其他费用	合计	其中：引进部分	
									美元	折合人民币
一		主要工程								
1	×××	××××××								
2	×××	××××××								
二		辅助工程								
1	×××	××××××								
2	×××	××××××								
三		配套工程								
1	×××	××××××								
2	×××	××××××								
		单项工程概算费用合计								

编制人：　　　　　　　审核人：　　　　　　　审定人：

表 6-10　建筑工程概算表

单位工程概算编号：____　　工程名称（单项工程）：________　　共　页　第　页

序号	定额编号	工程项目或费用名称	单位	数量	单价（元）				合价（元）			
					定额基价	人工费	材料费	机械费	金额	人工费	材料费	机械费
一		土石方工程										
1	××	×××××										
2	××	×××××										
二		砌筑工程										
1	××	×××××										
三		楼地面工程										
1	××	×××××										
		小计										
		工程综合取费										
		单位工程概算费用合计										

编制人：　　　　　　　　　　审核人：

表 6-11　设备及安装工程概算表

单位工程概算编号：______　工程名称(单项工程)：____________　共　页　第　页

序号	定额编号	工程项目或费用名称	单位	数量	单价(元)					合价(元)				
					设备费	主材费	定额基价	其中：		设备费	主材费	定额费	其中：	
								人工费	机械费				人工费	机械费
一		设备安装												
1	××	×××××												
2	××	×××××												
二		管道安装												
1	××	×××××												
三		防腐保温												
1	××	×××××												
		小计												
		工程综合取费												
		合计(单位工程概算费用)												

编制人：　　　　　　　　审核人：

表 6-12　补充单位估价表

补充单位估价表编号							
定额基价							
人工费							
材料费							
机械费							
名称		单位	单价	数量			
综合工日							
材料							
	其他材料费						
机械							

编制人：　　　　　　　　　　　　审核人：

表 6-13　主要设备、材料数量及价格表

序号	设备材料	规格型号及材质	单位	数量	单价(元)	价格来源	备注

编制人：　　　　　　　　　　　　审核人：

表 6-14　进口设备材料货价及从属费用计算表

序号	设备材料规格名称及费用名称	单位	数量	单价（美元）	外币金额(美元)					折合人民币（元）	人民币金额(元)						合计（元）
					货价	运输费	保险费	其他费用	合计		关税	增值税	银行财务费	外贸手续费	国内运杂费	合计	

编制人：　　　　　　　　　　　　　　审核人：

表 6-15　工程费用计算程序表

序号	费用名称	取费基础	费率	计算公式

表 6-16 总概算对比表

总概算编号:______ 工程名称:______ 单位:万元 共 页 第 页

序号	工程项目或费用名称	原批准概算					调整概算					差额（调整概算一原批准概算）	备注
		建筑工程费	设备购置费	安装工程费	其他费用	合计	建筑工程费	设备购置费	安装工程费	其他费用	合计		
一	工程费用												
1	主要工程												
(1)	××××××												
(2)	××××××												
2	辅助工程												
(1)	××××××												
3	配套工程												
(1)	××××××												
二	其他费用												
1	××××××												
2	××××××												
三	预备费												
四	专项费用												
1	××××××												
2	××××××												
	建设项目概算总投资												

编制人: 审核人:

表 6-17　综合概算对比表

综合概算编号：______　　工程名称：______　　单位：万元　共　页　第　页

序号	工程项目或费用名称	原批准概算					调整概算					差额（调整概算一原批准概算）	调整的主要原因
		建筑工程费	设备购置费	安装工程费	其他费用	合计	建筑工程费	设备购置费	安装工程费	其他费用	合计		
一	主要工程												
1	××××××												
2	××××××												
二	辅助工程												
1	××××××												
2	××××××												
三	配套工程												
1	××××××												
2	××××××												
	单项工程概算费用合计												

编制人：　　　　　　　　　　审核人：

相关知识

◆**设计概算的作用**

1）设计概算是确定建设项目、各单项工程及各单位工程投资的依据。按照规定报请有关部门或单位批准的初步设计及总概算，一经批准即作为建设项目静态总投资的最高限额，不得任意突破，必须突破时须报原审批部门（单位）批准。

2）设计概算是编制投资计划的依据。计划部门依据批准的设计概算编制建设项目年固定资产投资计划，并严格控制投资计划的实施。若建设项目实际投资数额超过了总概算。那么必须在原设计单位和建设单位共同提出追加投资申请报告的基础上，经上级计划部门审核批准后，方能追加投资。

3）设计概算是进行拨款和贷款的依据。建设银行根据批准的设计概算和年度投资计划进行拨款和贷款，并严格实行监督控制。对超出概算的部分，未经计划部门批准，建设银行不得追加拨款和贷款。

4）设计概算是实行投资包干的依据。在进行概算包干时，单项工程综合概算及建设项目总概算是投资包干指标商定和确定的基础，尤其经上级主管部门批准的设计概算或修正概算，是主管单位和包干单位签订包干合同，控制包干数额的依据。

5）设计概算是考核设计方案的经济合理性和控制施工图预算的依据。设计单位根据设计概算进行技术经济分析和多方案评价，以提高设计质量和经济效果。同时保证施工图预算在设计概算的范围之内。

6）设计概算是进行各种施工准备、设备供应指标、加工订货及落实各项技术经济责任制的依据。

7）设计概算是控制项目投资，考核建设成本，提高项目实施阶段工程管理和经济核算水平的必要手段。

第二节　设计概算的编制

要点

设计概算文件的编制形式应视项目情况采用三级概算编制或二级概算编制形式。本节主要介绍设计概算的编制依据，建设项目总概算及单项工程综合概算的编制，其他费用、预备费、专项费用概算编制以及单位工程概算的编制。

解释

◆**设计概算的编制依据**

1）国家、行业和地方政府有关建设和造价管理的法律、法规、规定。

2）批准的建设项目的设计任务书（或批准的可行性研究文件）和主管部门的有关规定。

3）初步设计项目一览表。

4）能够满足编制设计概算的各专业设计图纸、文字说明和主要设备表，其中包括：

① 在土建工程中建筑专业提交建筑平、立、剖面图和初步设计文字说明（应说明或注明装修标准、门窗尺寸）；结构专业提交结构平面布置图、构件截面的尺寸、特殊构件配筋率。

② 给水排水、电气、采暖通风、空气调节、动力等专业的平面布置图或文字说明及主要设备表。

③ 室外工程有关各专业提交平面布置图；总图专业提交建设场地的地形图及场地设计标高及道路、排水沟、挡土墙、围墙等构筑物的断面尺寸。

5）正常的施工组织设计。

6）当地和主管部门的现行建筑工程和专业安装工程的概算定额（或预算定额、综合预算定额）、单位估价表、材料及构配件预算价格、工程费用定额和有关费用规定的文件等资料。

7）现行的有关设备原价及运杂费率。

8）现行的有关其他费用定额、指标和价格。

9）资金筹措的方式。

10）建设场地的自然条件和施工条件。

11）类似工程的概、预算及技术经济指标。

12）建设单位提供的有关工程造价的其他资料。

13）有关合同、协议等其他资料。

◆**建设项目总概算及单项工程综合概算的编制**

1）概算编制说明应包括以下主要内容：

① 项目概况：简述建设项目的建设地点、设计规模、建设性质（新建、扩建或改建）、工程类别、建设期（年限）、主要工程内容、主要工程量、主要工艺设备及数量等；

② 主要技术经济指标：项目概算总投资（有引进的给出所需外汇额度）及主要分项投资、主要技术经济指标（主要单位工程投资指标）等；

③ 资金来源：按资金来源不同渠道分别说明，发生资产租赁的说明租赁方

式及租金；

④ 编制依据；

⑤ 其他需要说明的问题；

⑥ 总说明附表，包括以下内容。

a. 建筑、安装工程工程费用计算程序表；

b. 引进设备、材料清单及从属费用计算表；

c. 具体建设项目概算要求的其他附表及附件。

2）总概算表。概算总投资由工程费用、其他费用、预备费及应列入项目概算总投资中的建设期利息、固定资产投资方向调节税、铺底流动资金费用组成。

① 第一部分工程费用。按单项工程综合概算组成编制，采用二级编制的按单位工程概算组成编制；

a. 市政民用建设项目一般排列顺序：主体建（构）筑物、辅助建（构）筑物、配套系统；

b. 工业建设项目一般排列顺序：主要工艺生产装置、辅助工艺生产装置、公用工程、总图运输、生产管理服务性工程、生活福利工程、厂外工程。

② 第二部分其他费用。一般按其他费用概算顺序列项，具体参见"◆其他费用、预备费、专项费用概算编制"；

③ 第三部分预备费。它包括基本预备费和价差预备费，具体参见"◆其他费用、预备费、专项费用概算编制"；

④ 第四部分应列入项目概算总投资中的几项费用。一般包括建设期贷款利息、铺底流动资金、固定资产投资方向调节税（暂停征收）等，具体参见"◆其他费用、预备费、专项费用概算编制"。

3）综合概算以单项工程所属的单位工程概算为基础，采用"综合概算表（表6-9）"进行编制，分别按各单位工程概算汇总成若干个单项工程综合概算。

4）对单一的、具有独立性的单项工程建设项目，按二级编制形式编制，直接编制总概算。

◆其他费用、预备费、专项费用概算编制

1）一般建设项目其他费用包括建设管理费、建设用地费、可行性研究费、研究试验费、勘察设计费、环境影响评价费、劳动安全卫生评价费、场地准备及临时设施费、引进技术和引进设备材料其他费、工程保险费、联合试运转费、特殊设备安全监督检验费、市政公用设施建设及绿化补偿费、专利及专有技术使用费、生产准备及开办费等。

2）引进工程其他费用中的国外技术人员现场服务费、出国人员旅费和生活费折合人民币列入，用人民币支付的其他几项费用直接列入其他费用中。

3）其他费用概算表格形式见表6-7和表6-8。

4）预备费包括基本预备费和价差预备费，基本预备费以总概算第一部分“工程费用”和第二部分“其他费用”之和为基数的百分比计算；价差预备费的计算参见式(1-72)。

5）应列入项目概算总投资中的几项费用。

① 建设期贷款利息。根据不同资金来源及利率分别计算，参见式(1-73)。

② 铺底流动资金按国家或行业有关规定计算。

③ 固定资产投资方向调节税(暂停征收)。

◆单位工程概算的编制

单位工程概算是编制单项工程综合概算(或项目总概算)的依据，单位工程概算项目依据单项工程中所属的每个单体按专业分别编制。单位工程概算一般分建筑工程、设备及安装工程。

(1) 建筑工程单位工程概算

1）建筑工程概算费用内容及组成见建设部建标[2003]206 号《建筑安装工程费用项目组成》。

2）建筑工程概算要采用“建筑工程概算表”(表 6-10)编制，按构成单位工程的主要分部分项工程编制，根据初步设计工程量按工程所在省、市、自治区颁发的概算定额(指标)或行业概算定额(指标)，以及工程费用定额计算。

3）对于通用结构建筑可采用“造价指标”编制概算；对于特殊或重要的建(构)筑物，必须按构成单位工程的主要分部分项工程编制，必要时结合施工组织设计进行详细计算。

(2) 设备及安装工程单位工程概算

1）设备及安装工程概算费用由设备购置费和安装工程费组成。

2）设备购置费

$$定型或成套设备费＝设备出厂价格＋运输费＋采购保管费 \quad (6\text{-}1)$$

引进设备费用分外币和人民币两种支付方式，外币部分按美元或其他国际主要流通货币计算。

非标准设备原价有多种不同的计算方法，例如综合单价法、成本计算估价法、系列设备插入估价法、分部组合估价法、定额估价法等。一般采用不同种类设备综合单价法计算，计算公式为

$$设备费＝\sum 综合单价(元/t)\times 设备单重(t) \quad (6\text{-}2)$$

工具、器具及生产家具购置费一般以设备购置费为计算基数，按照部门或行业规定的工具、器具及生产家具费率计算。

3）安装工程费。安装工程费用内容组成，以及工程费用计算方法见建设部建标[2003]206 号《建筑安装工程费用项目组成》。其中，辅助材料费按概算定额(指标)计算，主要材料费以消耗量按工程所在地当年预算价格(或市场价)

计算。

4）引进材料费用计算方法与引进设备费用计算方法相同。

5）设备及安装工程概算采用“设备及安装工程概算表”（表6-11）形式，按构成单位工程的主要分部分项工程编制，要据初步设计工程量按工程所在省、直辖市、自治区颁发的概算定额（指标）或行业概算定额（指标），以及工程费用定额计算。

6）概算编制深度可参照《建设工程工程量清单计价规范》（GB 50500—2008）深度执行。

当概算定额或指标不能满足概算编制要求时，应编制“补充单位估价表”（表6-12）。

相关知识

◆设计概算编制的调整

1）设计概算批准后一般不得调整。由于特殊原因需要调整概算时，由建设单位调查分析变更原因，报主管部门审批同意后，由原设计单位核实编制，调整概算，并按有关审批程序报批。

2）调整概算的原因。

① 超出原设计范围的重大变更。

② 超出基本预备费规定范围内不可抗拒的重大自然灾害引起的工程变动和费用增加。

③ 超出工程造价调整预备费的国家重大政策性的调整。

3）影响工程概算的主要因素已经清楚，工程量完成了一定量后方可进行调整，一个工程只允许调整一次概算。

4）调整概算编制深度与要求、文件组成及表格形式同原设计概算，调整概算还应对工程概算调整的原因进行详尽分析说明，所调整的内容在调整概算总说明中要逐项与原批准概算对比，并编制调整前后概算对比表（表6-16、表6-17），分析主要变更原因。

5）在上报调整概算时，应同时提供有关文件和调整依据。

第三节　设计概算的审查

要点

本节主要介绍设计概算审查的内容、审查的方法及审查的步骤，读者应对此部分内容有所了解。

解释

◆设计概算审查的内容

1. 审查设计概算的编制依据

1）审查编制依据的合法性。采用的各种编制依据必须经过国家和授权机关的批准，符合国家的编制规定，未经批准的不能采用。不能以情况特殊为由，擅自提高概算定额、指标或费用标准。

2）审查编制依据的时效性。各种依据，如定额、指标、价格、取费标准等，都应根据国家有关部门的现行规定进行，注意有无调整和新的规定，如有，应按新的调整办法和规定执行。

3）审查编制依据的适用范围。各种编制依据都有规定的适用范围，如各主管部门规定的各种专业定额及其取费标准，只适用于该部门的专业工程；各地区规定的各种定额及其取费标准，只适用于该地区范围内，尤其是地区的材料预算价格区域性更强。

2. 审查概算的编制深度

1）审查编制说明。审查编制说明可以检查概算的编制方法、深度和编制依据等重大原则问题，若编制说明有差错，具体概算必有差错。

2）审查概算编制的完整性。一般大、中型项目的设计概算，应有完整的编制说明和“三级概算”（即总概算表、单项工程综合概算表、单位工程概算表），并按有关规定的深度进行编制。审查是否有符合规定的“三级概算”，各级概算的编制、核对、审核是否按规定签署，有无随意简化，有无把“三级概算”简化为“二级概算”，甚至“一级概算”。

3）审查概算的编制范围。审查概算编制范围及具体内容是否与主管部门批准的建设项目范围及具体工程内容一致；审查分期建设项目的建筑范围及具体工程内容有无重复交叉，是否重复计算或漏算；审查其他费用应列的项目是否符合规定，静态投资、动态投资和经营性项目铺底流动资金是否分别列出等。

3. 审查工程概算的内容

1）审查概算的编制是否符合党的方针、政策，是否根据工程所在地的自然条件进行编制。

2）审查建设规模（投资规模、生产能力等）、建设标准（用地指标、建筑标准等）、配套工程、设计定员等是否符合原批准的可行性研究报告或立项批文的标准。对总概算投资超过批准投资估算10%以上的，应查明其原因，重新上报审批。

3）审查编制方法、计价依据及程序是否符合现行规定，包括定额或指标的适用范围和调整方法是否正确。进行定额或指标的补充时，要求补充定额或指标的项目划分、内容组成、编制原则等要与现行的规定相一致等。

4）审查工程量是否正确。工程量的计算是否是依据初步设计图纸、概算定额、工程量计算规则和施工组织设计的要求进行，有无多算、重算和漏算，特别是对工程量大，造价高的项目要重点审查。

5）审查设备规格、数量和配置是否符合设计要求，是否与设备清单一致，设备预算价格是否真实，设备原价和运杂费的计算是否正确，非标准设备原价的计价方法是否符合规定，进口设备的各项费用的组成及其计算程序、方法是否符合国家主管部门的规定。

6）审查材料用量和价格。审查主要材料（钢材、木材、水泥、砖）的用量数据是否正确，材料预算价格是否符合工程所在地的价格水平，材料价差调整是否符合现行规定以及其计算是否正确等。

7）审查建筑安装工程的各项费用的计取是否符合国家或地方有关部门的现行规定，计算程序和取费标准是否正确。

8）审查综合概算、总概算的编制内容、方法是否符合现行规定和设计文件的要求，有无设计文件外项目，有无将非生产性项目以生产性项目列入。

9）审查总概算文件的组成内容，是否完整地包括建设项目从筹建到竣工投产为止的全部费用构成。

10）审查工程建设其他各项费用。这部分费用内容多、弹性大，而它的投资占项目总投资的25%以上，要按国家和地区规定逐项审查，不属于总概算范围的费用项目不能列入概算，具体费率或计取标准是否按照国家、行业有关部门规定计算，有无随意列项、多列、交叉计列和漏项等。

11）审查技术经济指标。技术经济指标计算方法和程序是否正确，综合指标和单项指标与同类型工程指标相比，是偏高还是偏低，查明原因并予以纠正。

12）审查投资经济效果。设计概算是初步设计经济效果的反映，要按照生产规模、工艺流程、产品品种和质量，从企业的投资效益和投产后的运营效益全面分析，是否达到了先进可靠、经济合理的要求。

13）审查项目的“三废”（废水、废气、废渣）治理。拟建项目必须同时安排“三废”的治理方案和投资，对于未作安排或漏项或多算、重算的项目，要按国家有关规定核实投资，以满足“三废”排放达到国家标准。

◆设计概算的审查方法

采用适当方法审查设计概算，是确保审查质量、提高审查效率的关键。较常用方法有：对比分析法、查询核实法以及联合会审法。

1. 对比分析法

对比分析法主要是通过建设规模、标准与立项批文对比，工程数量与设计图纸对比，综合范围、内容与编制方法、规定对比，各项取费与规定标准对比，材料、人工单价与市场信息对比，引进设备、技术投资与报价要求对比，技术经济指标与同类工程对比等审查设计概算。通过上述对比，容易发现设计概算存在的主要问题及偏差。

2. 查询核实法

查询核实法是对一些关键设备和设施、重要装置、引进工程图纸不全、难以核算的较大投资进行多方查询核对、逐项落实的方法。主要设备的市场价向设备供应部门或招标代理公司查询核实；重要生产装置、设施向同类企业（工程）查询了解；引进设备价格及有关税费向进出口公司调查落实；复杂的建设工程向同类工程的建设、承包、施工单位征求意见；深度不够或不清楚的问题直接向原概算编制人员、设计者询问清楚。

3. 联合会审法

联合会审前，可先采取多种形式分头审查，包括设计单位自审，主管、建设、承包单位初审，工程造价咨询公司评审，邀请同行专家预审，审批部门复审等，经层层审查把关后，由相关单位和专家进行联合会审。在会审会议上，由设计单位介绍概算编制情况及有关问题，各相关单位、专家汇报初审和预审意见。然后进行认真分析，讨论，结合对各专业技术方案的审查意见所产生的投资增减，逐一核实原概算出现的问题。经过充分协商，认真听取设计单位意见后，实事求是地处理、调整。

◆设计概算审查的步骤

1. 概算审查的准备

概算审查的准备工作包括了解设计概算的内容组成、编制依据和方法；了解建设规模、设计能力和工艺流程；熟悉设计图纸和说明书、掌握概算费用的构成和有关技术经济指标；明确概算各种表格的内涵；收集概算定额、概算指标、取费标准等有关规定的文件资料等。

2. 进行概算审查

根据审查的主要内容，分别对设计概算的编制依据、单位工程设计概算、综合概算、总概算进行逐级审查。

3. 进行技术经济对比分析

利用规定的概算定额或指标以及有关技术经济指标与设计概算进行分析对比，根据设计和概算列明的工程性质、结构类型、建设条件、费用构成、投资比例、占地面积、生产规模、设备数量、造价指标、劳动定员等与国内外同类型工程规模进行对比分析，从大的方面找出和同类型工程的距离，为审查提供线索。

4. 研究、定案、调整概算

对概算审查中出现的问题要在对比分析、找出差距的基础上深入现场进行实际调查研究。了解设计是否经济合理、概算编制依据是否符合现行规定和施工现场实际、有无扩大规模、多估投资或预留缺口等情况，并及时核实概算投资。若当地没有同类型的项目而不能进行对比分析，可向国内同类型企业进行调查，收集资料，作为审查的参考。经过会审决定的定案问题应及时调整概算，并经原批准单位下发文件。

相关知识

◆设计概算审查的意义

审查设计概算，有利于合理分配投资资金，加强投资计划管理。设计概算编制得偏高或偏低，都会影响投资计划的真实性，影响投资资金的合理分配。所以审查设计概算是为了准确确定工程造价，使投资更能遵循客观经济规律。

审查设计概算，可以促进概算编制单位严格执行国家有关概算的编制规定和费用标准，从而提高概算的编制质量。

审查设计概算，可以使建设项目总投资力求做到准确、完整，防止任意扩大投资规模或出现漏项，从而减少投资缺口，缩短概算与预算之间的差距，避免故意压低概算投资，导致实际造价大幅度地突破概算。

审查后的概算，对建设项目投资的落实提供了可靠的依据。搞好投资，不留缺口，提高建设项目的投资效益。

第四节　施工图预算的编制

要点

施工图预算是在设计的施工图完成以后，以施工图为依据，根据预算定额、费用标准以及工程所在地区的人工、材料、施工机械设备台班的预算价格编制的，是确定建筑工程、安装工程预算造价的文件。

解释

◆施工图预算的内容

施工图预算有单位工程预算、单项工程预算和建设项目总预算。

单位工程预算是根据施工图设计文件、现行预算定额、单位估价表、费用定额以及人工、材料、设备、机械台班等预算价格资料，以一定方法编制单位工程的施工图预算，然后汇总所有各单位工程施工图预算，成为单项工程施工图预算，再汇总所有单项工程施工图预算，形成最终的建设项目建筑安装工程的总预算。

单位工程预算包括建筑工程预算和设备安装工程预算。建筑工程预算按其工程性质可分为一般土建工程预算、给水排水工程预算、采暖通风工程预算、煤气工程预算、电气照明工程预算、弱电工程预算、特殊构筑物(如炉窑等)工程预算和工业管道工程预算等。设备安装工程预算可分为机械设备安装工程预算、电气设备安装工程预算和热力设备安装工程预算等。

◆施工图预算的编制依据

1）国家、行业和地方政府有关工程建设和造价管理的法律、法规和规定。

2）经过批准和会审的施工图设计文件和有关标准图集。

3）工程地质勘察资料。

4）企业定额、现行建筑工程和安装工程预算定额和费用定额、单位估价表、有关费用规定等文件。

5）材料与构配件市场价格、价格指数。

6）施工组织设计或施工方案。

7）经批准的拟建项目的概算文件。

8）现行的有关设备原价及运杂费率。

9）建设场地中的自然条件和施工条件。

10）工程承包合同、招标文件。

◆施工图预算的编制方法

1. 工料单价法

工料单价法是指分部分项工程的单价为直接工程费单价,以分部分项工程量乘以对应分部分项工程单价后的合计为单位直接工程费,直接工程费汇总后另加措施费、间接费、利润、税金生成施工图预算造价。

按照分部分项工程单价产生的方法不同,工料单价法又可以分为预算单价法和实物法。

(1) 预算单价法

预算单价法就是采用地区统一单位估价表中的各分项工程工料预算单价(基价)乘以相应的各分项工程的工程量,求和后得到包括人工费、材料费和施工机械使用费在内的单位工程直接工程费,措施费、间接费、利润和税金可根据统一规定的费率乘以相应的计费基数得到,将上述费用汇总后得到该单位工程的施工图预算造价。

预算单价法编制施工图预算的基本步骤如下:

1）编制前的准备工作。编制施工图预算的过程是具体确定建筑安装工程预算造价的过程。编制施工图预算,不仅要严格遵守国家计价法规、政策,严格按图纸计量,而且还要考虑施工现场条件因素,是一项复杂而细致的工作,也是一项政策性和技术性都很强的工作,因此,必须事前做好充分准备。准备工作主要包括两大方面:一是组织准备;二是资料的收集和现场情况的调查。

2）熟悉图纸和预算定额以及单位估价表。图纸是编制施工图预算的基本依据。熟悉图纸不但要弄清图纸的内容，而且要对图纸进行审核：图纸间相关尺寸是否有误，设备与材料表上的规格、数量是否与图示相符；详图、说明、尺寸和其他符号是否正确等。若发现错误应及时纠正。此外，还要熟悉标准图以及设计变更通知（或类似文件），这些都是图纸的构成部分，不可遗漏。通过对图纸的熟悉，要了解工程的性质、系统的构成，设备和材料的规格型号和品种，以及有无新材料、新工艺的采用。

预算定额和单位估价表是编制施工图预算的计价标准，对其适用范围、工程量计算规则以及定额系数等都要充分了解，要做到心中有数，这样才能使预算编制准确、迅速。

3）了解施工组织设计和施工现场情况。编制施工图预算前，应了解施工组织设计中影响工程造价的相关内容。例如，各分部分项工程的施工方法，土方工程中余土外运使用的工具、运距，施工平面图对建筑材料、构件等堆放点到施工操作地点的距离等，以便能正确计算工程量和正确套用或确定某些分项工程的基价。这对于正确计算工程造价，提高施工图预算质量，具有非常重要的意义。

4）划分工程项目和计算工程量。

① 划分工程项目。划分的工程项目必须和定额规定的项目相同，这样才能正确地套用定额。不能重复列项计算，也不能漏项少算。

② 计算并整理工程量。必须按定额规定的工程量计算规则进行计算，该扣除的部分要扣除，不该扣除的部分不能扣除。当按照工程项目将工程量全部计算完以后，要对工程项目和工程量进行整理，即合并同类项和按序排列，为套用定额、计算直接工程费和进行工料分析打下基础。

5）套单价（计算定额基价）。即将定额子项中的基价填入预算表单价栏内，并将单价乘以工程量得出合价，将结果填入合价栏。

6）工料分析。工料分析即按分项工程项目，根据定额或单位估价表，计算人工及各种材料的实物的耗量，并将主要材料汇总成表。工料分析的方法是：首先从定额项目表中分别将各分项工程消耗的每项材料和人工的定额消耗量查出；再分别乘以该工程项目的工程量，得到分项工程工料消耗量，最后将各分项工程工料消耗量汇总，得出单位工程人工、材料的消耗数量。

7）计算主材费（未计价材料费）。由于许多定额项目基价为不完全价格，即未包括主材费用在内。计算所在地定额基价费（基价合计）之后，还应计算出主材费，以便计算工程造价。

8）按费用定额取费。即按相关规定计取措施费，以及按当地费用定额的取费规定计取间接费、利润、税金等。

9）计算、汇总工程预算造价。将直接费、间接费、利润和税金相加即为工程预算造价。

预算单价法施工图预算编制程序如图6-2所示。图中双线箭头表示施工图预算编制的主要程序。施工图预算编制依据的代号有：a、t、k、l、m、n、p、q、r。施工图预算编制内容的代号有：b、c、d、e、f、g、h、i、s、j。

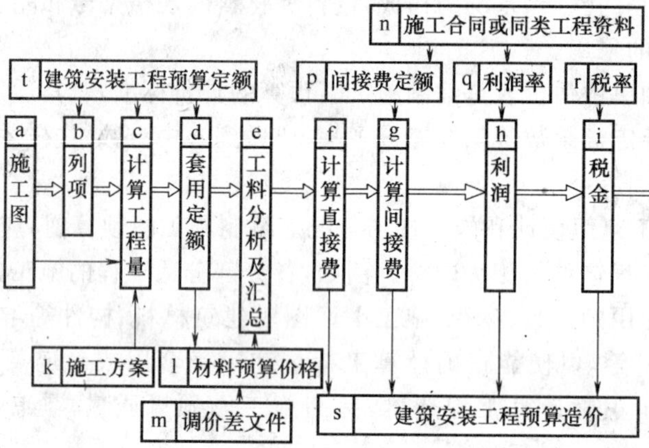

图6-2 预算单价法施工图预算编制程序示意图

(2) 实物法

用实物法编制单位工程施工图预算，就是根据施工图计算的各分项工程量分别乘以地区定额中人工、材料、施工机械台班的定额消耗量，分类汇总得到该单位工程所需要的全部人工、材料、施工机械台班消耗数量，然后再乘以当时当地人工工日单价、各种材料单价、施工机械台班单价，算出相应的人工费、材料费、机械使用费，再加上措施费，就可以求出该工程的直接费。间接费、利润及税金等费用计取方法与单价法相同。

单位工程直接工程费的计算可以按照以下公式：

$$人工费=综合工日消耗量\times综合工日单价 \tag{6-3}$$

$$材料费=\sum(各种材料消耗量\times相应材料单价) \tag{6-4}$$

$$机械费=\sum(各种机械消耗量\times相应机械台班单价) \tag{6-5}$$

$$单位工程直接工程费=人工费+材料费+机械费 \tag{6-6}$$

实物法的优点是能比较及时地将反映各种材料、人工、机械的当时当地市场单价计入预算价格，不需要调价，反映当时当地的工程价格水平。

实物法编制施工图预算的基本步骤如下：

1）编制前的准备工作。具体工作内容同预算单价法相应步骤的内容。但此时要全面收集各种人工、材料、机械台班的当时当地的市场价格，应包括不同品种、规格的材料预算单价，不同工种、等级的人工工日单价，不同种类、型号的施工机械台班单价等。要求获得的各种价格内容全面、真实、可靠。

2）熟悉图纸及预算定额。该步骤与预算单价法相应步骤内容相同。

3）了解施工组织设计和施工现场情况。该步骤与预算单价法相应步骤内容相同。

4）划分工程项目和计算工程量。该步骤与预算单价法相应步骤内容相同。

5）套用定额消耗量，计算人工、材料、机械台班消耗量。根据地区定额中人工、材料、施工机械台班的定额消耗量，乘以各分项工程的工程量，分别计算出各分项工程所需的各类人工工日数量、各类材料消耗数量和各类施工机械台班数量。

6）计算并汇总单位工程的人工费、材料费和施工机械台班费。在计算出各分部分项程的各类人工工日数量、材料消耗数量和施工机械台班数量后。先按类别相加汇总求出该单位工程所需的各种人工、材料、施工机械台班的消耗数量，分别乘以当时当地相应人工、材料、施工机械台班的实际市场单价，即可求出单位工程的人工费、材料费、机械使用费，再汇总计算出单位工程直接工程费。计算公式为：

$$\begin{aligned}\text{单位工程直接工程费}=&\sum(\text{工程量}\times\text{定额人工消耗量}\times\text{市场工日单价})+\\&\sum(\text{工程量}\times\text{定额材料消耗量}\times\text{市场材料单价})+\\&\sum(\text{工程量}\times\text{定额机械台班消耗量}\times\text{市场机械台班单价})\end{aligned} \tag{6-7}$$

7）计算其他费用，汇总工程造价。对于措施费、间接费、利润和税金等费用的计算，可以采用与预算单价法相似的计算程序，只是有关费率是根据当时当地建设市场的供求情况确定。将上述直接费、间接费、利润和税金等汇总即单位工程预算造价。

2. 综合单价法

综合单价法是指分项工程单价综合了直接工程费及以外的多项费用，按照单价综合的内容不同，综合单价法可分为全费用综合单价和清单综合单价。

（1）全费用综合单价

全费用综合单价指单价中综合了分项工程人工费、材料费、机械费，管理费、利润、规费，以及有关文件规定的调价、税金和一定范围的风险等全部费用。以各分项工程量乘以全费用单价的合价汇总后，再加上措施项目的完全价格，就生成了单位工程施工图造价。公式如下：

$$\begin{aligned}\text{建筑安装工程预算造价}=&\sum(\text{分项工程量}\times\text{分项工程全费用单价})+\\&\text{措施项目完全价格}\end{aligned} \tag{6-8}$$

（2）清单综合单价

分部分项工程清单综合单价中综合了人工费、材料费、施工机械使用费，企业管理费、利润，并考虑了一定范围的风险费用，但并不包括措施费、规费和税金，所以它是一种不完全单价。以各分部分项工程量乘以该综合单价的合价汇总后，再加上措施项目费、规费和税金后，就是单位工程的造价。公式如下：

$$\text{建筑安装工程预算造价} = \sum(\text{分项工程量} \times \text{分项工程不完全单价}) + \text{措施项目不完全价格} + \text{规费} + \text{税金} \tag{6-9}$$

相关知识

◆施工图预算的作用

1）它是工程实行招标、投标的重要依据。

2）它是签订建设工程施工合同的重要依据。

3）它是办理工程财务拨款、工程贷款和工程结算的依据。

4）它是施工单位进行人工和材料准备、编制施工进度计划、控制工程成本的依据。

5）它是落实或调整年度计划和投资计划的依据。

6）它是施工企业降低工程成本、实行经济核算的依据。

第五节　施工图预算的审查

要点

本节主要介绍施工图预算审查的内容、审查的步骤以及审查的方法，读者应对此部分内容有所了解。

解释

◆施工图预算审查的内容

审查施工图预算的重点，应该放在工程量计算、预算单价套用、设备材料预算价格取定是否正确，各项费用标准是否符合现行规定等方面。

1. 审查工程量

1）土方工程需审查的工程量包括：

① 平整场地、挖地槽、挖地坑、挖土方工程量的计算是否符合现行的定额计算规定及施工图纸标注尺寸，土壤类别是否与勘察资料相同，地槽与地坑放坡、带挡土板是否符合设计要求，有无重算和漏算；

② 回填土工程量应该注意地槽、地坑回填土的体积是否扣除了基础所占体积，地面和室内填土的厚度是否符合设计要求；

③ 运土方的审查除了注意运土距离外，还要注意运土数量是否扣除了就地回填的土方。

2）打桩工程需审查的工程量包括：

① 注意审查各种不同桩料，必须分别计算，施工方法必须符合设计要求；

② 桩料长度必须符合设计要求，桩料长度如果超过一般桩料长度需要接桩时，注意审查接头数是否正确。

3）砖石工程需审查的工程量包括：

① 基础和墙身的划分是否符合规定；

② 不同厚度的内、外墙是否分别计算，应扣除的门窗洞口及埋入墙体的各种钢筋混凝土梁、柱等是否已经扣除；

③ 不同砂浆强度等级的墙和按定额规定以“m^3”或“m^2”为计量单位计算的墙，有无混淆、错算或漏算。

4）混凝土及钢筋混凝土工程需审查的工程量包括：

① 现浇与预制构件是否分别计算，有无混淆；

② 现浇柱与梁，主梁与次梁及各种构件计算是否符合规定，有无重算或漏算；

③ 有筋与无筋构件是否按设计规定分别计算，有无混淆；

④ 钢筋混凝土的含钢量与预算定额的含钢量发生差异时，是否按规定予以增减调整。

5）木结构工程需审查的工程量包括：

① 门窗是否分类，按门、窗洞口面积计算；

② 木装修的工程量是否按规定分别以“延长米”或“m^2”为计量单位计算。

6）楼地面工程需审查的工程量包括：

① 楼梯抹面是否按踏步和休息平台部分的水平投影面积计算；

② 细石混凝土地面找平层的设计厚度与定额厚度不同时，是否按其厚度进行换算。

7）屋面工程需审查的工程量包括：

① 卷材屋面工程是否与屋面找平层工程量相等；

② 屋面保温层的工程量是否按屋面层的建筑面积乘以保温层平均厚度计算，不作为保温层的挑檐部分是否按规定不作计算。

8）构筑物工程需审查的工程量包括：当烟囱和水塔定额是以“座”编制时，地下部分已包括在定额内，按规定不能再另行计算，应审查是否符合要求，有无重算。

9）装饰工程需审查的工程量包括：内墙抹灰的工程量是否按墙面的净高和净宽计算，有无重算或漏算。

10）金属构件制作工程需审查的工程量包括：金属构件制作工程量多数以“t”为计量单位。在计算时，型钢按图示尺寸求出长度，再乘以每米的质量；钢板要求算出面积，再乘以每平方米的质量。审查是否符合规定。

11）水暖工程需审查的工程量包括：

① 室内外排水管道、暖气管道的划分是否符合规定；

② 各种管道的长度、管径是否按设计规定计算；

③ 室内给水管道不应扣除阀门、接头零件所占的长度，但应扣除卫生设备（浴盆、卫生盆、冲洗水箱、淋浴器等）本身所附带的管道长度，审查是否符合要求，有无重算；

④ 室内排水工程采用承插铸铁管，不应扣除异形管及检查口所占长度，应审查是否符合要求，有无漏算；

⑤ 室外排水管道是否已经扣除了检查井与连接井所占的长度；

⑥ 暖气片的数量是否与设计一致。

12）电气照明工程需审查的工程量包括：

① 灯具的种类、型号、数量是否与设计图一致；

② 线路的敷设方法、线材品种等，是否达到设计标准，工程量计算是否正确。

13）设备及其安装工程需审查的工程量包括：

① 设备的种类、规格、数量是否与设计相符，工程量计算是否正确；

② 需要安装的设备和不需要安装的设备是否分清，有无把不需要安装的设备作为安装的设备计算在安装工程费用内。

2. 审查设备、材料的预算价格

设备、材料预算价格是施工图预算造价所占比重最大，变化最大的内容，应当重点审查。

1）审查设备、材料的预算价格是否符合工程所在地的真实价格及价格水平。如果是采用市场价，要核实其真实性和可靠性；如果是采用有关部门公布的信息价，要注意信息价的时间、地点是否符合要求，是否要按规定调整。

2）设备、材料的原价确定方法是否正确。非标准设备的原价的计价依据、方法是否正确、合理。

3）设备的运杂费率及其运杂费的计算是否正确，材料预算价格的各项费用的计算是否符合规定、有无差错。

3. 审查预算单价的套用

审查预算单价套用是否正确，是审查预算工作的主要内容之一。审查时应注意以下几个方面：

1）预算中所列各分项工程预算单价是否与现行预算定额的预算单价相符，其名称、规格、计量单位及所包括的工程内容是否与单位估价表相同；

2）审查换算的单价，首先要审查换算的分项工程是否是定额中允许换算的，其次审查换算是否正确；

3）审查补充定额及单位估价表的编制是否符合编制原则，单位估价表计算是否正确。

4. 审查有关费用项目及其计取

有关费用项目计取的审查，要注意以下几个方面：

1）措施费的计算是否符合有关的规定标准，间接费和利润的计取基础是否符合现行规定，有无不能作为计费基础的费用列入计费的基础。

2）预算外调增的材料差价是否计取了间接费、直接工程费或人工费增减后，有关费用是否相应也进行了调整。

3）有无巧立名目乱计费、乱摊费用现象。

◆施工图预算审查的步骤

1）做好审查前的准备工作。

① 熟悉施工图纸。施工图纸是编制预算分项工程数量的重要依据，必须全面熟悉了解。一方面，核对所有的图纸，清点无误后，依次识读；另一方面，参加技术交底，解决图纸中的疑难问题，直至完全掌握图纸。

② 了解预算包括的范围。根据预算编制说明，了解预算包括的工程内容。例如配套设施、室外管线、道路以及会审图纸后的设计变更等。

③ 弄清编制预算采用的单位工程估价表。任何单位估价表或预算定额都有一定的适用范围。根据工程性质收集和熟悉相应的单价、定额资料。特别是市场材料单价和取费标准等。

2）选择合适的审查方法，按相应内容审查。由于工程规模、繁简程度不同，施工企业情况也不同，所编工程预算繁简和质量也不同，因此需针对情况选择相应的审查方法进行审核。

3）综合整理审查资料，编制调整预算。经过审查，若发现有差错，需要进行增加或核减的，经与编制单位逐项核实，统一意见后，修正原施工图预算，汇总核减量。

◆施工图预算审查的方法

1. 全面审查法

全面审查法也称为逐项审查法，就是按预算定额顺序或施工的先后顺序，逐一全部进行审查的方法。其具体计算方法和审查过程与编制施工图预算基本一致。该方法的优点是全面、细致，经审查的工程预算差错比较少，质量比较高。缺点是工作量比较大。所以在一些工程量比较小、工艺比较简单的工程，编制工程预算的技术力量又比较薄弱的，采用全面审查法的相对较多。

2. 标准预算审查法

对于利用标准图纸或通用图纸施工的工程，先集中力量编制标准预算，以此为标准审查预算的方法。按标准图纸设计或通用图纸施工的工程一般上部结构和做法相同,可集中力量细审一份预算或编制一份预算,作为这种标准图纸的标准预算,或用这种标准图纸的工程量为标准,对照审查,而对局部不同部分作单独审查即可。这种方法的优点是时间短、效果好、好定案;缺点是只适用于按标准图纸设计的工程,适用范围小。

3. 分组计算审查法

这是一种加快审查工程量速度的方法,把预算中的项目划分为若干个组,并把相邻且有一定内在联系的项目编为一组,审查或计算同一组中某个分项工程量,利用工程量间具有相同或相似计算基础的关系,判断同组中其他几个分项工程量计算的准确程度的方法。

4. 对比审查法

这是用已建成工程的预算或虽未建成但已审查修正的工程预算对比审查拟建的类似工程预算的一种方法。对比审查法,通常有下述几种情况,应根据工程的不同条件,区别对待。

1）两个工程采用同一个施工图,但基础部分和现场条件不同。其新建工程基础以上部分可采用对比审查法;不同部分可分别采用相应的审查方法进行审查。

2）两个工程设计相同,但建筑面积不同。根据两个工程建筑面积之比与两个工程分部分项工程量之比基本一致的特点,可审查新建工程各分部分项工程的工程量。或者用两个工程每平方米建筑面积造价以及每平方米建筑面积的各分部分项工程量,进行对比审查,如果基本一致时,说明新建工程预算是正确的,反之,说明新建工程预算有问题,找出差错原因,加以更正。

3）两个工程的面积相同,但设计图纸不完全相同时,可把相同的部分进行工程量的对比审查,不能对比的分部分项工程按图纸计算。

5. 筛选审查法

筛选法是统筹法的一种,也是一种对比方法。建筑工程虽然有建筑面积及高度的不同,但是它们的各个分部分项工程的工程量、造价、用工量在每个单位面积上的数值变化不大,我们把这些数据加以汇集、优选,归纳为工程量、造价(价值)、用工三个单方基本值表,并注明其适用的建筑标准。这些基本值就像“筛子孔”,用来筛选各分部分项工程,筛下去的就不审查了,没有筛下去的就意味着此分部分项的单位建筑面积数值不在基本值范围之内,应对该分部分项工程详细审查。当所审查的预算的建筑面积标准与“基本值”所适用标准不同时,就要对其进行调整。

筛选法的优点是简单易懂,便于掌握,审查速度和发现问题快。但要解决差错、分析其原因时需继续审查。因此,此法适用于住宅工程或不具备全面审查条件的工程。

6. 重点抽查法

这是抓住工程预算中的重点进行审查的方法。审查的重点一般是：工程量大或造价较高、工程结构复杂的工程，补充单位估价表，计取的各项费用(计费基础、取费标准等)。

重点抽查法的优点是重点突出、审查时间短、效果好。

7. 利用手册审查法

这是把工程中常用的构件、配件事先整理成预算手册，按手册对照审查的方法。例如我们可以将工程常用的预制构件配件按标准图集计算出工程量，套上单价，编制成预算手册使用，可大大简化预结算的编审工作。

8. 分解对比审查法

一个单位工程，按直接费与间接费进行分解，然后再把直接费按工种和分部工程进行解，分别与审定的标准预算进行对比分析的方法，叫分解对比审查法。

分解对比审查法一般有三个步骤：

1) 全面审查某种建筑的定型标准施工图或重复使用的施工图的工程预算。经审定后作为审查其他类似工程预算的对比基础。而且将审定预算按直接费与应取费用分解成两部分，再把直接费分解为各工种工程和分部工程预算，分别计算出每平方米预算价格。

2) 把拟审的工程预算与同类型预算单方造价进行对比，若出入在1%～3%(根据本地区要求)，再按分部分项工程进行分解，边分解边对比，对出入较大者需要进一步审查。

3) 对比审查。其方法是：

① 经分析对比，若发现应取费用相差较大，应考虑建设项目的投资来源和工程类别及其取费项目和取费标准是否符合现行规定。材料调价相差较大，则应进一步审查《材料调价统计表》，将各种调价材料的用量、单位差价及其调增数量等进行对比。

② 经过分解对比，若发现土建工程预算价格出入较大，首先审查其土方和基础工程，因为±0.000以下的工程一般相差较大。再对比其余各个分部工程，发现某一分部工程预算价格相差较大时，再进一步对比各分项工程或工程细目。在对比时，先检查所列工程细目是否正确，预算价格是否相同。发现相差较大者，再进一步审查所套预算单价，最后审查该项工程细目的工程量。

相关知识

◆施工图预算审查的作用

1) 对降低工程造价具有现实意义。

2）有利于节约工程建设资金。

3）有利于发挥领导层、银行的监督作用。

4）有利于积累和分析各项技术经济指标。

第六节　工程价款的结算

要点

工程价款结算是指承包商在工程实施过程中，依据承包合同中关于付款条款的规定和已经完成的工程量，并按照规定的程序向建设单位（业主）收取工程价款的一项经济活动。它是由施工企业在原预算造价的基础上进行调整修正，重新确定工程造价的技术经济文件。

解释

◆工程价款结算依据

工程价款结算应按合同约定办理，合同未作约定或约定不明的，发、承包双方应依照下列规定与文件协商处理：

1）国家相关法律、法规和规章制度。

2）国务院建设行政主管部门、省、自治区、直辖市或有关部门发布的工程造价计价标准、计价办法等相关规定。

3）建设工程项目的合同、补充协议、变更签证和现场签证，以及经发、承包人认可的其他有效文件。

4）其他可依据的材料。

◆工程价款结算的主要方式

我国现行工程价款结算根据不同情况，可采取多种方式。

1）按月结算。实行旬末或月中预支，月中结算，竣工后清算。

2）竣工后一次结算。建设工程项目或单项工程全部建筑安装工程建设期在12个月以内，或工程承包合同价在100万元以下的，可实行工程价款每月月中预支、竣工后一次结算。即合同完成后承包人与发包人进行合同价款结算，确认的工程价款为承发包双方结算的合同价款总额。

3）分段结算。开工当年不能竣工的单项工程或单位工程，按照工程形象进度，划分不同阶段进行结算。分段标准由各部门、省、自治区、直辖市规定。

4）目标结算方式。在工程合同中，将承包工程的内容分解成不同控制面（验收单元），当承包商完成单元工程内容并经工程师验收合格后，业主支付单元工程内容的工程价款。对于控制面的设定，合同中应有明确的描述。

在目标结算方式下，承包商要想获得工程款，必须按照合同约定的质量标准完成控制面工程内容，要想尽快获得工程款，承包商必须充分发挥自己的组织实施能力，在保证质量的前提下，加快施工进度。

5）双方约定的其他结算方式。

◆工程价款结算的主要内容

根据《建设项目工程结算编审规程》中的相关规定，工程价款结算主要包括：竣工结算、分阶段结算、专业分包结算和合同中止结算。

1）竣工结算。建设项目完工并经验收合格后，对所完成的建设项目进行的全面的工程结算。

2）分阶段结算。在签订的施工承发包合同中，按工程特征划分为不同阶段实施和结算。该阶段合同工作内容已完成，经发包人或有关机构中间验收合格后，由承包人在原合同分阶段价格的基础上编制调整价格并提交发包人审核签认的工程价格，它是表达该工程不同阶段造价和工程价款结算依据的工程中间结算文件。

3）专业分包结算。在签订的施工承发包合同或由发包人直接签订的分包工程合同中，按工程专业特征分类实施分包和结算。分包合同工作内容已完成，经总包人、发包人或有关机构对专业内容验收合格后，按合同的约定，由分包人在原合同价格基础上编制调整价格并提交总包人、发包人审核签认的工程价格，它是表达该专业分包工程造价和工程价款结算依据的工程分包结算文件。

4）合同中止结算。工程实施过程中合同中止，对施工承发包合同中已完成且经验收合格的工程内容，经发包人、总包人或有关机构点交后，由承包人按原合同价格或合同约定的定价条款，参照有关计价规定编制合同中止价格，提交发包人或总包人审核签认的工程价格，它是表达该工程合同中止后已完成工程内容的造价和工程价款结算依据的工程经济文件。

相关知识

◆工程索赔的概念及分类

1. 工程索赔的概念

一般情况下，索赔是指承包人（施工单位）在合同实施过程中，对非自身原因造成的工程延期、费用增加而要求发包人给予补偿损失的一种权利要求。

索赔的概念也可以概括为以下三个方面：

1）一方违约使另一方蒙受损失，受损方向对方提出赔偿损失的要求。

2）发生应由发包人承担责任的特殊风险或遇到不利自然条件等情况，使承包人蒙受较大损失而向发包人提出补偿损失要求。

3）承包人本应当获得的正当利益，由于没能及时得到监理人的确认及发包人应给予的支付，而以正式函件向发包人索赔。

2. 工程索赔的分类

工程索赔依据不同的标准可以进行不同的分类。

(1) 按索赔的合同依据分类

按索赔的合同依据可以将工程索赔分为合同中明示的索赔和合同中默示的索赔。

1) 合同中明示的索赔。合同中明示的索赔是指承包人提出的索赔要求，在该工程项目的合同文件中有文字依据，承包人可以据此提出索赔要求，并取得经济补偿。这些在合同文件中有文字规定的合同条款，称为明示条款。

2) 合同中默示的索赔。合同中默示的索赔，即承包人的该项索赔要求，虽然在工程项目的合同条款中没有专门的文字叙述，但可以根据该合同某些条款的含义推论出承包人有索赔权。这种索赔要求，同样具有法律效力，有权得到相应的经济补偿。这种有经济补偿含义的条款，在合同管理工作中被称为“默示条款”或称为“隐含条款”。默示条款是一个广泛的合同概念，它包含合同明示条款中没有写入但符合双方签订合同时设想的愿望和当时环境条件的一切条款。这些默示条款，或者从明示条款所表述的设想愿望中引申出来，或者从合同双方在法律上的合同关系引申出来，经合同双方协商一致，或被法律和法规所指明，都成为合同文件的有效条款，要求合同双方遵照执行。

(2) 按索赔目的分类

按索赔目的可以将工程索赔分为工期索赔和费用索赔。

1) 工期索赔。工期索赔是指由于非承包人责任的原因而导致施工进程延误，要求批准顺延合同工期的索赔，称为工期索赔。工期索赔形式上是对权利的要求，以避免在原定合同竣工日不能完工时，被发包人追究拖期违约责任。一旦获得批准合同工期顺延后，承包人不仅免除了承担拖期违约赔偿费的严重风险，而且可能提前工期得到奖励，最终仍反映在经济收益上。

2) 费用索赔。费用索赔的目的是要求经济补偿。当施工的客观条件改变导致承包人增加开支，要求对超出计划成本的附加开支给予补偿，以挽回不应由他承担的经济损失。

(3) 按索赔事件的性质分类

按索赔事件的性质可以将工程索赔分为：工程延误索赔、工程变更索赔、合同被迫终止索赔、工程加速索赔、意外风险和不可预见因素索赔以及其他索赔。

1) 工程延误索赔。因发包人未按合同要求提供施工条件，如未及时交付设计图纸、施工现场、道路等，或因发包人指令工程暂停或不可抗力事件等原因造成工期拖延的，承包人对此提出索赔。这是工程中常见的一类索赔。

2）工程变更索赔。由于发包人或监理人指令增加或减少工程量或增加附加工程、修改设计、变更工程顺序等，造成工期延长和费用增加，承包人对此提出索赔。

3）合同被迫终止的索赔。由于发包人或承包人违约以及不可抗力事件等原因造成合同非正常终止，无责任的受害方因其蒙受经济损失而向对方提出索赔。

4）工程加速索赔。由于发包人或监理人指令承包人加快施工速度，缩短工期，引起承包人的人、财、物的额外开支而提出的索赔。

5）意外风险和不可预见因素索赔。在工程实施过程中，因人力不可抗拒的自然灾害、特殊风险以及一个有经验的承包人通常不能合理预见的不利施工条件或外界障碍，如地下水、地质断层、溶洞、地下障碍物等引起的索赔。

6）其他索赔。例如因货币贬值、汇率变化、物价上涨、政策法令变化等原因引起的索赔。

第七节　竣工结算的编制与审查

要点

竣工结算是由施工企业按照合同规定的内容全部完成所承包的工程，经建设单位及相关单位验收质量合格，并符合合同要求之后，在交付生产或使用前，由施工单位根据合同价格和实际发生的费用增减变化（变更、签证、洽商等）情况进行编制，并经发包方或委托方签字确认的，正确反映该项工程最终实际造价，并作为向发包单位进行最终结算工程款的经济文件。

竣工结算一般由施工单位编制，建设单位审核同意后，按合同规定签字盖章，通过相关银行办理工程价款的最后结算。

解释

◆竣工结算的内容

竣工结算的内容与施工图预算的内容基本相同，由直接费、间接费、计划利润和税金四部分组成。竣工结算以竣工结算书的形式表现，包括单位工程竣工结算书、单项工程竣工结算书及竣工结算说明书等。

竣工结算书中主要应体现“量差”和“价差”的基本内容。

“量差”是指原计价文件所列工程量与实际完成的工程量不符而产生的差别。

“价差”是指签订合同时的计价或取费标准与实际情况不符而产生的差别。

◆竣工结算的编制原则与依据

1. 竣工结算的编制原则

工程项目竣工结算既要正确贯彻执行国家和地方基建部门的政策和规定，又要准确反映施工企业完成的工程价值。在进行工程结算时，要遵循以下原则：

1) 必须具备竣工结算的条件，要有工程验收报告，对于未完工程，质量不合格的工程、不能结算；需要返工重做的，应返工修补合格后，才能结算。

2) 严格执行国家和地区的各项有关规定。

3) 实事求是，认真履行合同条款。

4) 编制依据充分，审核和审定手续完备。

5) 竣工结算要本着对国家、建设单位、施工单位认真负责的精神，做到既合理又合法。

2. 竣工结算的编制依据

1) 工程竣工报告、工程竣工验收证明、图纸会审记录、设计变更通知单及竣工图。

2) 经审批的施工图预算、购料凭证、材料代用价差、施工合同。

3) 本地区现行预算定额、费用定额、材料预算价格及各种收费标准、双方有关工程计价协定。

4) 各种技术资料(技术核定单、隐蔽工程记录、停复工报告等)及现场签证记录。

5) 不可抗力、不可预见费用的记录以及其他有关文件的规定。

◆竣工结算的编制方法与程序

1. 竣工结算的编制方法

(1) 合同价格包干法

在考虑了工程造价动态变化的因素后，合同价格一次包死，项目的合同价就是竣工结算造价。即：

结算工程造价＝经发包方审定后确定的施工图预算造价×(1＋包干系数)　(6-10)

(2) 合同价增减法

在签订合同时商定合同价格，但没有包死，结算时以合同价为基础，按实际情况进行增减结算。

(3) 预算签证法

按双方审定的施工图预算签订合同，凡在施工过程中经双方签字同意的凭证都作为结算的依据，结算时以预算价为基础按所签凭证内容调整。

(4) 竣工图计算法

结算时根据竣工图、竣工技术资料、预算定额，依据施工图预算编制方法，全部重新计算，得出结算工程造价。

(5) 平方米造价包干法

双方根据一定的工程资料，事先协商好每平方米造价指标，结算时以平方米造价指标乘以建筑面积确定应付的工程价款。即：

$$结算工程造价＝建筑面积×每平方米造价指标 \tag{6-11}$$

(6) 工程量清单计价法

以业主与承包方之间的工程量清单报价为依据，进行工程结算。

办理工程价款竣工结算的一般公式为：

竣工结算工程价款＝预算(或概算)或合同价款＋
施工过程中预算或合同价款调整数额－
预付及已结算的工程价款－未扣的保修金　　(6-12)

2. 竣工结算的编制程序

(1) 承包方进行竣工结算的程序和方法

1) 收集分析影响工程量差、价差和费用变化的原始凭证。

2) 依据工程实际对施工图预算的主要内容进行检查、核对。

3) 依据收集的资料和预算对结算进行分类汇总，计算量差、价差，进行费用调整。

4) 依据查对结果和各种结算依据，分别归类汇总，填写竣工工程结算单，编制单位工程结算。

5) 编写竣工结算说明书。

6) 编制单项工程结算。目前国家没有统一规定工程竣工结算书的格式，各地区可结合当地情况和需要自行设计计算表格，供结算使用。

单位工程结算费用计算程序，见表6-18、表6-19，竣工工程结算单见表6-20。

表6-18　土建工程结算费用计算程序表

序号	费用项目	计算公式	金额(元)
1	原概(预)算直接费		
2	历次增减变更直接费		
3	调价金额	[(1)＋(2)]×调价系数	
4	直接费	(1)＋(2)＋(3)	
5	间接费	(4)×相应工程类别费率	
6	利润	[(4)＋(5)]×相应工程类别利润率	
7	税金	[(4)＋(5)＋(6)＋(7)]×相应税率	
8	工程造价	(4)＋(5)＋(6)＋(7)	

表 6-19　水、暖、电工程结算费用计算程序表

序号	费用项目	计算公式	金额(元)
1	原概(预)算直接费		
2	历次增减变更直接费		
3	其中:定额人工费	(1)、(2)两项所含	
4	其中:设备费	(1)、(2)两项所含	
5	措施费	(3)×费率	
6	调价金额	[(1)+(2)+(5)]×调价系数	
7	直接费	(1)+(2)+(5)+(6)	
8	间接费	(3)×相应工程类别费率	
9	利润	(3)×相应工程类别利润率	
10	税金	[(7)+(8)+(9)+(10)]×相应税率	
11	设备费价差(±)	(实际供应价－原设备费)×(1+税率)	
12	工程造价	(7)+(8)+(9)+(10)+(11)	

表 6-20　竣工工程结算单

建设单位:　　　　　　　　　　　　　　　　　　单位:元

1. 原预算造价			
2. 调整预算	增加部分	(1)补充预算	
		(2)	
		(3)	
		…	
		合计	
	减少部分	(1)	
		(2)	
		(3)	
		…	
		合计	
3. 竣工结算总造价			
4. 财务结算	已收工程款		
	报产值的甲供材料设备价值		
	实际结算工程款		
说明			

建设单位: 经 办 人: 年　月　日	施工单位: 经 办 人: 年　月　日

（2）业主进行竣工结算的管理程序

1）业主接到承包商提交的竣工结算书后，应以单位工程为基础，对承包合同内规定的施工内容，包括工程项目、工程量、单价取费和计算结果等进行检查与核对。

2）核查合同工程的竣工结算，竣工结算应包括以下几方面：

① 开工前准备工作的费用是否准确。

② 土石方工程与基础处理有无漏算或多算。

③ 钢筋混凝土工程中的钢筋含量是否按规定进行了调整。

④ 加工订货的项目、规格、数量、单价等与实际安装的规格、数量、单价是否相符。

⑤ 特殊工程中使用的特殊材料的单价有无变化。

⑥ 工程施工变更记录与合同价格的调整是否相符。

⑦ 实际施工中有无与施工图要求不符的项目。

⑧ 单项工程综合结算书与单位工程结算书是否相符。

3）对核查过程中发现的不符合合同规定情况，例如多算、漏算或计算错误等，均应予以调整。

4）将批准的工程竣工结算书送交有关部门审查。

5）工程竣工结算书经过确认后，办理工程价款的最终结算拨款手续。

◆竣工结算的审查

1）自审：竣工结算初稿编定后，施工单位内部先组织审查、校核。

2）建设单位审查：施工单位自审后编印成正式结算书送交建设单位审查，建设单位也可委托有关部门批准的工程造价咨询单位审查。

3）造价管理部门审查：甲乙双方有争议且协商无效时，可以提请造价管理部门裁决。

各方对竣工结算进行审查的具体内容包括：核对合同条款；检查隐蔽工程验收记录；落实设计变更签证；按图核实工程数量；严格按合同约定计价；注意各项费用计取；防止各种计算误差。

相关知识

◆建设项目竣工验收的任务

1）发包人、勘察和设计单位、监理人、承包人分别对建设项目的决策和论证、勘察和设计及施工的全过程进行最后的评价，对各自在建设项目进展过程中的经验和教训进行客观的评价，以保证建设项目按设计要求的各项技术经济指标正常使用。

2）办理建设项目的验收和移交手续，并办理建设项目竣工结算和竣工决算，以及建设项目档案资料的移交和保修手续等，总结建设经验，提高建设项目的经济效益和管理水平。

3）承包人通过竣工验收应采取措施将该项目的收尾工作和包括市场需求、"三废"治理、交通运输等问题在内的遗留问题尽快处理好，确保建设项目尽快发挥效益。

第八节　竣工决算的编制与审查

要点

竣工决算是以实物数量和货币指标为计量单位，综合反映竣工项目从筹建开始到项目竣工交付使用为止的全部建设费用、投资效果和财务情况的总结性文件，是竣工验收报告的重要组成部分。竣工决算是正确核定新增固定资产价值，考核分析投资效果，建立健全经济责任制的依据，是反映建设项目实际造价和投资效果的文件。通过竣工决算，既能够正确反映建设工程的实际造价和投资结果，又可以通过竣工决算与概算、预算的对比分析，考核投资控制的工作成效，为工程建设提供重要的技术经济方面的基础资料，提高未来工程建设的投资效益。

解释

◆竣工决算的内容

建设项目竣工决算应包括从筹集到竣工投产全过程的全部实际费用，即包括建筑工程费、安装工程费、设备工器具购置费用及预备费等费用。按照财政部、国家发展改革委和住房和城乡建设部的有关文件规定，竣工决算是由竣工财务决算说明书、竣工财务决算报表、工程竣工图和工程竣工造价对比分析四部分组成。其中，竣工财务决算说明书和竣工财务决算报表两部分又称建设项目竣工财务决算，是竣工决算的核心内容。

1. 竣工财务决算说明书

竣工财务决算说明书主要反映竣工工程建设成果和经验，是对竣工决算报表进行分析和补充说明的文件，是全面考核分析工程投资与造价的书面总结，是竣工决算报告的重要组成部分，其内容主要包括：

1）建设项目概况，对工程总的评价。一般从进度、质量、安全和造价方面进行分析说明。进度方面主要说明开工和竣工时间，对照合理工期和要求工期分析是提前还是延期；质量方面主要根据竣工验收委员会或相当一级质量监督部门的验收评定等级、合格率和优良品率；安全方面主要根据劳动工资和施工部门的记录，对有无设备和人身事故进行说明；造价方面主要对照概算造价，说明节约或超支的情况，用金额和百分率进行分析说明。

2）资金来源及运用等财务分析。主要包括工程价款结算、会计账务的处理、财产物资情况及债权债务的清偿情况。

3）基本建设收入、投资包干结余、竣工结余资金的上交分配情况。通过对基本建设投资包干情况的分析，说明投资包干数、实际支用数和节约额、投资包干节余的有机构成和包干节余的分配情况。

4）各项经济技术指标的分析，概算执行情况分析，根据实际投资完成额与概算进行对比分析；新增生产能力的效益分析，说明支付使用财产占总投资额的比例、占支付使用财产的比例，不增加固定资产的造价占投资总额的比例，分析有机构成和成果。

5）工程建设的经验及项目管理和财务管理工作以及竣工财务决算中有待解决的问题。

6）需要说明的其他事项。

2. 竣工财务决算报表

建设项目竣工财务决算报表根据大、中型建设项目和小型建设项目分别制定。大、中型建设项目竣工决算报表包括：建设项目竣工财务决算审批表；大、中型建设项目概况表；大、中型建设项目竣工财务决算表；大、中型建设项目交付使用资产总表；建设项目交付使用资产明细表。小型建设项目竣工财务决算报表包括建设项目竣工财务决算审批表、竣工财务决算总表、建设项目交付使用资产明细表等。

1）建设项目竣工财务决算审批表（表6-21）。该表作为竣工决算上报有关部门审批时使用，其格式是按照中央级小型项目审批要求设计的，地方级项目可按审批要求作适当修改，大、中、小型项目均要按照下列要求填报此表。

表6-21　建设项目竣工财务决算审批表

建设项目法人（建设单位）		建设性质	
建设项目名称		主管部门	
开户银行意见： （盖章） 年　月　日			
专员办审批意见： （盖章） 年　月　日			
主管部门或地方财政部门审批意见： （盖章） 年　月　日			

① 表中“建设性质”按照新建、改建、扩建、迁建和恢复建设项目等分类填列。

② 表中“主管部门”是指建设单位的主管部门。

③ 所有建设项目均须经过开户银行签署意见后，按照有关要求进行报批：中央级小型项目由主管部门签署审批意见；中央级大、中型建设项目报所在地财政监察专员办事机构签署意见后，再由主管部门签署意见报财政部审批；地方级项目由同级财政部门签署审批意见。

④ 已具备竣工验收条件的项目，3 个月内应及时填报审批表，如 3 个月内不办理竣工验收和固定资产移交手续的视同项目已正式投产，其费用不得从基本建设投资中支付，所实现的收入作为经营收入，不再作为基本建设收入管理。

2）大、中型建设项目概况表（表 6-22）。该表综合反映大中型项目的基本概况，内容包括该项目总投资、建设起止时间、新增生产能力、主要材料消耗、建设成本、完成主要工程量和主要技术经济指标，为全面考核和分析投资效果提供依据，可按下列要求填写：

表 6-22　大、中型建设项目概况表

<table>
<tr><td>建设项目(单项工程)名称</td><td colspan="2"></td><td>建设地址</td><td colspan="2"></td><td></td><td>项目</td><td>概算(元)</td><td>实际(元)</td><td>备注</td></tr>
<tr><td rowspan="2">主要设计单位</td><td colspan="2" rowspan="2"></td><td rowspan="2">主要施工企业</td><td colspan="2" rowspan="2"></td><td rowspan="8">基本建设支出</td><td>建筑安装工程投资</td><td></td><td></td><td></td></tr>
<tr><td>设备、工具、器具</td><td></td><td></td><td></td></tr>
<tr><td rowspan="2">占地面积</td><td>设计</td><td>实际</td><td rowspan="2">总投资(万元)</td><td>设计</td><td>实际</td><td>待摊投资</td><td></td><td></td><td></td></tr>
<tr><td></td><td></td><td></td><td></td><td>其中：
建设单位管理费</td><td></td><td></td><td></td></tr>
<tr><td rowspan="2">新增生产能力</td><td colspan="3">能力(效益)名称</td><td>设计</td><td>实际</td><td>其他投资</td><td></td><td></td><td></td></tr>
<tr><td colspan="3"></td><td></td><td></td><td>待核销基建支出</td><td></td><td></td><td></td></tr>
<tr><td rowspan="2">建设起止时间</td><td colspan="2">设计</td><td colspan="3">从　年　月开工
至　年　月竣工</td><td>非经营项目转出投资</td><td></td><td></td><td></td></tr>
<tr><td colspan="2">实际</td><td colspan="3">从　年　月开工
至　年　月竣工</td><td>合计</td><td></td><td></td><td></td></tr>
<tr><td>设计概算批准文号</td><td colspan="10"></td></tr>
<tr><td rowspan="3">完成主要工程量</td><td colspan="5">建设规模</td><td colspan="5">设备(台、套、t)</td></tr>
<tr><td colspan="2">设计</td><td colspan="3">实际</td><td colspan="2">设计</td><td colspan="3">实际</td></tr>
<tr><td colspan="2"></td><td colspan="3"></td><td colspan="2"></td><td colspan="3"></td></tr>
<tr><td rowspan="2">收尾工程</td><td colspan="2">工程项目、内容</td><td colspan="3">已完成投资额</td><td colspan="2">尚需投资额</td><td colspan="3">完成时间</td></tr>
<tr><td colspan="2"></td><td colspan="3"></td><td colspan="2"></td><td colspan="3"></td></tr>
</table>

① 建设项目名称、建设地址、主要设计单位和主要承包人，要按全称填列。

② 表中各项目的设计、概算、计划等指标，根据批准的设计文件和概算、计划等确定的数字填列。

③ 表中所列新增生产能力、完成主要工程量的实际数据，根据建设单位统计资料和承包人提供的有关成本核算资料填列。

④ 表中基建支出是指建设项目从开工起至竣工为止发生的全部基本建设支出，包括形成资产价值的交付使用资产，如固定资产、流动资产、无形资产、其他资产支出，还包括不形成资产价值按照规定应核销的非经营项目的待核销基建支出和转出投资。上述支出，应根据财政部门历年批准的“基建投资表”中的有关数据填列。按照财政部印发财基字[1998]4 号关于《基本建设财务管理若干规定》的通知，需要注意以下几点：

a. 建筑安装工程投资支出，设备和工、器具投资支出，待摊投资支出以及其他投资支出，构成建设项目的建设成本。

b. 待核销基建支出是指非经营性项目发生的，如江河清障、补助群众造林、水土保持、城市绿化、取消项目可行性研究费、项目报废等，不能形成资产部分的投资。对于能够形成资产部分的投资，应计入交付使用资产价值。

c. 非经营性项目转出投资支出是指非经营项目为项目配套的专用设施投资，包括专用道路、专用通信设施、送变电站、地下管道等，其产权不属于本单位的投资支出，对于产权归属本单位的，应计入交付使用资产价值。

⑤ 表中“初步设计和概算批准文号”，按最后经批准的日期和文件号填列。

⑥ 表中收尾工程是指全部工程项目验收后尚遗留的少量工程，在表中应明确填写收尾工程内容、完成时间，这部分工程的实际成本可根据实际情况进行估算并加以说明，完工后不再编制竣工决算。

3) 大、中型建设项目竣工财务决算表(表 6-23)。竣工财务决算表是竣工财务决算报表的一种，大、中型建设项目竣工财务决算表是用来反映建设项目的全部资金来源和资金占用情况，是考核和分析投资效果的依据。该表反映竣工的大、中型建设项目从开工到竣工为止全部资金来源和资金运用的情况。它是考核和分析投资效果，落实结余资金，并作为报告上级核销基本建设支出和基本建设拨款的依据。在编制该表前，应先编制出项目竣工年度财务决算，根据编制出的竣工年度财务决算和历年财务决算编制项目的竣工财务决算。此表采用平衡表形式，即资金来源合计等于资金支出合计。具体编制方法是：

① 资金来源包括基建拨款、项目资本金、项目资本公积金、基建借款、上级拨入投资借款、企业债券资金、待冲基建支出、应付款和未交款，以及上级拨入资金和企业留成收入等。

a. 项目资本金是指经营性项目投资者按国家有关项目资本金的规定，筹

表 6-23　大、中型建设项目竣工财务决算表　　单位:元

资金来源	金额	资金占用	金额	补充资料
一、基建拨款		一、基本建设支出		
1. 预算拨款		1. 交付使用资产		
2. 基建基金拨款		2. 在建工程		1. 基建投资借款期末余额
其中:国债专项资金拨款		3. 待核销基建支出		
3. 专项建设基金拨款		4. 非经营性项目转出投资		
4. 进口设备转账拨款		二、应收生产单位投资借款		
5. 器材转账拨款		三、拨付所属投资借款		
6. 煤代油专用基金拨款		四、器材		2. 应收生产单位投资借款期末数
7. 自筹资金拨款		其中:待处理器材损失		
8. 其他拨款		五、货币资金		
二、项目资本金		六、预付及应收款		
1. 国家资本		七、有价证券		3. 基建结余资金
2. 法人资本		八、固定资产		
3. 个体资本		固定资产原价		
三、项目资本公积金		减:累计折旧		
四、基建借款		固定资产净值		
其中:国债转贷		固定资产清理		
五、上级拨入投资借款		待处理固定资产损失		
六、企业债券资金				
七、待冲基建支出				
八、应付款				
九、未交款				
1. 未交税金				
2. 其他未交款				
十、上级拨入资金				
十一、留成收入				
合计		合计		

集并投入项目的非负债资金,在项目竣工后,相应转为生产经营企业的国家资本金、法人资本金、个人资本金和外商资本金。

b. 项目资本公积金是指经营性项目投资者实际缴付的出资额超过其资金的差额(包括发行股票的溢价净收入)、资产评估确认价值或者合同协议约定价值与原账面净值的差额、接受捐赠的财产、资本汇率折算差额,在项目建设期间

作为资本公积金，项目建成交付使用并办理竣工决算后，转为生产经营企业的资本公积金。

c. 基建收入是基建过程中形成的各项工程建设副产品变价净收入、负荷试车的试运行收入以及其他收入，在表中基建收入以实际销售收入扣除销售过程中所发生的费用和税后的实际纯收入填写。

② 表中"交付使用资产"、"预算拨款"、"自筹资金拨款"、"其他拨款"、"项目资本金"、"基建投资借款"、"其他借款"等项目，是指自开工建设至竣工的累计数，上述有关指标应根据历年批复的年度基本建设财务决算和竣工年度的基本建设财务决算中资金平衡表相应项目的数字进行汇总填写。

③ 表中其余项目费用办理竣工验收时的结余数，根据竣工年度财务决算中资金平衡表的有关项目期末数填写。

④ 资金支出反映建设项目从开工准备到竣工全过程资金支出的情况，内容包括基建支出、应收生产单位投资借款、库存器材、货币资金、有价证券和预付及应收款以及拨付所属投资借款和库存固定资产等，资金支出总额应等于资金来源总额。

⑤ 基建结余资金可以按下列公式计算：

基建结余资金＝基建拨款＋项目资本金＋项目资本公积金＋基建投资借款＋企业债券基金＋待冲基建支出-基本建设支出－应收生产单位投资借款　(6-13)

4）大、中型建设项目交付使用资产总表(表6-24)。该表反映建设项目建成后新增固定资产、流动资产、无形资产和其他资产价值的情况和价值，作为财产交接、检查投资计划完成情况和分析投资效果的依据。小型项目不编制"交付使用资产总表"，直接编制"交付使用资产明细表"，大、中型项目在编制"交付使用资产总表"的同时，还需编制"交付使用资产明细表"，大、中型建设项目交付使用资产总表具体编制方法是：

表6-24　大、中型建设项目交付使用资产总表　单位：元

序号	单项工程项目名称	总计	固定资产				流动资产	无形资产	其他资产
			合计	建安工程	设备	其他			

交付单位：　负责人：　接受单位：　负责人：

盖章　年　月　日　盖章　年　月　日

① 表6-24中各栏目数据根据“交付使用资产明细表”的固定资产、流动资产、无形资产、其他资产的各项相应项目的汇总数分别填写，表中总计栏的总计数应与竣工财务决算表中的交付使用资产的金额一致。

② 表6-24中第3栏、第4栏，第8、9、10栏的合计数，应分别与竣工财务决算表交付使用的固定资产、流动资产、无形资产、其他资产的数据相符。

5）建设项目交付使用资产明细表（表6-25）。该表反映交付使用的固定资产、流动资产、无形资产和其他资产及其价值的明细情况，是办理资产交接和接收单位登记资产账目的依据，是使用单位建立资产明细账和登记新增资产价值的依据。大、中型和小型建设项目均需编制此表。编制时要做到齐全完整，数字准确，各栏目价值应与会计账目中相应科目的数据保持一致。建设项目交付使用资产明细表具体编制方法是：

表6-25　建设项目交付使用资产明细表

单项工程名称	建筑工程			设备、工具、器具、家具						流动资产		无形资产		其他资产	
	结构	面积（m^2）	价值（元）	名称	规格型号	单位	数量	价值（元）	设备安装费（元）	名称	价值（元）	名称	价值（元）	名称	价值（元）

① 表中“建筑工程”项目应按单项工程名称填列其结构、面积和价值。其中“结构”按钢结构、钢筋混凝土结构、混合结构等结构形式填写；面积则按各项目实际完成面积填列；价值按交付使用资产的实际价值填写。

② 表中“固定资产”部分要在逐项盘点后，根据盘点实际情况填写，工具、器具和家具等低值易耗品可分类填写。

③ 表中“流动资产”、“无形资产”、“其他资产”项目应根据建设单位实际交付的名称和价值分别填列。

6）小型建设项目竣工财务决算总表（表6-26）。由于小型建设项目内容比较简单，因此可将工程概况与财务情况合并编制一张“竣工财务决算总表”，该表主要反映小型建设项目的全部工程和财务情况。具体编制时可参照大、中型建设项目概况表指标和大、中型建设项目竣工财务决算表相应指标内容填写。

表 6-26　小型建设项目竣工财务决算总表

建设项目名称		建设地址						资金来源		资金运用	
初步设计概算批准文号								项目	金额（元）	项目	金额（元）
占地面积	计划	实际	总投资（万元）	计划		实际		一、基建拨款其中：预算拨款		一、交付使用资产	
										二、待核销基建支出	
				固定资产	流动资金	固定资产	流动资金	二、项目资本金		三、非经营项目转出投资	
								三、项目资本公积金			
新增生产能力	能力（效益）名称		设计		实际			四、基建借款		四、应收生产单位投资借款	
								五、上级拨入借款			
建设起止时间	计划		从　年　月开工 至　年　月竣工					六、企业债券资金		五、拨付所属投资借款	
	实际		从　年　月开工 至　年　月竣工					七、待冲基建支出		六、器材	
基建支出	项　目				概算（元）	实际（元）		八、应付款		七、货币资金	
	建筑安装工程							九、未付款其中：		八、预付及应收款	
	设备　工具　器具							未交基建收入		九、有价证券	
	待摊投资 其中：建设单位管理费							未交包干收入		十、原有固定资产	
								十、上级拨入资金			
	其他投资							十一、留成收入			
	待核销基建支出										
	非经营性项目转出投资										
	合计							合计		合计	

3. 建设工程竣工图

建设工程竣工图是真实地记录各种地上、地下建筑物、构筑物等情况的技术文件，是工程进行交工验收、维护、改建和扩建的依据，是国家的重要技术档案。全国各建设、设计、施工单位和各主管部门都要认真做好竣工图的编制工作。国家规定：各项新建、扩建、改建的基本建设工程，特别是基础、地下建筑、管线、结构、井巷、桥梁、隧道、港口、水坝以及设备安装等隐蔽部位，都要编制竣工图。为确保竣工图质量，必须在施工过程中（不能在竣工后）及时做好隐蔽工程检查记录，整理好设计变更文件。编制竣工图的形式和深度，应根据不同情况区别对待，其具体要求包括：

1）凡按图竣工没有变动的，由承包人（包括总包和分包承包人，下同）在原施工图上加盖“竣工图”标志后，即作为竣工图。

2）凡在施工过程中，虽有一般性设计变更，但能将原施工图加以修改补充作为竣工图的，可不重新绘制，由承包人负责在原施工图（必须是新蓝图）上注明修改的部分，并附以设计变更通知单和施工说明，加盖“竣工图”标志后，作为竣工图。

3）凡结构形式改变、施工工艺改变、平面布置改变、项目改变以及有其他重大改变，不宜再在原施工图上修改、补充时，应重新绘制改变后的竣工图。由原设计原因造成的，由设计单位负责重新绘制；由施工原因造成的，由承包人负责重新绘图；由其他原因造成的，由建设单位自行绘制或委托设计单位绘制。承包人负责在新图上加盖“竣工图”标志，并附以有关记录和说明，作为竣工图。

4）为了满足竣工验收和竣工决算需要，还应绘制反映竣工程全部内容的工程设计平面示意图。

5）重大的改建、扩建工程项目涉及原有工程项目变更时，应将相关项目的竣工图资料统一整理归档，并在原图案卷内增补必要的说明。

4. 工程造价对比分析

对控制工程造价所采取的措施、效果及其动态的变化需要进行认真地对比，总结经验教训。批准的概算是考核建设工程造价的依据。在分析时，可先对比整个项目的总概算，然后将建筑安装工程费、设备工器具费和其他工程费用逐一与竣工决算表中所提供的实际数据和相关资料及批准的概算、预算指标、实际的工程造价进行对比分析，以确定竣工项目总造价是节约还是超支，并在对比的基础上，总结先进经验，找出节约和超支的内容和原因，提出改进措施。在实际工作中，应主要分析以下内容：

1）主要实物工程量。对于实物工程量出入比较大的情况，必须查明原因。

2）主要材料消耗量，考核主要材料消耗量，要按照竣工决算表中所列明的三大材料实际超概算的消耗量，查明是在工程的哪个环节超出量最大，再进一步查明超耗的原因。

3）考核建设单位管理费、措施费和间接费的取费标准。建设单位管理费、措施费和间接费的取费标准要按照国家和各地的有关规定，根据竣工决算报表中所列的建设单位管理费与概预算所列的建设单位管理费数额进行比较，依据规定查明多列或少列的费用项目，确定其节约超支的数额，并查明原因。

◆竣工决算的编制

1. 竣工决算的编制依据

1）经批准的可行性研究报告、投资估算书，初步设计或扩大初步设计，修正总概算及其批复文件。

2）经批准的施工图设计及其施工图预算书。

3）设计交底或图纸会审会议纪要。

4）设计变更记录、施工记录或施工签证单及其他施工发生的费用记录。

5）招标控制价，承包合同、工程结算等有关资料。

6）历年基建计划、历年财务决算及批复文件。

7）设备、材料调价文件和调价记录。

8）有关财务核算制度、办法和其他有关资料。

2. 竣工决算的编制要求

为了严格执行建设项目竣工验收制度，正确核定新增固定资产价值，考核分析投资效果，建立健全经济责任制，所有新建、扩建和改建等建设项目竣工后，都应及时、完整、正确地编制好竣工决算。建设单位要做好以下工作：

1）按照规定组织竣工验收，保证竣工决算的及时性。竣工结算是对建设工程的全面考核。所有的建设项目（或单项工程）按照批准的设计文件所规定的内容建成后，具备了投产和使用条件的，都要及时组织验收。对于竣工验收中发现的问题，应及时查明原因，采取措施加以解决，以保证建设项目按时交付使用和及时编制竣工决算。

2）积累、整理竣工项目资料，保证竣工决算的完整性。因此，在建设过程中，建设单位必须随时收集项目建设的各种资料，并在竣工验收前，对各种资料进行系统整理，分类立卷，为编制竣工决算提供完整的数据资料，为投产后加强固定资产管理提供依据。在工程竣工时，建设单位应将各种基础资料与竣工决算一起移交给生产单位或使用单位。

3）清理、核对各项账目，保证竣工决算的正确性。工程竣工后，建设单位要认真核实各项交付使用资产的建设成本；做好各项账务、物资以及债权的清理结余工作，应偿还的及时偿还，该收回的应及时收回，对各种结余的材料、设备、施工机械工具等，要逐项清点核实，妥善保管，按照国家有关规定进行处理，不得任意侵占；对竣工后的结余资金，要按规定上交财政部门或上级主管部门。在完成上述工作，核实了各项数字的基础上，正确编制从年初起到竣工月份止的竣工年度财务决算，以便根据历年的财务决算和竣工年度财务决算进行整理汇总，编制建设项目决算。

按照规定竣工决算应在竣工项目办理验收交付手续后 1 个月内编好，并上报主管部门，有关财务成本部分，还应送经办银行审查签证。主管部门和财政部门对报送的竣工决算审批后，建设单位即可办理决算调整和结束有关工作。

3. 竣工决算的编制步骤

1）收集、整理和分析有关依据资料。在编制竣工决算文件之前，应系统地整理所有的技术资料、工料结算的经济文件、施工图纸和各种变更与签证资料，并分析它们的准确性。完整、齐全的资料，是准确而迅速编制竣工决算的必要条件。

2）清理各项财务、债务和结余物资。在收集、整理和分析有关资料中，要特别注意建设工程从筹建到竣工投产或使用的全部费用的各项账务，债权和债务的清理，做到工程完毕账目清晰，既要核对账目，又要查点库存实物的数量，做到账与物相等，账与账相符，对结余的各种材料、工器具和设备，要逐项清点核实，妥善管理，并按规定及时处理，收回资金。对各种往来款项要及时进行全面清理，为编制竣工决算提供准确的数据和结果。

3）核实工程变动情况。重新核实各单位工程、单项工程造价，将竣工资料与原设计图纸进行查对、核实，必要时可实地测量，确认实际变更情况。根据经审定的承包人竣工结算等原始资料，按照有关规定对原概、预算进行增减调整，重新核定工程造价。

4）编制建设工程竣工决算说明。按照建设工程竣工决算说明的内容要求，根据编制依据材料填写在报表中的结果，编写文字说明。

5）填写竣工决算报表。按照建设工程决算表格中的内容，根据编制依据中的有关资料进行统计或计算各个项目和数量，并将其结果填到相应表格的栏目内，完成所有报表的填写。

6）做好工程造价对比分析。

7）清理、装订好竣工图。

8）上报主管部门审查存档。

将上述编写的文字说明和填写的表格经核对无误，装订成册，即为建设工程竣工决算文件。将其上报主管部门审查，并把其中财务成本部分送交开户银行签证。竣工决算在上报主管部门的同时，抄送有关设计单位。大、中型建设项目的竣工决算还应抄送财政部、建设银行总行和省、自治区、直辖市的财政局和建设银行分行各一份。建设工程竣工决算的文件，由建设单位负责组织人员编写，在竣工建设项目办理验收使用1个月之内完成。

相关知识

◆竣工决算的作用

1）建设项目竣工决算是综合全面地反映竣工项目建设成果及财务情况的总结性文件，它采用货币指标、实物数量、建设工期和各种技术经济指标全面反映建设项目自开始建设到竣工为止的全部建设成果和财务状况。

2）建设项目竣工决算是办理交付使用资产的依据，也是竣工验收报告的重要组成部分。建设单位与使用单位在办理交付资产的验收交接手续时，通过竣工决算反映了交付使用资产的全部价值，包括固定资产、流动资产、无形资产和其他资产的价值。及时编制竣工决算可以正确核定固定资产价值并及时办理交付使用，可缩短工程建设周期，节约建设项目投资，准确考核和分析投资效果。

3）建设项目竣工决算是分析和检查设计概算的执行情况，考核建设项目管理水平和投资效果的依据。竣工决算反映了竣工项目计划、实际的建设规模、建设工期以及设计和实际的生产能力，反映了概算总投资和实际的建设成本，同时还反映了所达到的主要技术经济指标。通过对这些指标计划数、概算数与实际数进行对比分析，不仅可以全面掌握建设项目计划和概算执行情况，而且可以考核建设项目投资效果，为今后制定建设项目计划，降低建设成本，提高投资效果提供必要的参考资料。

附　　录

附录 A　电气工程常用图形符号

1. 常用电气图形标准符号

常用电气图形标准符号见表 A-1。

表 A-1　常用电气图形标准符号表

名　称	图形符号
导线和连接器件 1. 导线	
导线、导线组、电线、电缆、电路、传输通路、线路、母线一般符号 示例：3 根导线 示例：1 根导线 示例：直流电路 110V，2 根铝导线，导线截面均为 $120mm^2$ 示例：3 根交流电路 50Hz，380V，3 根导线的截面面积均为 $1200mm^2$，中性线截面面积为 $50mm^2$	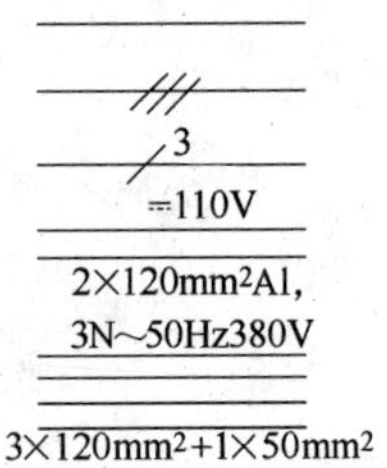
柔软导线	
屏蔽导线	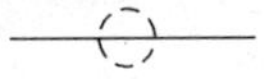
电缆中的导线(示出 3 股)	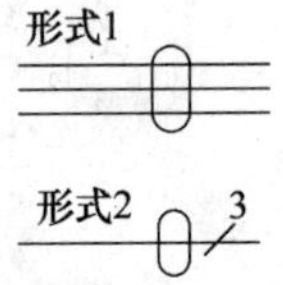
综合导线(示出 2 股)	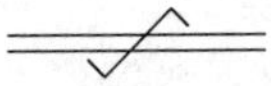
5 根导线中箭头所指的 2 根导线在 1 根电缆中	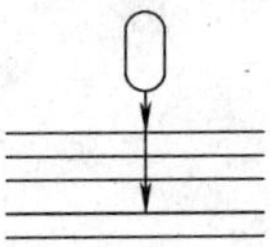
同轴对、同轴电缆 注：若只部分是同轴结构，切线仅画在同轴的一边。 示例：同轴对连接到端子	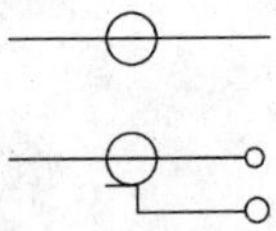

续表

名　称	图形符号
屏蔽同轴对，屏蔽同轴电缆	
未连接的导线或电缆	
未连接的特殊绝缘的导线或电缆	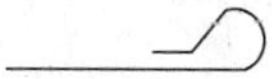
2. 端子和导线的连接	
导线的连接点	
端子 注：必要时圆圈可画成圆黑点	
可拆卸的端子	
导线的连接	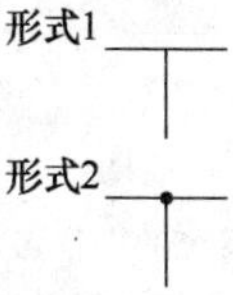
端子板（示出带线端标记的端子板）	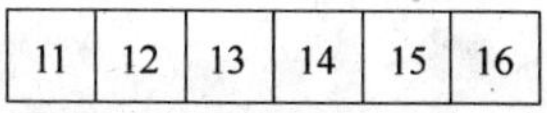
导线的多线连接 示例：导线的交叉连接（点）单线表示法 示例：导线的交叉连接（点）多线表示法	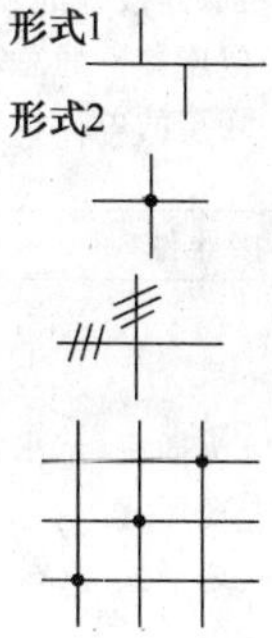
导线或电缆的分支和合并	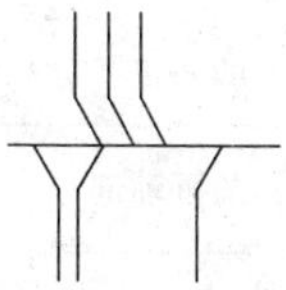

续表

名　　称	图 形 符 号
导线的不连接(跨越) 示例:单线表示法 示例:多线表示法	
导线直接连接 导线接头	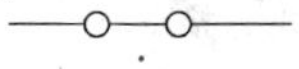
导线的换位,相序的变更或极性的反向(示出用单线表示几根导线) 示例:示出相序的变更	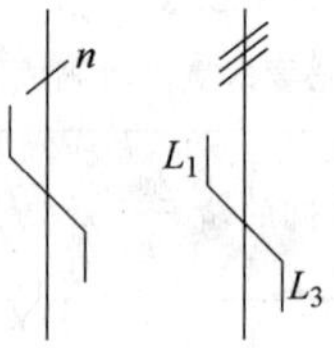
多相系统的中性点(示出用单线表示) 示例:每相两端引出,示出外部中性点的三相同步发电机	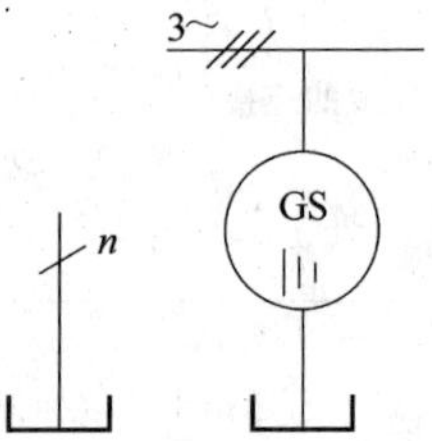
一组相似连接件的公共连接 注:相似连接件的总数注在公共连接符号附近 示例:复接的单行程选择器(表示 10 个触点)	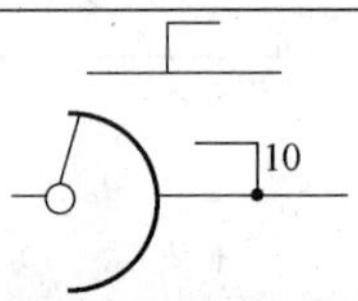
3. 连接器件	
多极插头插座(示出 6 个极) 多线表现形式 单线表现形式	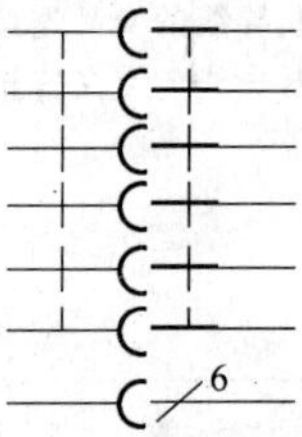
连接器的固定部分	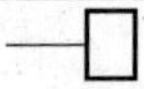
连接器的可动部分	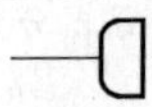
配套连接器(插头一边固定而插座一边可动)	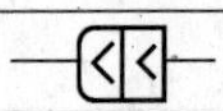

续表

名　称	图形符号
接通的连接片	形式1 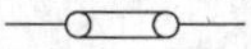 形式2 
断形的连接片	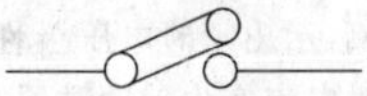
插头插座式连接片 插头—插头 插头—插座 带插座通路的插头—插头	  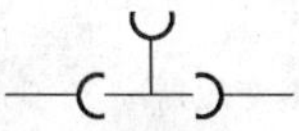
滑动(滚动)连接器	
4. 电缆附件	
电缆密封终端头(示出 1 根三芯电缆) 多线表示 单线表示	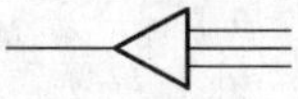 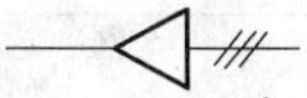
不需要示出电缆芯数的电缆终端头	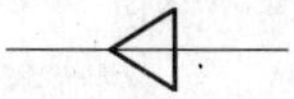
电缆密封终端头(示出 3 根单芯电缆)	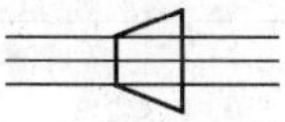
电缆直通接线盒 多线表示 单线表示	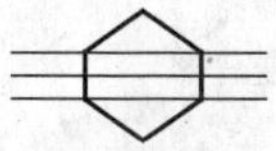 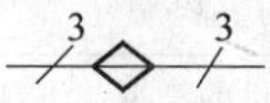
电缆连接盒,电缆分线盒 多线表示 单线表示	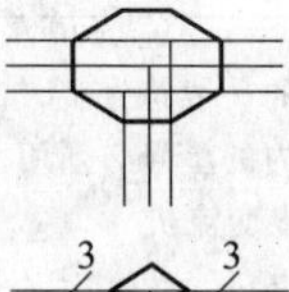 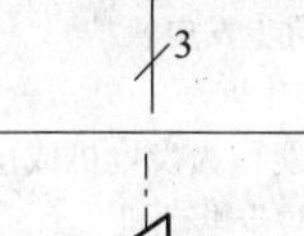
电缆气闭套管(梯形长边为高压边)	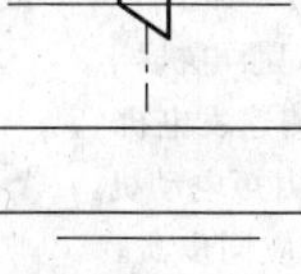
5. 变压器一般符号	
铁芯 带间隙的铁芯	

续表

名　　称	图形符号	
	形式 1	形式 2
双绕组变压器 示例：示出瞬时电压极性标记的双绕组变压器，流入绕组标记端的瞬时电流产生辅助磁通	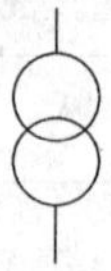	
三绕组变压器	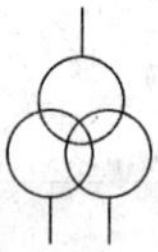	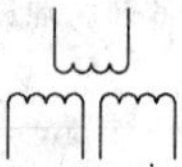
自耦变压器		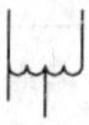
电抗器、扼流图		
电流互感器 脉冲变压器	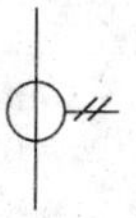	
6. 电机的类型		
电机的一般符号 符号内的星号必须用下述字母代替： C 同步变流机 G 发电机 GS 同步发电机 M 电动机 MG 能作为发电机或电动机使用的电机 MS 同步电动机 注：可以加上符号－或～ SM 伺服电机 TG 测速发电机 TM 力矩电动机 IS 感应同步器		

续表

名 称	图形符号
7. 变流器	
直流变流器方框符号	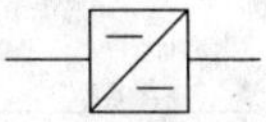
整流器方框符号	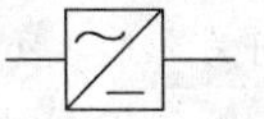
桥式全波整流器方框符号	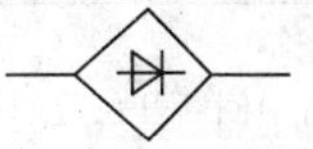
逆变器方框符号	
整流器、逆变器方框符号	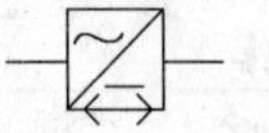
原电池或蓄电池 注:长线代表正极,短线代表负极	
蓄电池组或原电池组 注:如不会引起混乱,原电池或蓄电池符号也可以表示电池组,但其电压或电池的类型和数量应标明	形式1  形式2 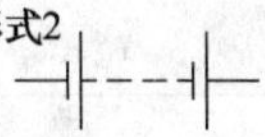
带抽头的原电池组或蓄电池组	
8. 开关、控制和保护装置	
开关一般符号	形式1  形式2 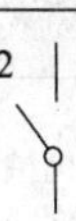
多极开关一般符号 单线表示 多线表示	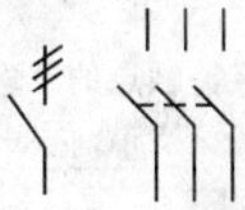
接触器 (在非动作位置触点断开)	
接触器 (在非动作位置触点闭合)	
具有自动释放的接触器	

续表

名　　称	图形符号
断路器	
隔离开关	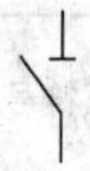
具有中间断开位置的双向隔离开关	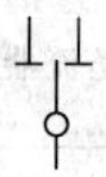
负荷开关	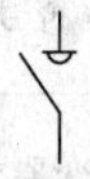
具有自动释放的负荷开关	
手工操作带有阻塞器件的隔离开关	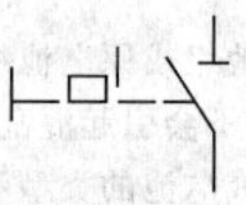
熔断器一般符号	
供电端由粗线表示的熔断器	
带机械连杆的熔断器(撞击器式熔断器)	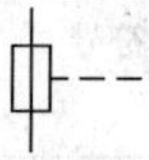
具有报警触点的三端熔断器	
具有独立报警电路的熔断器	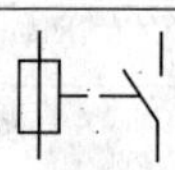
跌开式熔断器	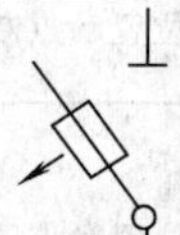
熔断器式开关	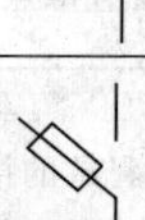

续表

名 称	图形符号
熔断器式隔离开关	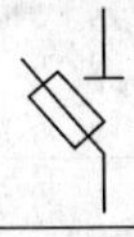
熔断器式负荷开关	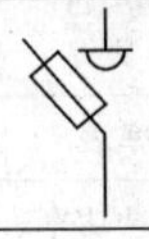
火花间隙	
双火花间隙	
避雷器	
保护用对称充气放电管	
9. 测量仪表、灯和信号器件	
电压表	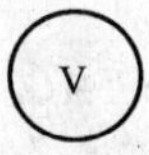
电流表	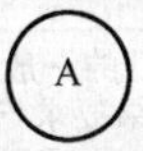
无功电流表	
功率表	
无功功率表	
功率因数表	
相位表	

续表

名　　称	图形符号
频率表	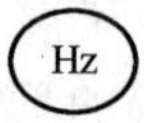
示波器	
记录式功率表	
组合式记录功率表和无功功率表	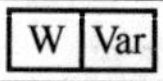
记录式示波器	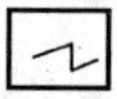
小时计	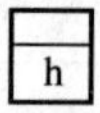
安培小时计	
电度表(Wh 计)	
电度表(反测量单向传输能量)	
闪光型信号灯	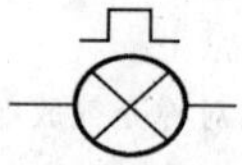
机电型指示器信号元件	
带有一个去激(励)位置和两个工作位置的机电型位置指示器	
灯、信号灯的一般符号 注:1. 如果要求指示颜色,则在靠近符号处标出下列字母: RD　红 YE　黄 GN　绿 BU　蓝 WH　白 2. 如果指出灯的类型,则在靠近符号处标出下列字母: Ne　氖 Xe　氙 Na　钠 Hg　汞 I　碘 IN　白炽 EL　电发光 ARO　弧光 FL　荧光 IR　红外线 UV　紫外线 LED　发光二极管	

续表

名　称	图形符号	
音响信号装置，一般符号 别名：电喇叭、电铃、单击电铃、电动汽笛		
电警笛、报警器		
蜂鸣器		
10. 电力和照明布置		
	规划的	运行的
发电站(厂)		
热电站	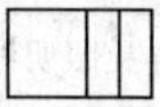	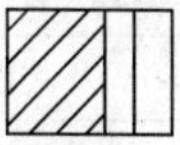
水力发电站		
火力发电站	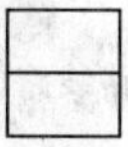	
核能发电站	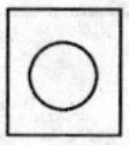	
变电所、配电所	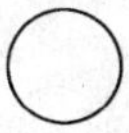	
变电所(示出改变电压)	 V/V	 V/V
杆上变电站		

续表

名　称	图形符号
导线、电缆、线路、传输通道一般符号	
地下线路	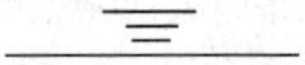
水下(海底)线路	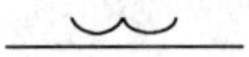
架空线路	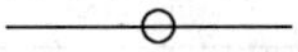
管道线路 注:管道数量、截面尺寸或其他特性可标注在管道线路的上方 示例:六孔管道的线路	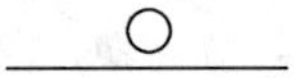 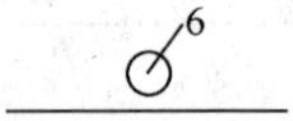
挂在钢索上的线路	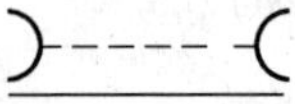
事故照明	
50V及其以下电力及照明线路	
控制及信号线路(电力及照明用)	
用单线表示的多种线路	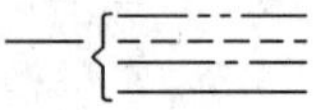
用单线表示的多回路线路(或电缆管束)	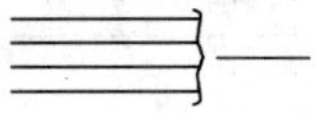 
母线一般符号 当需要区别交直流时: 交流母线 直流母线	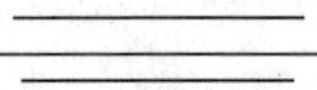  
装在支柱上的封闭式母线	
装在吊钩上的封闭式母线	
滑触线	
中性线	

续表

名　称	图形符号
保护线	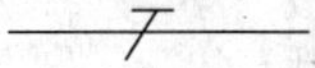
保护和中性共用线	
具有保护线和中性线的三相配线	
向上配线	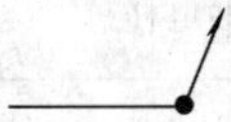
向下配线	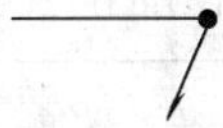
垂直通过配线	
盒(箱)一般符号	
带配线的用户端	
配电中心(表示五根导线管)	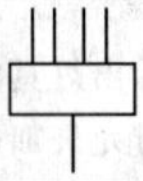
连接盒(或接线盒)	
电杆的中间符号(单杆、中间杆) 注:可加注文字符号表示A—杆材或所属部门; B—杆长; C—杆号	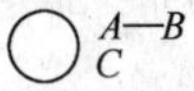
单接腿杆	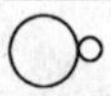
双接腿杆	
H形杆	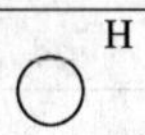
L形杆	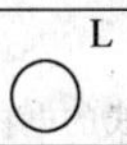
A形杆	
三角杆	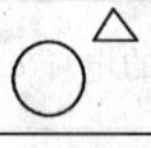
四角杆(井形杆)	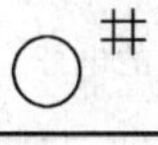

续表

名　　称	图形符号
试线杆	
分区杆(S杆)	
带撑杆的电杆	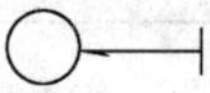
带撑拉杆的电杆	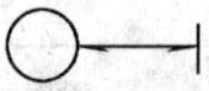
引上杆 注:黑点表示电缆	
活动电杆	
带照明灯的电杆 (1)一般画法 *a*—编号 *b*—杆型 *c*—杆高 *d*—容量 *A*—连接相序 (2)需要示出灯具的投照方向时 (3)需要时允许加画灯具本身图形	(1) 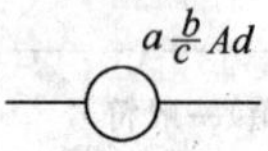 (2) 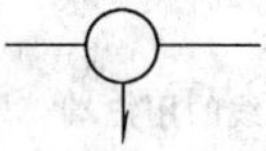 (3) 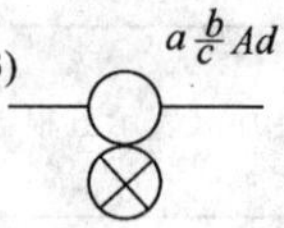
拉线一般符号	形式1 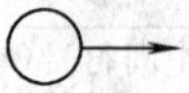 形式2 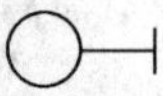
有V形拉线的电杆	形式1 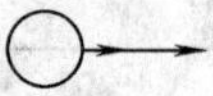 形式2 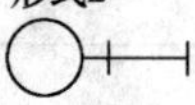
有高桩拉线的电杆	形式1 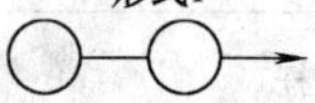 形式2 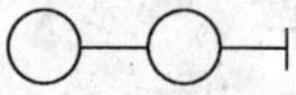
装设单担的电杆	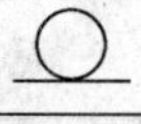
装设双担的电杆	

续表

名　　称	图形符号
装设十字担的电杆 (1)装设双十字的电杆 (2)装设单十字的电杆	(1)  (2) 
保护阳极 示例:镁保护阳极	 
电缆铺砖保护	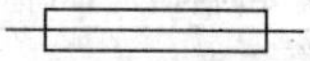
电缆穿管保护 注:可加注文字符表示其规格数量	
电缆上方敷设防雷排流线	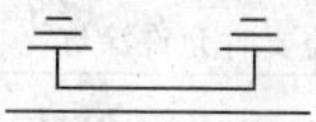
母线伸缩接头	
电缆中间接线盒	
电缆分支接线盒	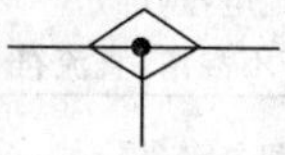
接地装置 (1)有接地极 (2)无接地极	(1) 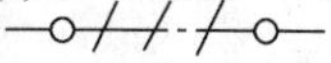 (2) 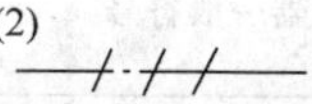
电缆绝缘套管	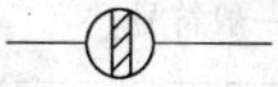
电缆平衡套管	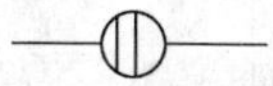
电缆直通套管	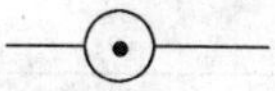
电缆交叉套管	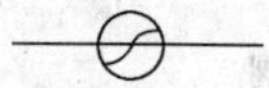
电缆分歧套管	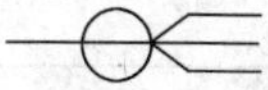
电缆结合型接头套管	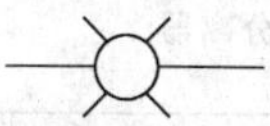
人孔一般符号 注:需要时可按实际形状绘制	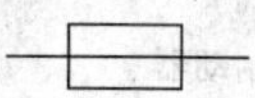
手孔一般符号	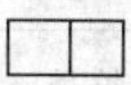
屏、台、箱、柜一般符号	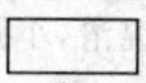

续表

名　　称	图形符号
电力电缆与其他设施交叉(*a*—交叉点编号) (1)电缆无保护 (2)电缆有保护	(1) 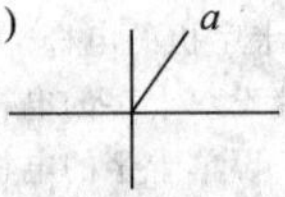 (2) 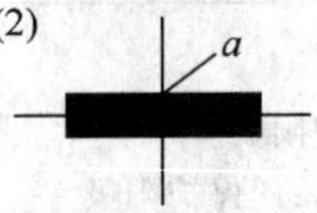
动力或动力—照明配电箱 注:需要时符号内可标示电流种类符号	
信号板、信号箱(屏)	
照明配电箱(屏) 注:需要时允许涂红	
事故照明配电箱(屏)	
多种电源配电箱(屏)	
直流配电盘(屏) 注:若不混淆,直流符号可用符号—	
交流配电盘(屏)	
起动器一般符号	
阀的一般符号	
电磁阀	
电动阀	
电磁分离器	
电磁制动器	
按钮一般符号 注:若不混淆,小圆允许涂黑	

续表

名　　称	图形符号
按钮盒 (1)一般或保护型按钮盒 示出一个按钮 示出两个按钮 (2)密闭型按钮盒 (3)防爆型按钮盒	(1) (2) (3) 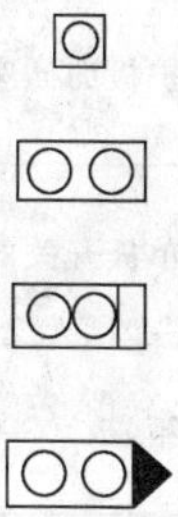
带指示灯的按钮	
限制接近的按钮(玻玻罩等)	
单相插座 暗装 密闭(防水) 防爆	
带保护极的(电源)插座 暗装 密闭(防水) 防爆	
带接地插孔的三相插座 暗装 密闭(防水) 防爆	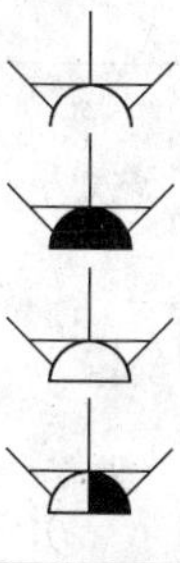

续表

名　　称	图形符号
具有护板的插座	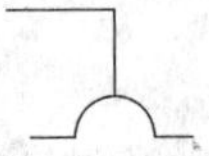
具有单极开关的插座	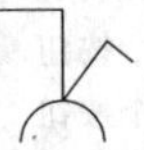
插座箱(板)	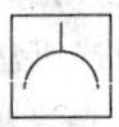
多个插座(示出 3 个)	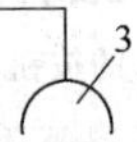 
具有连锁开关的插座	
具有隔离变压器的插座	
带熔断器的插座	
开关一般符号	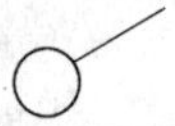
单极拉线开关	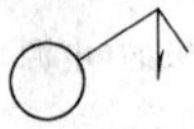
单极开关 暗装 密闭(防水) 防爆	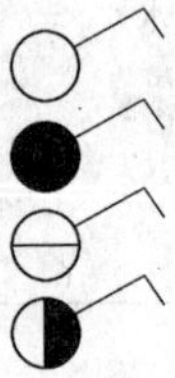
双极开关 暗装 密闭(防水) 防爆	

续表

名　称	图形符号
三极开关 暗装 密闭(防水) 防爆	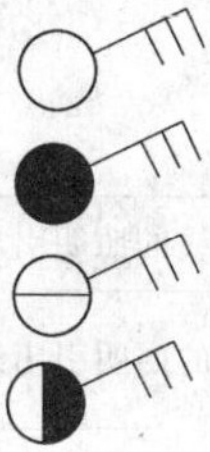
单极双控拉线开关	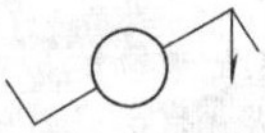
单极限时开关	
双控开关(单极三线)	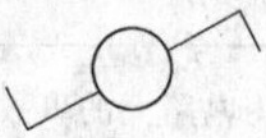
具有指示灯的开关	
多拉开关(如用于不同照度)	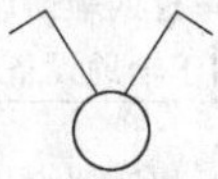
中间开关	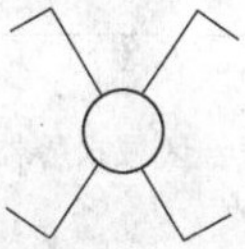
调光器	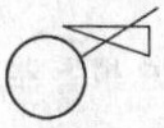
限时装置	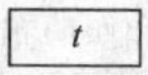
定时开关	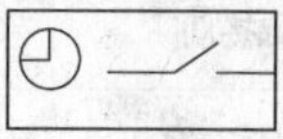
钥匙开关	
灯或信号灯的一般符号	
投光灯一般符号	
聚光灯	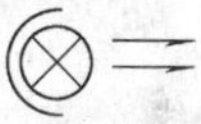

续表

名　　称	图形符号
泛光灯	
示出配线的照明引出线位置	
在墙上的照明引出线	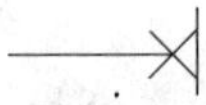
荧光灯一般符号 三管荧光灯 五管荧光灯	 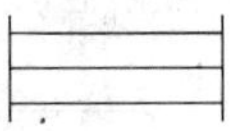 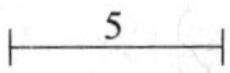
防爆荧光灯	
在专用电路上的事故照明灯	
自带电源的事故照明灯装置(应急灯)	
气体放电灯的辅助设备 注:仅用于辅助设备与光源不在一起时	
警卫信号探测器	
警卫信号区域报警器	
警卫信号总报警器	
11. 电力和照明布置参考符号	
电缆交接间	
架空交接箱	
落地交接箱	
壁龛交接箱	
分线盒的一般符号 注:可加注$\frac{A-B}{C}D$ A—编号 B—容量 C—线序 D—用户线	

续表

名　　称	图 形 符 号
室内分线盒 注:同分线盒一般符号注	
室外分线盒 注:同分线盒一般符号注	
分线箱 注:同分线盒一般符号注	
壁龛分线盒 注:同分线盒一般符号注	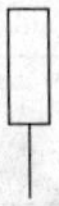
避雷针	
电源自动切换箱(屏)	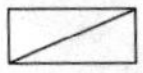
带熔断器的刀开关箱	
熔断器箱	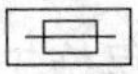
组合开关箱	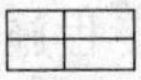
深照型灯	
广照型灯(配照型灯)	
防水防尘灯	
球形灯	
局部照明灯	
电阻箱	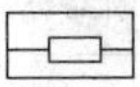
鼓形控制器	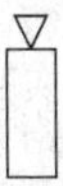

续表

名　称	图 形 符 号
自动开关箱	
刀开关箱	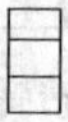
矿山灯	
安全灯	
花灯	
防爆灯	
灭棚灯	
弯灯	
壁灯	

◆电气工程施工图标注符号及标注方法

电气工程施工图标注符号及标注方法见表 A-2。

表 A-2　电气工程施工图标注符号及标注方法

用电设备标注法　$\frac{a}{b}$	$\frac{c}{d}$
a b c d	设备编号 额定容量(kV・A) 熔断片或释放器的电流(A) 标高(m)
电气设备标注法 $a\frac{b}{c}$	
a b c	设备编号 型号 设备容量
开关箱及熔断器标注法　$a-b-c/I$	
a b c I	设备编号 型号 熔断器电流(A) 熔断片电流(A)

续表

照明灯具标注法 $a-b\frac{c\times d}{e}f$	
a b c d e f	灯数 型号或符号 每盏灯具的灯泡数 灯泡溶量(W) 安装高度 安装方式 吸顶灯为 $a-b\frac{c\times d}{—}$
照明灯具安装方式	
D B X L G	吸顶安装 壁式安装 线吊式安装 链吊式安装 管吊式安装
线路标注方法 $a-b(c\times d)e-f$	
a b c d e f	回路编号 导线型号 导线根数 导线截面 敷设方式及穿管管径 敷设部位
线路敷设方式的代号	
CP CJ VJ QD G DG VG PVG SPG	瓷瓶或瓷珠配线 瓷夹或瓷卡配线 塑料夹配线 铝片卡配线 穿钢管敷设 穿电线管敷设 穿塑料管敷设 穿塑料软管敷设 穿蛇皮管敷设
线路敷设部位的代号	
S LM ZM QM PM PNM LA ZA QA PA DA PNA GD DL	沿钢索敷设 沿屋架或屋架下弦明敷 沿柱明敷 沿墙明敷 沿天棚明敷 在能进入的吊顶内明敷 暗设在梁内 暗设在柱内 暗设在墙内 暗设在屋面内或顶棚内 暗设在地面内或地板内 暗设在不能进入的吊顶内 沿电缆沟敷设 沿吊车梁敷设

附录B　工程量清单计价常用表格

____________________工程

工 程 量 清 单

招标人：________________
（单位盖章）

工程造价
咨 询 人：________________
（单位资质专用章）

法定代表人
或其授权人：________________
（签字或盖章）

法定代表人
或其授权人：________________
（签字或盖章）

编制人：________________
（造价人员签字盖专用章）

复　核　人：________________
（造价工程师签字盖专用章）

编制时间：　　年　月　日

复核时间：　　年　月　日

封-1

＿＿＿＿＿＿＿＿＿＿工程

招 标 控 制 价

招标控制价(小写)：＿＿＿＿＿＿＿＿＿＿＿＿＿＿

(大写)：＿＿＿＿＿＿＿＿＿＿＿＿＿＿

招标人：＿＿＿＿＿＿＿＿＿
(单位盖章)

工程造价
咨 询 人：＿＿＿＿＿＿＿＿＿
(单位资质专用章)

法定代表人
或其授权人：＿＿＿＿＿＿＿＿＿
(单位盖章)

法定代表人
或其授权人：＿＿＿＿＿＿＿＿＿
(签字或盖章)

编制人：＿＿＿＿＿＿＿＿＿
(造价人员签字盖专用章)

复 核 人：＿＿＿＿＿＿＿＿＿
(造价工程师签字盖专用章)

编制时间：　　年　月　日

复核时间：　　年　月　日

封-2

投 标 总 价

招　标　人：____________________________________

工 程 名 称：____________________________________

投标总价（小写）：________________________________

（大写）：________________________________

投　标　人：____________________________________

（单位盖章）

法定代表人
或其授权人：____________________________________

（签字或盖章）

编　制　人：____________________________________

（造价人员签字盖专用章）

编制时间：　　年　　月　　日

封-3

________________工程

竣工结算总价

中标价（小写）：________________（大写）：________________

结算价（小写）：________________（大写）：________________

发包人：__________　承包人：__________　工程造价咨询人：__________

（单位盖章）　（单位盖章）　（单位资质专用章）

法定代表人或其授权人：　法定代表人或其授权人：　法定代表人或其授权人：

（签字或盖章）　（签字或盖章）　（签字或盖章）

编　制　人：________________　核　对　人：________________

（造价人员签字盖专用章）　（造价工程师签字盖专用章）

编制时间：　年　月　日　　核对时间：　年　月　日

封-4

表-01 总说明

工程名称：　　　　　　　　　　　　　　　　　　　　　　　　第　页共　页

表-02　工程项目招标控制价/投标报价汇总表

工程名称：　　　　　　　　　　　　　　　　　　　　第　页共　页

序号	单项工程名称	金额(元)	其　　中		
			暂估价(元)	安全文明施工费(元)	规费(元)
合　　计					

注：本表适用于工程项目招标控制价或投标报价的汇总。

表-03　单项工程招标控制价/投标报价汇总表

工程名称：　　　　　　　　　　　　　　　　　　　　第　页共　页

序号	单项工程名称	金额(元)	其　　中		
			暂估价(元)	安全文明施工费(元)	规费(元)
合　　计					

注：本表适用于单项工程招标控制价或投标报价的汇总。暂估价包括分部分项工程中的暂估价和专业工程暂估价。

表-04　单位工程招标控制价/投标报价汇总表

工程名称：　　　　　　标段：　　　　　　第　页共　页

序号	汇总内容	金额(元)	其中:暂估价(元)
1	分部分项工程		
1.1			
1.2			
1.3			
1.4			
2	措施项目		—
2.1	安全文明施工费		—
3	其他项目		—
3.1	暂列金额		—
3.2	专业工程暂估价		—
3.3	计日工		—
3.4	总承包服务费		—
4	规费		—
5	税金		—
招标控制价合计=1+2+3+4+5			

注：本表适用于单位工程招标控制价或投标报价的汇总。如无单位工程划分，单项工程也使用本表汇总。

表-05　工程项目竣工结算汇总表

工程名称：　　　　　　第　页共　页

序号	单项工程名称	金额(元)	其中	
			安全文明施工费(元)	规费(元)
合计				

表-06　单项工程竣工结算汇总表

工程名称：　　　　　　　　　　　　　　　　　　第　页共　页

序号	单项工程名称	金额(元)	其中	
			安全文明施工费(元)	规费(元)
合计				

表-07　单位工程竣工结算汇总表

工程名称：　　　　　　　　标段：　　　　　　　　第　页共　页

序号	汇总内容	金额(元)
1	分部分项工程	
1.1		
1.2		
1.3		
1.4		
1.5		
2	措施项目	
2.1	安全文明施工费	
3	其他项目	
3.1	专业工程结算价	
3.2	计日工	
3.3	总承包服务费	
3.4	索赔与现场签证	
4	规费	
5	税金	
竣工结算总价合计=1+2+3+4+5		

注：如无单位工程划分，单项工程也使用本表汇总。

表-08 分部分项工程量清单与计价表

工程名称：　　　　　　　　　标段：　　　　　　　　　　　第　页共　页

序号	项目编码	项目名称	项目特征描述	计量单位	工程量	金额(元)		
						综合单价	合价	其中：暂估价
本页小计								
合计								

注：根据建设部、财政部发布的《建设安装工程费用组成》(建标[2003]206号)的规定，为计取规费等的使用，可在表中增设其中："直接费"、"人工费"或"人工费＋机械费"。

表-09　工程量清单综合单价分析表

工程名称：　　　　　　　　　　标段：　　　　　　　　　　第　页共　页

<table>
<tr><td colspan="2">项目编码</td><td colspan="2"></td><td colspan="2">项目名称</td><td colspan="2"></td><td colspan="2">计量单位</td><td colspan="2"></td></tr>
<tr><td colspan="12">清单综合单价组成明细</td></tr>
<tr><td rowspan="2">定额编号</td><td rowspan="2">定额名称</td><td rowspan="2">定额单位</td><td rowspan="2">数量</td><td colspan="4">单　价</td><td colspan="4">合　价</td></tr>
<tr><td>人工费</td><td>材料费</td><td>机械费</td><td>管理费和利润</td><td>人工费</td><td>材料费</td><td>机械费</td><td>管理费和利润</td></tr>
<tr><td></td><td></td><td></td><td></td><td></td><td></td><td></td><td></td><td></td><td></td><td></td><td></td></tr>
<tr><td></td><td></td><td></td><td></td><td></td><td></td><td></td><td></td><td></td><td></td><td></td><td></td></tr>
<tr><td></td><td></td><td></td><td></td><td></td><td></td><td></td><td></td><td></td><td></td><td></td><td></td></tr>
<tr><td></td><td></td><td></td><td></td><td></td><td></td><td></td><td></td><td></td><td></td><td></td><td></td></tr>
<tr><td colspan="2">人工单价</td><td colspan="6">小计</td><td></td><td></td><td></td><td></td></tr>
<tr><td colspan="2">元/工日</td><td colspan="6">未计价材料费</td><td colspan="4"></td></tr>
<tr><td colspan="8">清单项目综合单价</td><td colspan="4"></td></tr>
<tr><td rowspan="8">材料费明细</td><td colspan="5">主要材料名称、规格、型号</td><td>单位</td><td>数量</td><td>单价(元)</td><td>合价(元)</td><td>暂估单价(元)</td><td>暂估合价(元)</td></tr>
<tr><td colspan="5"></td><td></td><td></td><td></td><td></td><td></td><td></td></tr>
<tr><td colspan="5"></td><td></td><td></td><td></td><td></td><td></td><td></td></tr>
<tr><td colspan="5"></td><td></td><td></td><td></td><td></td><td></td><td></td></tr>
<tr><td colspan="5"></td><td></td><td></td><td></td><td></td><td></td><td></td></tr>
<tr><td colspan="5"></td><td></td><td></td><td></td><td></td><td></td><td></td></tr>
<tr><td colspan="7">其他材料费</td><td>—</td><td></td><td>—</td><td></td></tr>
<tr><td colspan="7">材料费小计</td><td>—</td><td></td><td>—</td><td></td></tr>
</table>

注：1. 如不使用省级或行业建设主管部门发布的计价依据，可不填定额项目、编号等。

2. 招标文件提供了暂估单价的材料，按暂估的单价填入表内“暂估单价”栏及“暂估合价”栏。

表-10　措施项目清单与计价表(一)

工程名称：　　　　　　　　　　标段：　　　　　　　　　　第　页共　页

序号	项目名称	计算基础	费　率(%)	金　额(元)
1	安全文明施工费			
2	夜间施工费			
3	二次搬运费			
4	冬雨季施工			
5	大型机械设备进出场及安拆费			
6	施工排水			
7	施工降水			

续表

序号	项目名称	计算基础	费　率(%)	金　额(元)
8	地上、地下设施、建筑物的临时保护设施			
9	已完工程及设备保护			
10	各专业工程的措施项目			
11				
12				
合　计				

注：1. 本表适用于以"项"计价的措施项目。

2. 根据建设部、财政部发布的《建设安装工程费用组成》(建标[2003]206号)的规定，"计算基础"可为"直接费"或"人工费＋机械费"。

表-11　措施项目清单与计价表(二)

工程名称：　　　　　　　　　　标段：　　　　　　　　　　第　页共　页

序号	项目编码	项目名称	项目特征描述	计量单位	工程量	金　额(元)	
						综合单价	合价
本页小计							
合　计							

注：本表适用于以综合单价形式计价的措施项目。

表-12　其他项目清单与计价汇总表

工程名称：　　　　　　　　　　标段：　　　　　　　　　　第　页共　页

序号	项目名称	计量单位	金额(元)	备注
1	暂列金额			明细详见表-12-1
2	暂估价			
2.1	材料暂估价		—	明细详见表-12-2
2.2	专业工程暂估价			明细详见表-12-3
3	计日工			明细详见表-12-4
4	总承包服务费			明细详见表-12-5
5				
合　计				—

注：材料暂估单价进入清单项目综合单价，此处不汇总。

表-12-1　暂列金额明细表

工程名称：　　　　　　　　　　　　标段：　　　　　　　　　　　　第　页共　页

序号	项 目 名 称	计量单位	暂定金额(元)	备注
1				
2				
3				
4				
5				
6				
7				
合　计				—

注：此表由招标人填写，如不能详列，也可只列暂定金额总额，投标人应将上述暂列金额计入投标总价中。

表-12-2　材料暂估单价表

工程名称：　　　　　　　　　　　　标段：　　　　　　　　　　　　第　页共　页

序号	材料名称、规格、型号	计量单位	单价(元)	备注

注：1. 此表由招标人填写，并在备注栏说明暂估价的材料拟用在哪些清单项目上，投标人应将上述材料暂估单价计入工程量清单综合单价报价中。

2. 材料包括原材料、燃料、构配件以及按规定应计入建筑安装工程造价的设备。

表-12-3　专业工程暂估价表

工程名称：　　　　　　　　　　　　标段：　　　　　　　　　　　　第　页共　页

序号	工 程 名 称	工程内容	金额(元)	备注

续表

序号	工程名称	工程内容	金额(元)	备注
合计				—

注:此表由招标人填写,投标人应将上述专业工程暂估价计入投标总价中。

表-12-4 计日工表

工程名称: 标段: 第 页共 页

编号	项目名称	单位	暂定数量	综合单价	合价
一	人工				
1					
2					
3					
4					
人工小计					
二	材料				
1					
2					
3					
4					
材料小计					
三	施工机械				
1					
2					
3					
4					
施工机械小计					
合计					

注:此表项目名称、数量由招标人填写,编制招标控制价时,单价由招标人按有关计价规定确定;投标时,单价由投标人自主报价,计入投标总价中。

表-12-5　总承包服务费计价表

工程名称：　　　　　　　　　　　　　标段：　　　　　　　　　　　　　第　页共　页

序号	工程名称	项目价值(元)	服务内容	费率(%)	金额(元)
1	发包人发包专业工程				
2	发包人供应材料				
合　计					

表-12-6　索赔与现场签证计价汇总表

工程名称：　　　　　　　　　　　　　标段：　　　　　　　　　　　　　第　页共　页

序号	签证及索赔项目名称	计量单位	数量	单价(元)	合价(元)	索赔及签证依据
本页小计						—
合　计						—

注：签证及索赔依据是指经双方认可的签证单和索赔依据的编号。

表-12-7　费用索赔申请(核准)表

工程名称：　　　　　　　　　　标段：　　　　　　　　　　编号：

<table>
<tr><td colspan="2">
致：________________________________（发包人全称）
根据施工合同条款第________条的约定，由于____________原因，我方要求索赔金额（大写）____________元，（小写）________元，请予核准。
附：1. 费用索赔的详细理由和依据：
2. 索赔金额的计算：
3. 证明材料：

承包人（章）
承包人代表________
日　　期____________
</td></tr>
<tr><td>
复核意见：
根据施工合同条款第______条的约定，你方提出的费用索赔申请经复核：
□不同意此项索赔，具体意见见附件。
□同意此项索赔，索赔金额的计算，由造价工程师复核。

监理工程师________
日　　期____________
</td><td>
复核意见：
根据施工合同条款第______条的约定，你方提出的费用索赔申请经复核，索赔金额为（大写）____________________元，（小写）________元。

造价工程师________
日　　期____________
</td></tr>
<tr><td colspan="2">
审核意见：
□不同意此项索赔。
□同意此项索赔，与本期进度款同期支付。

发包人（章）
发包人代表________
日　　期____________
</td></tr>
</table>

注：1. 在选择栏中的“□”内作标识“√”。

2. 本表一式四份，由承包人填报，发包人、监理人、造价咨询人、承包人各存一份。

表-12-8　现场签证表

工程名称：　　　　　　　　　　标段：　　　　　　　　编号：

<table>
<tr><td>施工单位</td><td></td><td>日期</td><td></td></tr>
<tr><td colspan="4">致：______（发包人全称）
根据______（指令人姓名）×年×月×日书面通知，我方要求完成此项工作应支付价款金额为（大写）______元，（小写）______元，请予核准。
附：1. 签证事由及原因：
2. 附图及计算式：

承包人（章）
承包人代表______
日　　期______</td></tr>
<tr><td colspan="2">复核意见：
你方提出的此项签证申请经复核：
□不同意此项签证，具体意见见附件。
□同意此项签证，签证金额的计算，由造价工程师复核。

监理工程师______
日　　期______</td><td colspan="2">复核意见：
□此项签证按承包人中标的计日工单价计算，金额为（大写）______元，（小写）______元。
□此项签证因无计日工单价，金额为（大写）______元，（小写）______。

造价工程师______
日　　期______</td></tr>
<tr><td colspan="4">审核意见：
□不同意此项签证。
□同意此项签证，价款与本期进度款同期支付。

承包人（章）
承包人代表______
日　　期______</td></tr>
</table>

注：1. 在选择栏中的"□"内作标识"√"。

2. 本表一式四份，由承包人在收到发包人（监理人）的口头或书面通知后填写，发包人、监理人、造价咨询人、承包人各存一份。

表-13　规费、税金项目清单与计价表

工程名称：　　　　　　　　标段：　　　　　　　　　　　　　　　第　页共　页

序号	项目名称	计算基础	费　率(%)	金　额(元)
1	规费			
1.1	工程排污费			
1.2	社会保障费			
(1)	养老保险费			
(2)	失业保险费			
(3)	医疗保险费			
1.3	住房公积金			
1.4	危险作业意外伤害保险			
1.5	工程定额测定费			
2	税金	分部分项工程费＋措施项目费＋其他项目费＋规费		
合　计				

注：根据建设部、财政部发布的《建筑安装工程费用组成》(建标[2003]206号)的规定，“计算基础”可为“直接费”、“人工费”或“人工费＋机械费”。

表-14　工程款支付申请(核准)表

工程名称：　　　　　　　　　　标段：　　　　　　　　　　编号：

致：____（发包人全称）

我方于______至______期间已完成了____________工作，根据施工合同的约定，现申请支付本期的工程款额为(大写)______________元，(小写)__________元，请予核准。

序号	名　称	金额(元)	备注
1	累计已完成的工程价款		
2	累计已实际支付的工程价款		
3	本周期已完成的工程价款		
4	本周期完成的计日工金额		
5	本周期应增加和扣减的变更金额		
6	本周期应增加和扣减的索赔金额		
7	本周期应抵扣的预付款		
8	本周期应扣减的质保金		
9	本周期应增加或扣减的其他金额		
10	本周期实际应支付的工程价款		

承包人(章)
承包人代表________
日　　期__________

复核意见：

□与实际施工情况不相符，修改意见见附件。

□与实际施工情况相符，具体金额由造价工程师复核。

监理工程师________
日　　期________

复核意见：

你方提供的支付申请经复核，本期间已完成工程款额为(大写)______________元，(小写)__________元，本期间应支付金额为(大写)__________元，(小写)________元。

造价工程师________
日　　期________

审核意见：

□不同意。

□同意，支付时间为本表签发后的 15 天内。

发包人(章)
发包人代表________
日　　期________

注：1. 在选择栏中的“□”内作标识“√”。

2. 本表一式四份，由承包人填报，发包人、监理人、造价咨询人、承包人各存一份。

附录C 电气工程预算主要材料损耗率表

表 C-1 主要材料损耗率表

序号	材料名称	损耗率(%)
1	裸软导线(包括铜、铝、钢线、钢芯铝线)	1.3
2	绝缘导线(包括橡皮铜、塑料铅皮、软花)	1.8
3	电力电缆	1.0
4	控制电缆	1.5
5	硬母线(包括钢、铝、铜、带型、管型、棒型、槽型)	2.3
6	拉线材料(包括钢绞线、镀锌铁线)	1.5
7	管材、管件(包括无缝、焊接钢管及电线管)	3.0
8	板材(包括钢板、镀锌薄钢板)	5.0
9	型钢	5.0
10	管体(包括管箍、护口、锁紧螺母、管卡子等)	3.0
11	金具(包括耐张、悬垂、并沟、吊接等线夹及连板)	1.0
12	紧固件(包括螺栓、螺母、垫圈、弹簧垫圈)	2.0
13	木螺栓、圆钉	4.0
14	绝缘子类	2.0
15	照明灯具及辅助器具(成套灯具、镇流器、电容器)	1.0
16	荧光灯、高压水银、氙气灯等	1.5
17	白炽灯泡	3.0
18	玻璃灯罩	5.0
19	胶木开关、灯头、插销等	3.0
20	低压电瓷制品(包括鼓绝缘子、瓷夹板、瓷管)	3.0
21	低压保险器、瓷闸盒、胶盖闸	1.0
22	塑料制品(包括塑料槽板、塑料板、塑料管)	5.0
23	木槽板、木护圈、方圆木台	5.0
24	木杆材料(包括木杆、横担、横木、桩木等)	1.0
25	混凝土制品(包括电杆、底盘、卡盘等)	0.5
26	石棉水泥板及制品	8.0
27	油类	1.8

续表

序号	材 料 名 称	损耗率(%)
28	砖	4.0
29	砂	8.0
30	石	8.0
31	水泥	4.0
32	铁壳开关	1.0
33	砂浆	3.0
34	木材	5.0
35	橡皮垫	3.0
36	硫酸	4.0
37	蒸馏水	10.0

注：1. 绝缘导线、电缆、硬母线和用于母线的裸软导线，其损耗率中不包括为连接电气设备、器具而预留的长度，也不包括因各种弯曲(包括弧度)而增加的长度。这些长度均应计算在工程量的基本长度中。

2. 用于10kV以下架空线路中的裸软导线的损耗率中已包括因弧垂及因杆位高低差而增加的长度。

3. 拉线用的镀锌铁线损耗率中不包括为制作上、中、下把所需的预留长度。计算用线量的基本长度时，应以全根拉线的展开长度为准。

参 考 文 献

[1] 中华人民共和国住房和城乡建设部. GB 50500—2008 建设工程工程量清单计价规范[S]. 北京:中国计划出版社,2008.

[2] 中华人民共和国住房和城乡建设部标准定额研究所.《建设工程工程量清单计价规范》(GB 50500—2008)宣贯辅导教材[M]. 北京:中国计划出版社,2008.

[3] 中华人民共和国电力工业部,黑龙江省建设委员会. GYD 202—2000 全国统一安装工程预算定额 第二册 电气设备安装工程[S]. 北京:中国计划出版社,2001.

[4] 杨伟. 电气造价员[M].武汉:华中科技大学出版社,2009.

[5] 杨光臣. 建筑电气工程识图·工艺·预算[M].2 版. 北京:中国建筑工业出版社,2006.

[6] 郎禄平,郎娟. 电气安装工程造价[M]. 北京:机械工业出版社,2009.

[7] 吴信平. 建筑电气安装工程计价[M]. 北京:机械工业出版社,2009.

[8] 王佳. 建筑电气识图[M]. 北京:中国电力出版社,2008.

[9] 黄志安. 电气设备安装工程工程量清单计价全程解析[M].长沙:湖南大学出版社,2009.

[10] 刘佳力. 电气工程招投标与预决算[M]. 北京:化学工业出版社,2010.